U0229700

AutoCAD 2014

完全自学手册

黄刚◎编著

清华大学出版社

北 京

内 容 简 介

本书从培训与自学的角度出发，全面、详细地介绍了 AutoCAD 2014 这一辅助绘图软件的强大功能与实际应用。本书由国内一线 AutoCAD 2014 教育与培训专家完全遵循 AutoCAD 2014 教学大纲与认证培训的规定进行编写，内容不仅专业，而且丰富、实用，几乎涵盖了整个建筑领域、电子领域和机械领域。全书共分 20 章，内容包括：AutoCAD 2014 快速入门，绘制二维图形，精确绘图，选择和编辑二维图形对象，图层、面域和图案填充，创建文字和表格，标注图形尺寸，使用块、外部参照、查询和 AutoCAD 设计中心，三维绘图基础，绘制三维实体，编辑和渲染三维图形，输出 AutoCAD 图形，设计二维典型零件，设计零件图与装配图，设计三维典型零件，设计室内基本单元，室内建筑设计，绘制电路图常用元器件，景观设计和展示设计，使读者在学习理论的同时，通过案例实战演练逐步精通，成为 AutoCAD 的绘图高手。

本书体系完整，结构清晰、内容翔实，采用了由浅入深、图文并茂的方式叙述，通过理论加实例的写法，在最短的时间内帮助读者从入门到精通软件、从新手成为高手，是各类计算机培训中心、中等职业学校、中等专业学校、职业高中和技工学校的首选教材，同时也可作为机械或建筑等设计人员的自学参考手册。

图书在版编目（CIP）数据

AutoCAD 2014 完全自学手册/黄刚编著. —北京：清华大学出版社，2014

ISBN 978-7-302-34897-9

I. ①A… II. ①黄… III. ①AutoCAD 软件-自学参考资料 IV. ①TP391.72

中国版本图书馆 CIP 数据核字（2013）第 311112 号

责任编辑：朱英彪
封面设计：刘　超
版式设计：文森时代
责任校对：王　云
责任印制：沈　露

出版发行：清华大学出版社
　　　　　网　　　址：http://www.tup.com.cn, http://www.wqbook.com
　　　　　地　　　址：北京清华大学学研大厦 A 座　　　　邮　　编：100084
　　　　　社 总 机：010-62770175　　　　　　　　　　邮　　购：010-62786544
　　　　　投稿与读者服务：010-62776969，c-service@tup.tsinghua.edu.cn
　　　　　质 量 反 馈：010-62772015，zhiliang@tup.tsinghua.edu.cn
印　刷　者：清华大学印刷厂
装　订　者：三河市溧源装订厂
经　　销：全国新华书店
开　　本：185mm×260mm　　　印　张：28　　　字　　数：661 千字
　　　　　（附 DVD 光盘 1 张）
版　　次：2014 年 3 月第 1 版　　　　　　　　印　　次：2014 年 3 月第 1 次印刷
印　　数：1～5000
定　　价：54.00 元

产品编号：055415-01

前　言

——标准培训教程，助您鹏程万里！

软件简介

AutoCAD 2014 是美国 Autodesk 公司推出的 AutoCAD 的最新版本，它是一款计算机辅助绘图与设计软件，具有功能强大、易于掌握、使用方便和体系结构开放等特点，能够绘制二维与三维图形、标注图形尺寸、渲染图形以及打印输出图纸，在机械、电子、建筑、土木、园林、服装等领域有着广泛的应用，深受相关行业设计人员的青睐。

主要内容

章　节	主　要　内　容
第1~4章	主要讲解了AutoCAD 2014的基本功能、基本操作、命令执行方式、自定义工作空间、系统绘图环境设置、精确绘图、选择和编辑图形等
第5~8章	主要讲解了图层管理、图案填充、文字和表格、图形标注、外部参照以及设计中心等高级应用
第9~12章	主要讲解了三维图形基础知识、三维图形的创建和编辑、三维图形的材质与渲染、图形的输出与发布等知识
第13~16章	主要讲解了设计二维零件图、二维零件装配图、三维典型零件图，以及室内设计中的各种图例和图纸等
第17~20章	主要讲解了建筑设计中相关图案及图纸的绘制、电路设计中相关图案及图纸的绘制、景观设计中相关图案及图纸的绘制、展示设计中相关图案及图纸的绘制等

本书特色

特　色	说　　明
专家编著 依纲编写	本书由国内一线AutoCAD 2014教育与培训专家完全遵循AutoCAD 2014教学大纲与认证培训的规定进行编写，内容不仅专业，而且丰富、实用
体系完整 讲解细致	书中内容完全从零起步，由浅入深，对AutoCAD 2014的各项功能与主体技术进行了全面、细致的讲解，让读者能逐步、轻松、高效地学习，从入门逐渐到精通
多个范例 步骤图解	全书将AutoCAD 2014的各项内容进行细分，通过"行业典型范例步骤化＋图解化"的实际操作，让读者在精通软件的基础上通过实战演练从新手快速步入设计高手行列

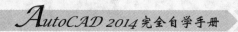

特　色	说　明
注重应用 即学即用	本书实例范围包括机械二维图形、机械装配图、机械三维图形、室内布局图形、室内立面图形、室外建筑图形、室内外施工图、电子元件图、景观设计图和施工图、展示设计图和施工图，从机械到电子，再到建筑行业，从二维到三维，应有尽有，读者可以即学即用

作者信息

　　本书由黄刚主编，同时参加编写的人员还有李彪、尹新梅、李勇、王政、唐蓉、蒋平、朱世波、邓建功和何紧莲等人。由于时间仓促，书中难免存在疏漏与不妥之处，欢迎广大读者来信咨询和指正。

版权声明

　　本书所采用的产品、图片、创意和模型的著作权，均为所属公司或个人所有，本书引用仅为说明（教学）之用，绝无侵权之意，特此声明。

编　者

目　录

第3部分 技　术　篇

Part I

基础功能篇

本篇主要向读者介绍了二维图形和三维模型创建的基本方法，以及 AutoCAD 提供的控制图形显示的功能。通过本篇的学习，读者可以掌握二维图形的绘制和三维模型创建的基本方法，从而达到灵活应用 AutoCAD 2014 的目的。

第 1 章　中文版 AutoCAD 2014 快速入门

内容摘要

中文版 AutoCAD 2014 是美国 Autodesk 公司推出的 AutoCAD 系列软件的最新版本。与先前的版本相比，中文版 AutoCAD 2014 在许多方面进行了改进和增强。

AutoCAD 2014 是机械设计与建筑设计中重要的绘图软件之一。本章将学习中文版 AutoCAD 2014 绘图的基本知识，了解如何设置图形的系统参数、样板图，熟悉创建新的图形文件、打开已有文件的方法等，为进入系统学习准备必要的前提知识。

学习目标

- 了解文件管理。
- 设置绘图环境。
- 配置绘图系统。
- 掌握基本输入操作。

1.1　中文版 AutoCAD 2014 的启动与退出

安装完中文版 AutoCAD 2014 之后，在桌面上会创建一个 AutoCAD 2014 快捷方式图标，双击该图标即可启动软件。AutoCAD 操作界面是 AutoCAD 显示、编辑图形的区域，一个完整的 AutoCAD 2014 操作界面如图 1.1 所示。

> 提示：需要将 AutoCAD 的工作空间切换到 "AutoCAD 经典" 模式下（单击操作界面右下角中的 "切换工作空间" 按钮，在弹出的菜单中选择 "AutoCAD 经典" 选项，或者在操作界面左上角的 "二维草图与注释" 下拉列表框中选择 "AutoCAD 经典" 选项，如图 1.2 所示），才能显示如图 1.1 所示的操作界面。本书中的所有操作均在 AutoCAD 经典模式下进行。

1. 启动中文版 AutoCAD 2014

启动 AutoCAD 2014 最快捷的方式就是直接双击快捷方式图标。除此之外，还有以下几种启动方式：

（1）选择 "开始" | "程序" |Autodesk|AutoCAD 2014-Simplified Chinese| AutoCAD 2014

命令。

（2）双击任意一个已经存盘的 AutoCAD 2014 图形文件（.dwg 文件）。

（3）选择"开始"|"运行"命令，弹出"运行"对话框，在对话框中输入 AutoCAD 2014 的程序文件名及其路径，如 C:\Program Files\Autodesk\AutoCAD 2014\acad.exe，或单击对话框中的"浏览"按钮，按照 AutoCAD 2014 的安装路径找到运行程序 acad.exe，然后单击"确定"按钮，如图 1.3 所示。

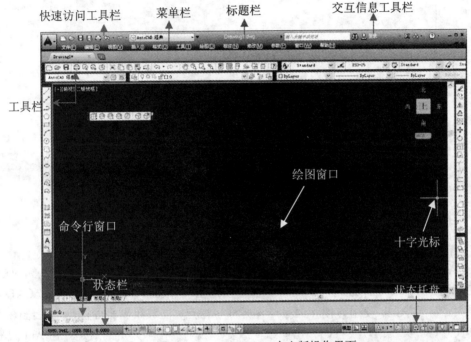

图 1.1　AutoCAD 2014 中文版操作界面

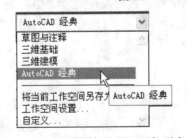

图 1.2　"二维草图与注释"下拉列表框　　　图 1.3　启动"运行"对话框

启动中文版 AutoCAD 2014 之后，将弹出一个"欢迎"窗口，如图 1.4 所示，其中介绍了 AutoCAD 2014 的新功能等各项内容，用户可以选择进行 AutoCAD 2014 的新功能学习。

2. 退出中文版 AutoCAD 2014

退出中文版 AutoCAD 2014 有多种方法：单击交互信息工具栏右边的 ✕ 按钮；选择"文件"|"退出"命令；按 Ctrl+Q 快捷键或在命令行中输入 QUIT 退出中文版 AutoCAD 2014。

图 1.4 "欢迎"窗口

1.2 了解 AutoCAD 2014 基本功能

AutoCAD 产生于 1982 年，至今已经过多次升级，其功能不断增强并日趋完善，如今已成为工程设计领域中应用最为广泛的计算机辅助绘图软件和设计软件之一。AutoCAD 具有功能强大、易于掌握、使用方便和体系结构开放等特点，能够绘制平面图形与三维图形、标注图形尺寸、渲染图形以及打印输出图纸，深受广大工程技术人员的欢迎。在 AutoCAD 2014 中，可以通过单击"绘图"和"修改"工具栏中的按钮，或使用"绘图"菜单和"修改"菜单下的相应命令来绘制图形。在 AutoCAD 2014 中，既可以绘制平面图，也可以绘制轴测图和三维图。

1. 绘制平面图

AutoCAD 中的"绘图"菜单中包含许多绘图命令，其"绘图"工具栏上也包含了许多绘图工具，可用来绘制直线、射线、构造线、多段线、矩形、圆、圆弧、多边形和椭圆等基本图形。此外，还可以在绘制好的平面图形上将这些图形转换为面域，然后进行填充。使用"修改"菜单下的相应命令，可以绘制出各种各样的平面图形。如图 1.5 所示为绘制的曲柄主视图。

2. 绘制轴测图和三维图

在工程设计中经常会看到轴测图，它是反映物体三维形状的一种二维图形，富有立体感，可以帮助读者清楚地认识图示物体的构造。机械零件的内部、外部都很复杂，正交视图的数量也很多，只靠各个视图拼合在一起来想象物体的空间结构是很难的，而利用轴测图则可以清楚地展现物体的立体结构,因此在机械设计中被广泛地应用。在 AutoCAD 2014 中的轴测图模式下,可以将直线绘制成与坐标轴成 300°、150° 和 90° 等,还可以将圆绘制成椭圆等。如图 1.6 所示为机械零件轴测图。

在 AutoCAD 2014 中,不仅可以把一些平面图形通过拉伸、设定标高和厚度等操作转换为三维图形,也可以通过使用"绘图" | "建模"菜单下的子命令直接绘制三维曲面、三维网格、旋转曲面、长方体、圆柱体和球体等,还可以使用"修改"菜单下的相应命令绘制出各种各样的三维图形。如图 1.7 所示为落地窗图形。

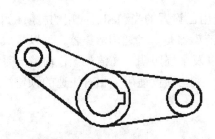
图 1.5 曲柄主视图

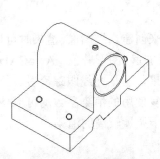
图 1.6 机械零件轴测图

图 1.7 落地窗图形

3. 标注图形尺寸

标注图形尺寸可以使图形表达更完美,使用户更容易领会图形要表达的含义。标注图形尺寸就是在图形中添加测量的尺寸,是绘图过程中不可缺少的一步,使图形能更完整、更容易地表达其含义与作用。在 AutoCAD 2014 中,在"标注"菜单中提供了一套完整的尺寸标注和编辑命令,使用这些命令可以在各个方向上为各类图形对象创建尺寸标注,也可以按照一定格式创建符合行业或项目标准的尺寸标注。

标注可以显示对象的测量值、对象之间的距离、角度或者特征点距指定原点的距离。在 AutoCAD 2014 中,可以进行水平、垂直、对齐、旋转、坐标、基线或连续等多种方式的标注。标注的对象既可以是平面图形,也可以是轴测图形和三维图形。如图 1.8 所示为标注阶梯轴。

4. 控制图形显示

控制图形显示可以方便地以多种方式放大或缩小绘制的图形。对于三维图形来说,可以通过改变观察视点,从不同视角显示图形;也可以将绘图窗口分为多个视口,从而在各个视口中以不同方位显示同一图形。此外,AutoCAD 2014 还提供了三维动态观察器,利用该观察器可以动态地观察三维图形。

5. 渲染图形

在 AutoCAD 中,可以运用雾化、光源和材质,将模型渲染为具有真实感的图像。如果是为了演示,可以渲染全部对象;如果时间有限,或显示设备和图形设备不能提供足够的灰度等级和颜色,就不必精细渲染;如果只需快速查看设计的整体效果,则可以从视觉上将某对象或特性隐藏起来，也可以设置视觉样式。如图 1.9 所示为使用 AutoCAD 进行渲染的效果。

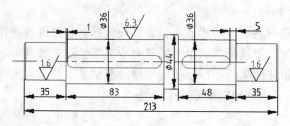

图 1.8　标注阶梯轴

图 1.9　使用 AutoCAD 渲染图形

渲染基于三维场景来创建二维图像，渲染时可以使用已设置的光源和已应用的材质（如背景和雾化）来为场景的几何图形着色。AutoCAD 的渲染器是一种通用渲染器，可以生成真实准确的模拟光照效果，包括光线跟踪反射、折射以及全局照明。在渲染图像前，一系列标准渲染预设、可重复使用的渲染参数均可以使用；某些预设适用于相对快速的预览渲染，而其他预设则适用于质量较高的渲染。

6. 输出及打印图形

AutoCAD 不仅允许将所绘图形以不同样式通过绘图仪或打印机输出，还能够将不同格式的图形导入 AutoCAD 或将 AutoCAD 图形以其他格式输出。因此，当图形绘制完成后可以使用多种方法将其输出。例如，可以将图形打印在图纸上，或创建成文件以供其他应用程序使用。

1.3　中文版 AutoCAD 2014 的经典界面

AutoCAD 2014 的经典操作界面包括标题栏、菜单栏、工具栏、快速访问工具栏、交互信息工具栏、绘图窗口、十字光标、坐标系图标、命令行窗口、状态栏、状态托盘和布局标签等。由于经典界面的使用最为广泛，在此就对经典界面的功能进行讲解。

1.3.1　标题栏和菜单栏

1. 标题栏

在 AutoCAD 2014 中文版操作界面的最上端是标题栏，其中显示了系统当前正在运行的应用程序（AutoCAD 2014）和用户正在使用的图形文件。在第一次启动 AutoCAD 2014 时，标题栏中将显示软件启动时创建并打开的图形文件的名称"Drawing1.dwg"，如图 1.1 所示。

2. 菜单栏

标题栏的下方是菜单栏，在菜单中包含的是子菜单。AutoCAD 2014 的菜单栏中包含

13 个菜单："文件"、"编辑"、"视图"、"插入"、"格式"、"工具"、"绘图"、"标注"、"修改"、"参数"、"窗口"、"帮助"和 Express，这些菜单几乎包含了 AutoCAD 的所有绘图命令。一般来讲，AutoCAD 菜单中的命令有以下 3 种。

（1）带有子菜单的菜单命令。这种类型的菜单命令后面带有小三角形。例如，选择菜单栏中的"视图"命令，鼠标指针移向"动态观察"命令，系统就会进一步显示出"动态观察"子菜单中所包含的命令，如图 1.10 所示。

（2）弹出对话框的菜单命令。这种类型的命令后面带有省略号。例如，选择"格式"|"文字样式"命令，如图 1.11 所示，系统就会弹出"文字样式"对话框，如图 1.12 所示。

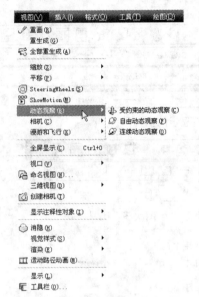

图 1.10　带有子菜单的菜单命令

图 1.11　"文字样式"命令

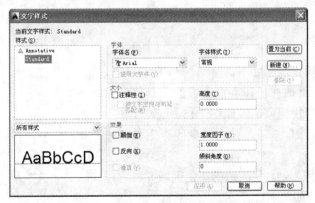

图 1.12　"文字样式"对话框

（3）直接执行操作的菜单命令。这种类型的命令后面既不带小三角形，也不带省略号，选择该命令后将直接进行相应的操作。例如，选择"视图"|"重画"命令，系统将刷新显示所有视口。

1.3.2 工具栏

工具栏是一组按钮工具的集合，把鼠标指针移动到某个按钮上，稍停片刻即在该按钮的一侧显示出相应的功能提示，同时在状态栏中显示对应的说明和命令名，此时单击该按钮就可以启动相应的命令了。在 AutoCAD 经典模式的默认情况下，可以看到操作界面顶部的"标准"工具栏、"样式"工具栏、"特性"工具栏以及"图层"工具栏（如图 1.13 所示），以及位于绘图窗口左侧的"绘图"工具栏、右侧的"修改"工具栏和"绘图次序"工具栏（如图 1.14 所示）。

图 1.13　默认情况下显示的工具栏

图 1.14　"绘图"、"修改"、"绘图次序"工具栏

有些工具栏按钮的右下角带有一个小三角，单击会打开相应的工具栏，将鼠标指针移动到某一按钮上并单击，该按钮就变为当前显示的按钮。单击当前显示的按钮，即可执行相应的命令，系统会自动弹出单独的工具栏标签。

图 1.15　弹出的工具栏快捷菜单

1. 布置工具栏

布置工具栏的操作步骤如下：

（1）将鼠标指针放在操作界面上方的工具栏区并右击，弹出工具栏的快捷菜单，如图 1.15 所示。

（2）选择"参照"选项，弹出"参照"工具栏，如图 1.16 所示。

（3）单击"参照"工具栏周边的黑色区域并将它拖曳到操作界面右侧，如图 1.17 所示。

（4）在操作界面工具栏区域的右上角右击，在弹出的快捷菜单中选择"锁定位置"|"固定的工具栏/面板"命令，如图 1.18 所示。

图 1.16　"参照"工具栏

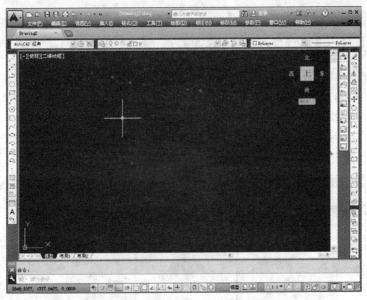

图 1.17　拖曳"参照"工具栏到操作界面右侧

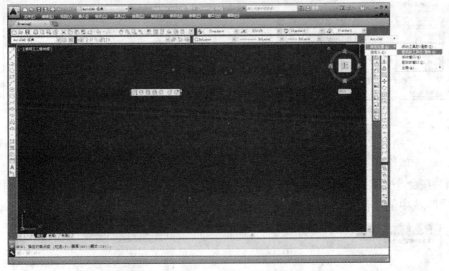

图 1.18　选择"固定的工具栏/面板"命令

2.　快速访问工具栏和交互信息工具栏

快速访问工具栏包括"新建"、"打开"、"保存"、"另存为"、"放弃"、"重做"和"打印"7 个最常用的工具按钮。单击此工具栏后面的小三角按钮，用户可以选择设置需要的常用工具。

交互信息工具栏包括"搜索"、"速博应用中心"、"通信中心"、"收藏夹"和"帮助"5 个常用的数据交互访问工具按钮，如图 1.19 所示。

图 1.19　快速访问工具栏和交互信息工具栏

提示：在快速访问工具栏上单击鼠标右键，在弹出的快捷菜单中选择"显示菜单栏"命令，就可以在工作空间中显示菜单栏。

在快速访问工具栏上添加按钮，具体操作步骤如下：

（1）在快速访问工具栏上单击鼠标右键，在弹出的快捷菜单中选择"自定义快速访问工具栏"命令，弹出"自定义用户界面"对话框，如图 1.20 所示。

（2）在"按类别过滤命令列表"下拉列表框中选择"文件"选项，并在下面的列表框中选择"打印预览"选项，如图 1.21 所示。

图 1.20　"自定义用户界面"对话框

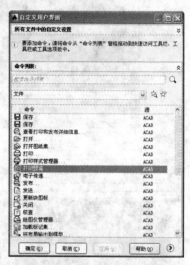

图 1.21　选择"打印预览"选项

（3）在"所有文件中的自定义设置"选项区域的列表框中选择"快速访问工具栏 1"选项组，该选项组展开内容后如图 1.22 所示。

（4）在命令列表框中选择"打印预览"选项，并将其拖曳至"所有文件中的自定义设置"选项区域中的"快速访问工具栏 1"选项上，如图 1.23 所示。

图 1.22　"快速访问工具栏 1"选项组

图 1.23　拖曳"打印预览"选项

（5）依次单击"应用"和"确定"按钮，即可在绘图窗口中看到添加按钮后的快速访问工具栏，如图 1.24 所示。

图 1.24　添加"打印预览"按钮的快速访问工具栏

1.3.3　绘图窗口

绘图窗口是指在标题栏下方的大片空白区域，是用户使用 AutoCAD 绘制图形的区域。要完成一幅设计图形，其主要工作都是在绘图窗口中进行。如图 1.25 所示为在绘图窗口中绘制的图形。

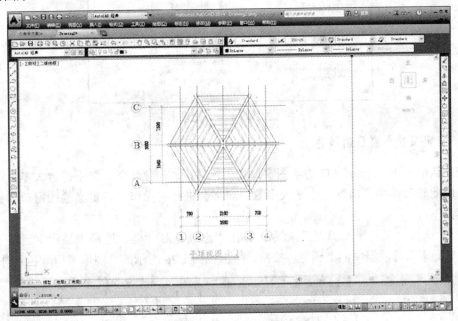

图 1.25　在绘图窗口绘制图形

1.　自定义十字光标的大小

在 AutoCAD 绘图窗口中有一个作用类似光标的十字线，其交点坐标反映了光标在当前坐标系中的位置，该十字线就称为十字光标。AutoCAD 通过光标坐标值显示当前的位置。十字线的方向与当前用户坐标系的 X、Y 轴方向平行，十字线的长度系统预设为绘图窗口大小的 5%。

用户可以自定义十字光标的大小，具体操作步骤如下：

（1）选择"工具"|"选项"命令，弹出"选项"对话框，选择"显示"选项卡，如图 1.26 所示。

（2）在"十字光标大小"文本框中直接输入数值，或拖曳文本框后面的滑块，即可以对十字光标的大小进行调整，如图 1.27 所示。

此外，还可以通过设置系统变量 CURSORSIZE 的值来修改其大小，只需在命令行中输

入如下命令:

命令:CURSORSIZE✔
输入 CURSORSIZE 的新值<11>:

在提示下输入新值即可修改光标大小,默认值为11%。

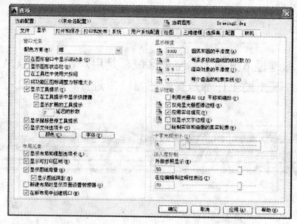

图 1.26　"显示"选项卡

2．自定义绘图窗口的颜色

在默认情况下,AutoCAD 的绘图窗口是黑色背景、白色线条,这不符合大多数用户的习惯,因此修改绘图窗口颜色也是大多数用户都会进行的操作。自定义绘图窗口颜色的操作步骤如下:

(1)选择"工具"|"选项"命令,弹出"选项"对话框。选择"显示"选项卡,单击"窗口元素"选项组中的"颜色"按钮,弹出如图 1.28 所示的"图形窗口颜色"对话框。

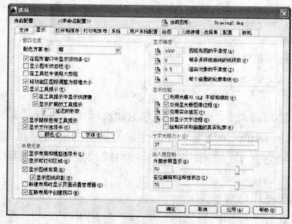

图 1.27　设置十字光标大小

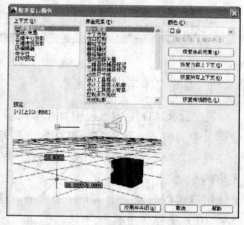

图 1.28　"图形窗口颜色"对话框

(2)在"颜色"下拉列表框中选择需要变更颜色的 AutoCAD 界面元素,然后单击"应用并关闭"按钮,此时 AutoCAD 的绘图窗口就变换了背景色,通常按视觉习惯选择白色为窗口颜色,如图 1.29 所示。

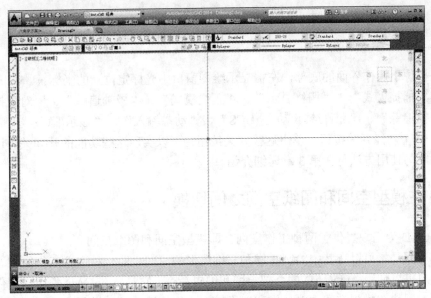

图 1.29 AutoCAD 绘图窗口变换成白色背景

1.3.4 命令行与文本窗口

命令行是输入命令名和显示命令提示的区域，默认命令行布置在绘图窗口下方，由若干文本行构成。对于命令行，有以下几点需要说明：

（1）移动拆分条，可以扩大和缩小命令行窗口。

（2）可以拖曳命令行，将其布置在绘图窗口的其他位置。

（3）对当前命令行中输入的内容，可以按 F2 键用文本编辑的方法进行编辑，如图 1.30 所示。AutoCAD 文本窗口和命令行相似，可以显示当前 AutoCAD 进程中命令的输入和执行过程。在执行 AutoCAD 某些命令时，会自动切换到文本窗口，列出有关信息。

（4）AutoCAD 通过命令行反馈各种信息，也包括出错信息，因此，用户要时刻关注命令行中出现的信息。

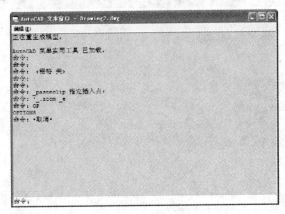

图 1.30 文本窗口

1.3.5 状态栏

状态栏位于操作界面的底部，左端显示绘图窗口中光标定位点的坐标 x、y、z 值，右端依次有"捕捉模式"、"栅格显示"、"正交模式"、"极轴追踪"、"对象捕捉"、"对象捕捉追踪"、"允许/禁止动态 UCS"、"动态输入"、"显示/隐藏线宽"和"快捷特征"10 个功能开关按钮。单击这些开关按钮，可以实现这些功能的开和关。这些开关按钮的功能与使用方法将在第 3 章详细介绍。

1.3.6 在模型空间和图纸空间之间切换

AutoCAD 为用户提供了两种工作空间，即模型空间和图纸空间。

模型空间是指可以在其中绘制二维和三维图形的空间，即一种造型工作空间。在模型空间中用户可以使用 AutoCAD 的全部绘图和编辑命令，它是 AutoCAD 为用户提供的主要工作空间。用户在模型空间中对二维和三维模型进行构造，并可以创建多个不重复的视口来显示，主要是为了从多个角度观察图形，在这些视口中只有一个视窗处于激活状态作为当前视窗。在输出图形时，每次只能将当前视窗中的图形输出，不能同时输出所有视窗中的图形。

图纸空间是一个二维空间，是把模型空间中的二维和三维模型投影到图纸空间，最终用于打印出最后的效果图。在图纸空间中所考虑的只是图形在整张图纸中的布局状态，可以在图纸空间中放置标题栏、创建用于显示视图的布局视口、标注图形、添加注释以及指定每一页打印的页面设置等。在图纸空间中也可以使用多视口来显示图形，便于进行图纸的合理布局。

要在模型空间和图纸空间之间进行切换，具体操作步骤如下：

（1）打开 AutoCAD 2014，选择"文件"|"打开"命令，弹出"选择文件"对话框，找到随书附赠的光盘"素材文件/第 1 章/1.31.dwg"，如图 1.31 所示，然后单击"确定"按钮。

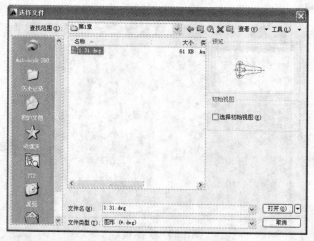

图 1.31 "选择文件"对话框

（2）打开素材文件，AutoCAD 2014 绘图窗口如图 1.32 所示。此时，AutoCAD 默认为模型空间。

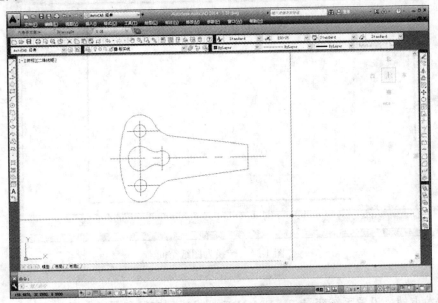

图 1.32　打开的 AutoCAD 默认空间为模型空间

（3）移动鼠标指针至"布局 1"选项卡，此时会显示缩略图，如图 1.33 所示。

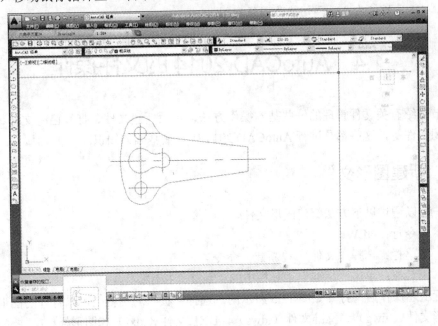

图 1.33　选择"布局 1"选项卡

（4）选择"布局 1"选项卡后，AutoCAD 2014 绘图窗口转换为图纸空间，如图 1.34 所示。

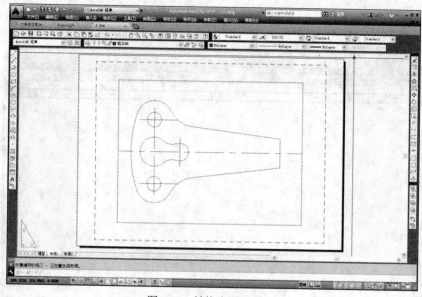

图 1.34　转换为图纸空间

技术点拨：设置系统变量 TILEMODE 切换模型空间和图纸空间

在命令行中输入系统变量 TILEMODE，当 TILEMODE 的值为 1 时，切换为模型空间；当 TILEMODE 的值为 0 时，切换为图纸空间。

1.4　AutoCAD 2014 的文件操作

本节介绍有关文件管理的一些基本操作方法，包括新建文件、打开已有文件、保存文件、关闭文件等，这些都是进行 AutoCAD 2014 操作最基础的知识。

1.4.1　新建图形文件

用户可以通过以下方法新建图形文件。

- 命令行：NEW。
- 菜单栏：选择"文件"|"新建"命令。
- 工具栏：单击"标准"工具栏中的"新建"按钮 ⬜。

执行上述操作后，打开如图 1.35 所示的"选择样板"对话框，可以打开的图形文件类型有图形文件（.dwg）、标准文件（.dws）、DXF 文件（.dxf）和图形样板文件（.dwt）。另外还有一种快速创建图形的方法，该方法是创建新图形的最快捷的方法。

命令:QNEW↙

执行上述命令后，系统立即从所选的图形样板中创建新图形，而不显示任何对话框或提示。

图 1.35　"选择样板"对话框

在运行快速创建图形命令之前，还必须进行如下设置：

（1）在命令行中输入 FILEDIA，按 Enter 键，设置系统变量为 1；再在命令行中输入 STARTUP，按 Enter 键，设置系统变量为 0。

（2）选择"工具"|"选项"命令，在打开的"选项"对话框中选择默认的图形样板文件。具体方法是：在"文件"选项卡中，单击"样板设置"前面的"+"，在展开的选项列表中选择"快速新建的默认样板文件名"选项，如图 1.36 所示。单击"浏览"按钮，弹出"选择文件"对话框，然后选择需要的样板文件，单击"确定"按钮，完成设置。

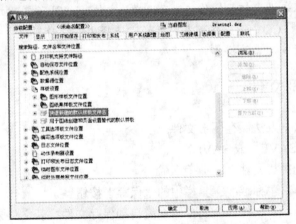

图 1.36　"文件"选项卡

1.4.2　打开图形文件

用户可以通过以下方法打开图形文件。

- 命令行：OPEN。
- 菜单栏：选择"文件"|"打开"命令。
- 工具栏：单击"标准"工具栏中的"打开"按钮。

执行上述操作后，弹出"选择文件"对话框，如图1.37所示，在"文件类型"下拉列表框中可选择.dwg文件、.det文件、.dxf文件和.dws文件。.dws文件是包含标准图层、标注样式、线型和文字样式的样板文件；.dxf文件是用文本形式存储的图形文件，能够被其他程序读取，许多第三方应用软件都支持.dxf格式。

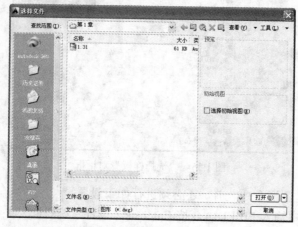

图1.37 "选择文件"对话框

技术点拨：执行修复文件操作

有时在打开.dwg文件时，系统会弹出一个信息提示对话框，提示用户图形文件不能打开，在这种情况下可先退出打开操作，然后选择"文件"|"图形实用工具"|"修复"命令，或在命令行中输入RECOVER，接着在打开的"选择文件"对话框中选择要恢复的文件，确认后系统开始执行恢复文件操作。

1.4.3 保存图形文件

用户可以通过以下方法保存图形文件。
- 命令行：QSAVE（或SAVE）。
- 菜单栏：选择"文件"|"保存"命令。
- 工具栏：单击"标准"工具栏中的"保存"按钮█。

执行上述操作后，若文件已命名，则系统自动保存文件；若文件未命名（即为默认名drawing1.dwg），则弹出"图形另存为"对话框，用户可以重新命名保存。在"保存于"下拉列表框中指定保存文件的路径，在"文件类型"下拉列表框中指定保存文件的类型。

为了防止因意外操作或计算机系统故障导致正在绘制的图形文件丢失，可以对当前图形文件设置自动保存，其操作方法如下：

（1）在命令行中输入SAVEFILEPATH，按Enter键，设置所有自动保存文件的位置，如"E:\CAD\"。

（2）在命令行中输入SAVEFILE，按Enter键，设置自动保存文件名。该系统变量储存的文件名文件是只读文件，用户可以从中查询自动保存的文件名。

（3）在命令行中输入 SAVEFIME，按 Enter 键，指定在使用自动保存功能时多长时间保存一次图形，单位是"分"。

技术点拨：加密保存图形文件

加密图形文件主要用于防止数据被盗取，加强数据的机密性，有助于在进行工程协作时确保图形数据的安全。如果图形附加了密码，在将其发送给其他人时，可以防止未经授权的人员对其进行查看。

密码可以是一个单词，也可以是一个短语。建议使用常用字符。使用的字符越多，未经授权的程序或密码破解程序就越难破解密码。

保存图形前添加密码的步骤如下：

（1）选择"文件"|"另存为"命令，打开"图形另存为"对话框。

（2）单击"工具"选项组中的"安全选项"按钮，打开"安全选项"对话框。

（3）在"密码"选项卡中输入密码。若要加密图形特性（如标题、作者、主题和关键字等），可单击"加密图形特性"按钮，再单击"确定"按钮。

（4）弹出"确认密码"对话框，再次输入要使用的密码，单击"确定"按钮完成操作。

1.4.4　关闭图形文件

用户可以通过以下方法关闭图形文件。
- 命令行：QUIT 或 EXIT。
- 菜单栏：选择"文件"|"关闭"命令。
- 工具栏：单击 AutoCAD 操作界面右上角的"关闭"按钮 ⊠。

执行上述操作后，若用户对图形所做的修改尚未保存，则会弹出如图 1.38 所示的系统警告对话框。单击"是"按钮，系统将保存文件，然后退出；单击"否"按钮，系统将不保存文件。若用户对图形所做的修改已经保存，则直接退出。

图 1.38　AutoCAD 警告对话框

技术点拨：查看图形特性

图形特性是一些与图形文件相关的信息，如标题、主题、作者及自定义属性等。

要查看图形特性，具体操作步骤如下：

（1）选择"文件"|"图形特性"命令，如图 1.39 所示。

（2）弹出"属性"对话框，在此显示了图形文件名、位置和大小等基本信息，如图 1.40 所示。用户还可以在此输入文件的"标题"、"主题"和"作者"等信息摘要。

图 1.39 选择命令

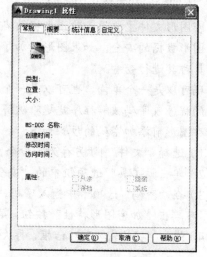

图 1.40 "属性"对话框

1.5 AutoCAD 2014 命令的使用方法

AutoCAD 交互绘图时必须输入必要的指令和参数。下面分类介绍命令的使用方法。

1. 启用 AutoCAD 命令

中文版 AutoCAD 2014 有多种命令输入方式。下面以画构造线为例介绍命令输入方式。

（1）在命令行中输入命令名。

命令字符不区分大小写，例如，命令 XLINE。执行命令时，在命令行提示中经常会出现命令选项。在命令行中输入绘制构造线命令 XLINE 后，命令行提示如下：

```
命令:XLINE↙
指定点或 [水平(H)/垂直(V)/角度(A)/二等分(B)/偏移(O)]: 0,0
指定通过点: @10,10
指定通过点: 25,10
指定通过点: *取消*
```

命令行中不带括号的提示为默认选项（如上面的"指定点或"），因此可以直接输入构造线的起点坐标或在绘图窗口任意指定一点；如果要选择其他选项，则应该首先输入该选项的标识字符，如"偏移"选项的标识字符 O，然后按系统提示输入数据即可。在命令选项的后面有时还带有尖括号，尖括号内的数值为默认数值。

（2）在命令行中输入命令缩写字母，如 L（Line）、C（Circle）、A（Arc）、Z（Zoom）、R（Redraw）、M（Move）、CO（Copy）、PL（Pline）和 E（Erase）等。

（3）选择"绘图"菜单栏中对应的命令，可执行相应的操作，在命令行窗口中显示对应的命令说明及命令名。

（4）单击"绘图"工具栏中对应的按钮，可执行相应的操作，命令行窗口中也会显示对应的命令说明及命令名。

（5）在命令行打开快捷菜单。

如果在前面刚使用过要输入的命令，可以在命令行右击，在弹出的快捷菜单的"最近的输入"子菜单中选择需要的命令，如图 1.41 所示。"最近的输入"子菜单中储存了最近使用的 6 个命令，如果经常重复使用某 6 个命令以内的命令，这种方法就比较快速简捷。

图 1.41　"最近的输入"子菜单

（6）在绘图窗口右击。

如果用户要重复使用上次使用的命令，可以直接在绘图窗口右击，系统立即重复执行上次使用的命令，这种方法适用于重复执行某个命令。

有的命令有两种执行方式，可以分别通过对话框或命令行输入命令。如果指定使用命令行方式，可以在命令名前加短划线来表示，如-LAYER 表示用命令行方式执行"图层"命令。而如果在命令行中输入 LAYER，系统则会弹出"图层特性管理器"对话框。

另外，有些命令同时存在命令行、菜单栏和工具栏 3 种执行方式，这时如果选择菜单栏或工具栏方式，命令行会显示该命令，并在前面加一条下划线。例如，通过菜单栏或工具栏方式执行"直线"命令时，命令行会显示_line，命令的执行过程和结果与命令行方式相同。

💡 提示：在命令行中输入坐标时，请检查此时的输入法是否是英文输入。如果是中文输入法，例如，输入（150,20），则由于逗号"，"的原因，系统会认定该坐标输入无效。这时，只需将输入法改为英文即可。

2. 重复调用命令

按 Enter 键，可重复调用上一个命令，不管上一个命令是完成还是被取消。

3. 撤销正在执行的命令

在命令执行的任何时刻都可以取消和终止命令的执行。

用户可以通过以下方法撤销正在执行的命令。

- 命令行：UNDO 或 U。
- 菜单栏：选择"编辑"|"放弃"命令。
- 工具栏：单击"标准"工具栏中的"放弃"按钮 ⬅。

4. 终止正在执行的命令

按 Esc 键，可以终止正在执行的命令。

5. 恢复已取消的命令

已被撤销的命令要恢复重做，可以恢复撤销的最后一个命令或几个命令。

用户可以通过以下方法恢复已取消的命令。

- 命令行：REDO 和 MREDO。
- 菜单栏：选择"编辑"|"重做"命令。
- 工具栏：单击"标准"工具栏中的"重做"按钮 ➡。
- 快捷键：按 Ctrl+Y 快捷键。

AutoCAD 2014 可以一次执行多重放弃和重做操作。单击"标准"工具栏中的"放弃"按钮 ⬅或"重做"按钮 ➡后面的小三角，可以选择要放弃或重做的操作，如图 1.42 所示。

6. 使用系统变量

系统变量用于控制 AutoCAD 的某些功能和设计环境，可以打开或关闭捕捉、栅格或正交等绘图模式，设置默认的填充图案，或存储当前图形和 AutoCAD 配置的有关信息。

系统变量通常为 6～10 个字符长的缩写名称，大多数系统变量都带有简单的开关设置。如图 1.43 所示为执行 GRIDMODE 系统变量的文本窗口。

图 1.42 重做多项命令

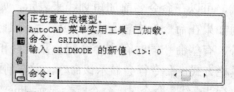

图 1.43 执行 GRIDMODE 系统变量

1.6 设置绘图环境

绘图环境的设置是成功绘制一幅图形的基础，所以在绘图前有必要先进行一些绘图环境的基本设置。

1. 设置参数选项

在使用 AutoCAD 2014 进行绘图之前，为了方便操作和提高绘图效率，用户可以根据自己的需要对系统进行各项设置。具体设置是利用"选项"对话框来实现的。

用户可以通过以下方法设置参数选项。

● 命令行：OPTIONS。

● 菜单栏：选择"工具"|"选项"命令。

● 快捷方式：在没有执行任何操作的情况下，在绘图窗口单击鼠标右键，从弹出的快捷菜单中选择"选项"命令。

执行命令后，弹出"选项"对话框，如图 1.44 所示。

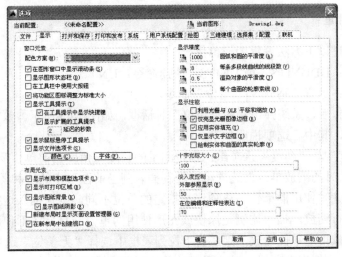

图 1.44　"选项"对话框

对话框中有"文件"、"显示"、"打开和保存"、"打印和发布"、"系统"、"用户系统配置"、"绘图"、"三维建模"、"选择集"、"配置"和"联机"共 11 个选项卡。下面介绍这些选项卡的功能。

（1）"文件"选项卡：用于确定 AutoCAD 搜索支持文件、驱动程序文件、菜单文件和其他文件时的路径，用户可以通过设置对文件的路径和顺序进行改变、删除或调整。

（2）"显示"选项卡：用于设置窗口元素、布局元素、显示精度、显示性能、十字光标大小和参照编辑的对色度等显示属性。

（3）"打开和保存"选项卡：用于设置是否自动保存文件、自动保存文件时的时间间隔、是否维护日志以及是否加载外部参照等。

（4）"打印和发布"选项卡：用于控制与打印和发布相关的选项。

（5）"系统"选项卡：用于设置当前三维图形的显示特性，设置定点设备、是否显示 OLE 文字大小对话框、是否显示所有警告信息、是否检查网络连接以及是否允许长符号名等。

（6）"用户系统配置"选项卡：用于优化工作方式。可以设置是否使用快捷菜单及在图形中插入块和图形时使用的默认比例等。

（7）"绘图"选项卡：用于设置自动捕捉、自动追踪、自动捕捉标记大小、靶框大小以及绘图时工具栏的提示颜色、大小和透明度等。

（8）"三维建模"选项卡：用于对三维绘图模式下的三维十字光标、UCS 图标、动态输入、三维对象、三维导航等选项进行设置。

（9）"选择集"选项卡：用于设置选择集模式、拾取框大小和夹点大小等。

（10）"配置"选项卡：用于实现新建系统配置文件、重命名系统配置文件以及删除系统配置文件等操作。

（11）"联机"选项卡：通过互联网完成图形绘制的相关设置。

💡 提示：在设置实体显示精度时，显示质量越高，即精度越高，计算机计算的时间就越长，因此建议不要将精度设置得太高，显示质量只需设定在一个合理的程度即可。

2. 设置图形单位

用户可以通过以下方法设置图形单位。

● 命令行：DDUNITS（或 UNITS，快捷命令：UN）。

● 菜单栏：选择"格式"|"单位"命令。

执行上述操作后，系统弹出"图形单位"对话框，如图 1.45 所示。该对话框用于定义单位和角度格式，其中各选项说明如下。

（1）"长度"与"角度"选项组：指定测量的长度与角度当前单位及精度。

（2）"插入时的缩放单位"选项组：控制插入到当前图形中的块和图形的测量单位。如果块或图形创建时使用的单位与该项选择指定的单位不同，则在插入这些块或图形时，将对其按比例进行缩放。插入比例是原块或图形使用的单位与目标图形使用的单位之比。如果插入块时不按指定单位缩放，则在其下拉列表框中选择"无单位"选项。

（3）"输出样例"选项组：显示用当前单位和角度设置的样例。

（4）"光源"选项组：控制当前图形中光源的测量单位。可设置为"国际"、"美国"和"常规"单位。

（5）"方向"按钮：单击该按钮，系统弹出"方向控制"对话框，如图 1.46 所示，可进行方向控制设置。

图 1.45　"图形单位"对话框

图 1.46　"方向控制"对话框

3. 设置图形界限

用户可以通过以下方法设置图形界限。

● 命令行：LIMITS。

● 菜单栏：选择"格式"|"图形界限"命令。

命令行提示与操作如下：

命令: LIMITS↙
重新设置模型空间界限:
指定左下角点或 [开(ON)/关(OFF)] <0.0000,0.0000>:　　//输入图形界限左下角的坐标，按 Enter 键
指定右上角点<12.0000,9.0000>: //输入图形界限右上角的坐标，按 Enter 键

● 开（ON）：使图形界限有效。系统在图形界限以外拾取的点将视为无效。

● 关（OFF）：使图形界限无效。用户可以在图形界限以外拾取点或实体。

用户可以动态输入角点坐标。可以直接在绘图窗口的动态文本框中输入角点坐标，输入了横坐标值后按"，"键，接着输入纵坐标值，如图 1.47 所示。也可以按光标位置直接在绘图窗口中单击，来确定角点位置。

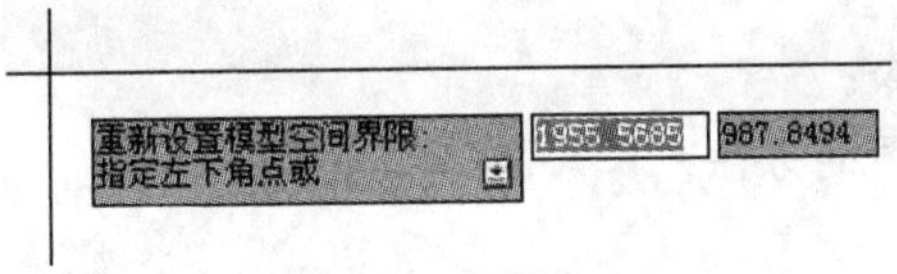

图 1.47　动态输入

第 2 章　绘制二维图形

内容摘要

　　所有的图形都是由基本图形元素组成的，因此，要使用 AutoCAD 绘图，就必须首先学会绘制一些基本图形元素。二维图形是指在二维平面空间绘制的图形，AutoCAD 提供了大量的绘图工具，可以帮助用户完成二维图形的绘制。用户利用 AutoCAD 提供的二维绘图命令，可以快速方便地完成某些图形的绘制。本章主要介绍点、线、矩形和正多边形、圆、椭圆、椭圆弧、圆弧、多段线、样条曲线和多线的绘制。

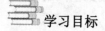

学习目标

　📖　了解二维绘图命令。
　📖　熟练掌握二维绘图的方法。

2.1　绘　制　点

　　点在 AutoCAD 中有多种不同的表示方式，用户可以根据需要进行设置，也可以设置等分点和测量点。

2.1.1　单点与多点

　　绘制单点与多点的方法如下。
- 命令行：POINT（快捷命令：PO）。
- 菜单栏：选择"绘图"|"点"命令。
- 工具栏：单击"绘图"工具栏中的"点"按钮·。

　　通过菜单方法操作时，在"点"的子菜单中选择"单点"命令，表示只输入一个点；选择"多点"命令，表示可输入多个点，如图 2.1 所示。可以单击状态栏中的"对象捕捉"按钮，设置点捕捉模式，帮助用户选择点。

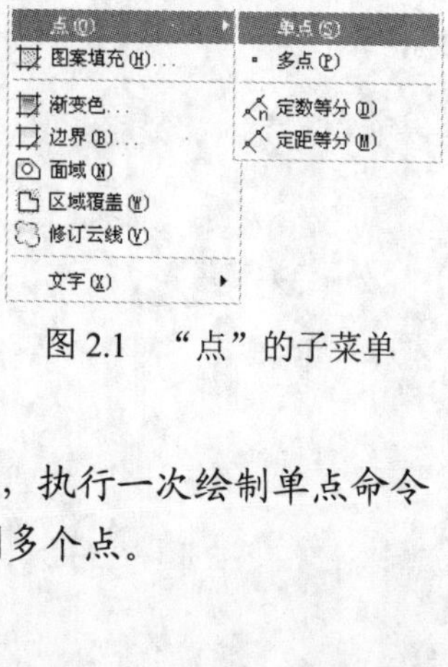

图 2.1　"点"的子菜单

💡 **提示：** 绘制单点和多点时，命令提示行的显示相同，区别在于，执行一次绘制单点命令后只能绘制一个点，执行一次绘制多点命令则可以绘制多个点。

2.1.2　设置点样式

点在图形中的表示样式共有 20 种，可通过 DDPTYPE 命令或选择"格式"|"点样式"命令，通过弹出的"点样式"对话框选择点样式并进行设置，完成后单击"确定"按钮即可，如图 2.2 所示。

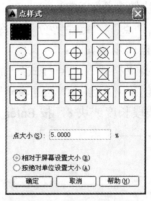

图 2.2　"点样式"对话框

2.1.3　实战——绘制定数等分点

用户可以通过以下方法执行绘制定数等分点的命令。

- 命令行：DIVIDE（快捷命令：DIV）。
- 菜单栏：选择"绘图"|"点"|"定数等分"命令。

绘制定数等分直线的点，其操作步骤如下：

（1）打开素材文件 2.3。选择"格式"|"点样式"命令，在弹出的对话框中设置点样式，如图 2.3 所示，然后在命令行中输入 DIVIDE，按 Enter 键确认。

（2）选中打开的直线段素材，并且在命令行中输入线段数目或块 5，按 Enter 键确认，结果如图 2.4 所示。

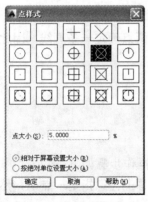

图 2.3　设置点样式

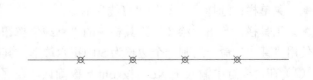

图 2.4　绘制定数等分直线的点

绘制定数等分点时，等分数目范围为2～32767。在等分点处，按当前点样式设置画出等分点。在第二提示行选择"块(B)"选项，表示在等分点处插入指定的块。

2.1.4 实战——绘制定距等分点

用户可以通过以下方法执行绘制定距等分点的命令。

- 命令行：MEASURE（快捷命令：ME）。
- 菜单栏：选择"绘图"|"点"|"定距等分"命令。

绘制定距等分直线的点，其操作步骤如下：

（1）打开素材文件2-3，选择"格式"|"点样式"命令，在弹出的对话框中设置点样式，如图2.3所示，然后选择"绘图"|"点"|"定距等分"命令，选中打开的直线段素材。

（2）在命令行中输入指定线段长度或块8，按Enter键确认，结果如图2.5所示。

图2.5　绘制定距等分直线的点

绘制定距等分点时，设置的起点一般是指定线的绘制起点。在第二提示行选择"块(B)"选项，表示在测量点处插入指定的块。在等分点处，按当前点样式设置绘制测量点。最后一个测量段的长度不一定等于指定分段长度。

2.2 绘 制 线

直线类命令包括直线段、射线和构造线。这几个命令是AutoCAD中最简单的绘图命令，线类实体是应用最多的实体之一。

2.2.1 实战——绘制直线

"直线"命令所绘制的实体为直线段。在几何学中，两点确定一条直线，因此，用户只需在绘图区域中指定两点，把这两点连接起来即可。

用户可以通过以下方法执行绘制直线的命令。

- 命令行：LINE（快捷命令：L）。
- 菜单栏：选择"绘图"|"直线"命令。
- 工具栏：单击"绘图"工具栏中的"直线"按钮╱。

使用"直线"命令绘制一个边长为5的正六边形，其操作步骤如下：

（1）在命令行中输入LINE，按Enter键确认。在屏幕上任意指定一点A，然后指定下一点为（@5<0），按Enter键确认，如图2.6所示。

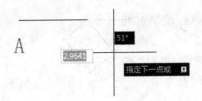

图 2.6　绘制的直线段

（2）指定下一点为（@5<60），按 Enter 键确认；依次指定下一点为（@5<120）、（@5<180）和（@5<240），如图 2.7 所示。

（3）在"指定下一点或 [闭合(C)/放弃(U)]:"下输入 C，如图 2.8 所示。使用"直线"命令绘制一个边长为 5 的正六边形的实战操作步骤完毕。

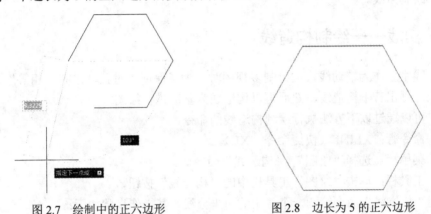

图 2.7　绘制中的正六边形　　　　　图 2.8　边长为 5 的正六边形

绘制直线时出现的各选项说明如下：

● 按 Enter 键确认"指定第一点"提示，系统会把上次绘制图线的终点作为本次图线的起始点。若上次操作为绘制圆弧，按 Enter 键确认后绘出通过圆弧终点并与该圆弧相切的直线段，该线段的长度为光标在绘图窗口指定的一点与切点之间线段的距离。

● 在"指定下一点"提示下，用户可以指定多个端点，从而绘出多条直线段。但是，每一段直线都是一个独立的对象，可以进行单独的编辑操作。

● 绘制两条以上直线段后，若采用输入选项"闭合（C）"确认"指定下一点"提示，系统会自动连接起始点和最后一个端点，从而绘出封闭的图形。若采用输入选项 U 确认提示，则删除最近一次绘制的直线段。

● 设置正交方式（单击状态栏中的"正交模式"按钮），只能绘制水平线段或垂直线段。若设置动态数据输入方式（单击状态栏中的"动态输入"按钮），则可以动态输入坐标或长度值，效果与非动态数据输入方式类似。除了特别需要，以后不再强调，而只按非动态数据输入方式输入相关数据。

2.2.2　绘制射线

在 AutoCAD 绘图时，经常利用射线作为辅助线来帮助用户精确定位，以方便绘图。

用户可以通过以下方法执行绘制射线的命令。

- 命令行：RAY。
- 菜单栏：选择"绘图"|"射线"命令。

在命令行中输入绘制射线命令 RAY 后，命令行提示如下：

```
命令: RAY
指定起点: //提示用户指定射线的端点
指定通过点: //提示用户指定通过第一条射线的点
指定通过点: //提示用户指定通过第二条射线的点
```

执行一次绘制射线命令，可以绘制多条射线，这些射线有一个共同的起点，当按 Enter 键时结束绘制射线。

2.2.3 实战——绘制构造线

构造线主要作为辅助线，当绘制多视图时，为了保证"对正、平齐、相等"的投影关系，可以先画出若干构造线，然后再以构造线为基准进行绘图。

用户可以通过以下方法执行绘制构造线的命令。

- 命令行：XLINE（快捷命令：XL）。
- 菜单栏：选择"绘图"|"构造线"命令。
- 工具栏：单击"绘图"工具栏中的"构造线"按钮☑。

使用"构造线"命令绘制一个直角的角平分线，其操作步骤如下：

（1）打开素材文件 2.9。在命令行中输入 XLINE，按 Enter 键确认。在"定点或 [水平(H)/垂直(V)/角度(A)/二等分(B)/偏移(O)]:"下输入 B；在"指定角的顶点:"下捕捉点 O，将二等分角，如图 2.9 所示。

（2）在"指定角的起点:"下捕捉点 A，在"指定角的端点:"下捕捉点 B，按 Enter 键确认，效果如图 2.10 所示。

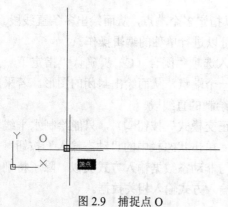

图 2.9　捕捉点 O

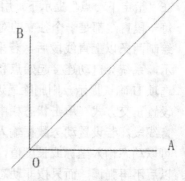

图 2.10　直角的角平分线

绘制构造线时，可使用"指定点"、"水平"、"垂直"、"角度"、"二等分"和"偏移"6 种方式绘制构造线，如图 2.11 中所示。

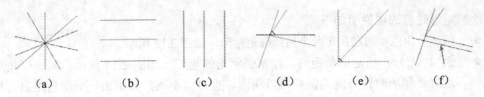

（a）　　　　（b）　　　　（c）　　　　（d）　　　　（e）　　　　（f）

图 2-11　不同绘制方式的构造线

构造线相当于手工绘图中的辅助绘图线；用特殊的线型显示，在图形输出时可不作输出。应用构造线作为辅助线绘制机械图中的三视图是构造线的最主要用途，构造线的应用保证了三视图之间"主、俯视图长对正，主、左视图高平齐，俯、左视图宽相等"的对应关系。

2.3　绘制矩形和正多边形

在机械绘图中，矩形和正多边形是比较常见的图形，用户可以使用"直线"命令来分别绘制矩形和正多边形的每个边，但这样显得比较麻烦，为此系统提供了直接绘制矩形和正多边形的命令。

2.3.1　实战——绘制矩形

用户可以通过以下方法执行绘制矩形的命令。

● 命令行：RECTANG（快捷命令：REC）。
● 菜单栏：选择"绘图"|"矩形"命令。
● 工具栏：单击"绘图"工具栏中的"矩形"按钮囗。

绘制一个矩形，要求矩形倒角为3，线宽为2，面积为600，长度为30，旋转120，其操作步骤如下：

（1）在命令行中输入 RECTANG，在"指定第一个角点或 [倒角(C)/标高(E)/圆角(F)/厚度(T)/宽度(W)]："下输入 C，指定矩形的第一个倒角距离和第二个倒角距离分别为4 。

（2）在"指定第一个角点或 [倒角(C)/标高(E)/圆角(F)/厚度(T)/宽度(W)]："下输入 W，指定矩形线宽为2。

（3）在"指定第一个角点或 [倒角(C)/标高(E)/圆角(F)/厚度(T)/宽度(W)]："提示下，拖曳鼠标在绘图窗口单击任意一点，确定为第一个角点。

（4）在"指定另一个角点或 [面积(A)/尺寸(D)/旋转(R)]："下输入 R，在"定旋转角度或 [拾取点(P)] <0>："下输入 120。

（5）在"指定另一个角点或 [面积(A)/尺寸(D)/旋转(R)]："下输入 A，在"输入以当前单位计算的矩形面积 <100.0000>："下输入 300。

（6）在"计算矩形标注时依据 [长度(L)/宽度(W)] <长度>："下，直接按 Enter 键保持默认，在"输入矩形长度 <10.0000>："下输入 30，最终绘制的矩形效果如图 2.12 所示，矩形绘制完成。

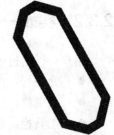

图 2.12　倾斜倒角矩形

绘制矩形时各选项说明如下。

- 第一个角点：通过指定两个角点确定矩形，如图 2.13 所示。
- 倒角（C）：指定倒角距离，绘制带倒角的矩形，如图 2.14 所示。每一个角点的逆时针和顺时针方向的倒角可以相同，也可以不同，其中第一个倒角距离是指角点逆时针方向倒角距离，第二个倒角距离是指角点顺时针方向倒角距离。

图 2.13　通过指定两个角点确定矩形

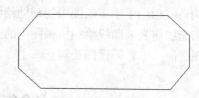

图 2.14　带倒角的矩形

- 标高（E）：指定矩形标高（Z 坐标），即把矩形放置在标高为 Z 且与 XOY 坐标面平行的平面上，并作为后续矩形的标高值。
- 圆角（F）：指定圆角半径，绘制带圆角的矩形，如图 2.15 所示。
- 厚度（T）：指定矩形的厚度，如图 2.16 所示。
- 宽度（W）：指定线宽，绘制带有线宽的矩形，如图 2.17 所示。

图 2.15　带圆角的矩形

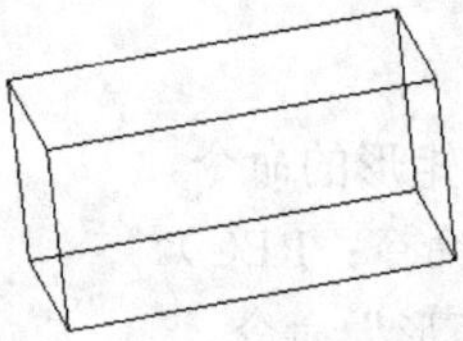

图 2.16　矩形的厚度

图 2.17　带有线宽的矩形

- 面积（A）：指定面积和长或宽创建矩形。指定长度或宽度后，系统自动计算另一个维度，绘制出矩形。如果矩形被倒角或圆角，则长度或面积计算中也会考虑相关设置。
- 尺寸（D）：使用长和宽创建矩形，第二个指定点将矩形定位在与第一角点相关的 4 个位置之一内。
- 旋转（R）：使所绘制的矩形旋转一定角度。指定旋转角度后，系统按指定角度创建矩形。

2.3.2　实战——绘制正多边形

用户可以通过以下方法执行绘制正多边形的命令。

- 命令行：POLYGON（快捷命令：POL）。
- 菜单栏：选择"绘图"|"正多边形"命令。
- 工具栏：单击"绘图"工具栏中的"正多边形"按钮。

用指定边长的方法来绘制一个边长为 8 的正十边形，其操作步骤如下：

（1）在命令行中输入 POLYGON，按 Enter 键确认。输入边的数目为 10，根据命令行提示输入 E，以边长为中心绘制多边形。

　　（2）在绘图窗口中指定边的第一个端点为任意一点，按 Enter 键确认。

　　（3）根据命令行提示，指定第二个端点的距离为 8，用指定边长的方法完成正十边形的绘制，效果如图 2.18 所示。

　　绘制正多边形时的各选项说明如下。

- 　边（E）：选择该选项，则只要指定多边形的一条边，系统就会按逆时针方向创建该正多边形。
- 　内接于圆（I）：选择该选项，绘制的多边形内接于圆，如图 2.19 所示。
- 　外切于圆（C）：选择该选项，绘制的多边形外切于圆，如图 2.20 所示。

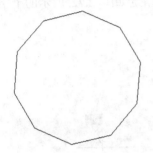 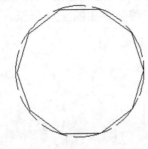 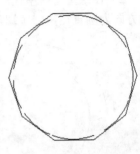

图 2.18　确定起点并绘制曲线　　　图 2.19　多边形内接于圆　　　图 2.20　多边形外切于圆

提示：无论采用内接于圆还是外切于圆的方法绘制正多边形，外切圆和内接圆都不能显示出来。如果通过键盘输入半径，正多边形的底边是水平的。如果用光标拾取一个点来得到半径，多边形的方向是可选的，用户旋转光标时，可以看到多边形也在转。

　　　　所绘制的多边形是一条多段线，即多边形的各条边是一个实体，若想单独编辑一条边，需要用"分解"命令将其分解。

2.4　绘　制　圆

　　圆类命令主要包括"圆"、"圆弧"、"圆环"、"椭圆"以及"椭圆弧"命令，它们是 AutoCAD 中最简单的曲线命令。

1. 用"圆心、半径"和"圆心、直径"方法绘制圆

用户可以通过以下方法执行绘制圆的命令。

- 　命令行：CIRCLE（快捷命令：C）。
- 　菜单栏：选择"绘图"|"圆"命令。
- 　工具栏：单击"绘图"工具栏中的"圆"按钮◎。

使用"圆心、半径"和"圆心、直径"方法绘制圆，具体操作步骤如下：

　　（1）在命令行中输入 CIRCLE，按 Enter 键确认。在绘图窗口中指定圆的圆心为任意

一点，指定圆的半径为3。

（2）在状态栏中单击"对象捕捉"按钮囗，单击"绘图"工具栏中的"圆"按钮⊙，绘制另一个圆，在"指定圆的半径或 [直径(D)] <3.0000>:"下输入D，指定圆的直径为8，绘制效果如图2.21所示。

2. 用"两点"方法绘制圆

通过指定直径的两端点绘制圆，其操作步骤如下：

（1）在命令行中输入CIRCLE，按Enter键确认。在"指定圆的圆心或 [三点(3P)/两点(2P)/切点、切点、半径(T)]:"下输入2P。

（2）在绘图窗口中任意指定一点为圆直径第一个端点；指定如图2.22所示的十字光标的方向为圆直径第二个端点，最终效果如图2.23所示。

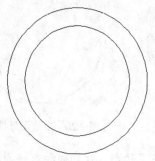

图2.21　半径为3和直径为8的两个圆

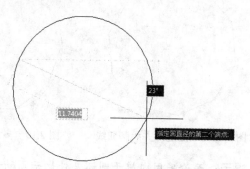

图2.22　确定圆直径端点

3. 用"三点"方法绘制圆

通过指定圆周上的三点绘制圆，其操作步骤如下：

（1）在命令行中输入CIRCLE，按Enter键确认。在"指定圆的圆心或 [三点(3P)/两点(2P)/切点、切点、半径(T)]:"下输入3P。

（2）在绘图窗口中任意指定一点为圆上第一个端点，然后依次在绘图区单击第二点、第三点（图2.24中A、B点），这样就能通过三点绘制成一个圆。

图2.23　圆

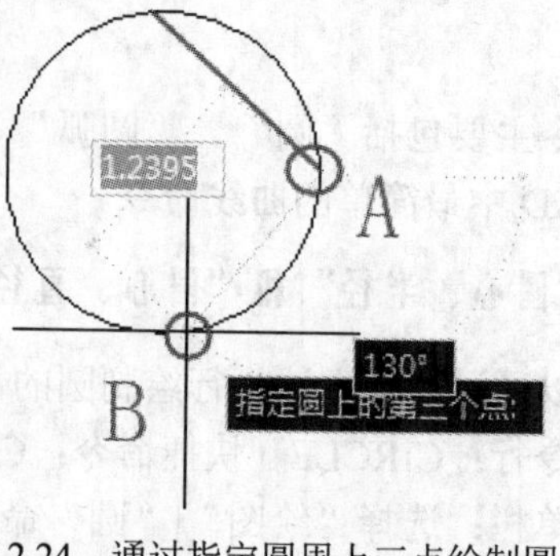

图2.24　通过指定圆周上三点绘制圆

4. 用"相切"方法绘制圆

通过先指定两个相切对象再给出半径的方法绘制圆，要求圆的半径为15，并且与打开的素材文件中所知的圆弧和直线相切，其操作步骤如下：

（1）打开素材文件 2.25。在命令行中输入 CIRCLE，按 Enter 键确认。在"指定圆的圆心或 [三点(3P)/两点(2P)/切点、切点、半径(T)]:"下输入 T 。

（2）指定对象与圆的第一个切点。拖曳光标到直线上，当出现"延递切点"时单击确认，如图 2.25 所示。

（3）按照第二步操作，拖曳光标到圆弧上，当出现"延递切点"时单击确认，指定圆的半径为 6，最终效果如图 2.26 所示。

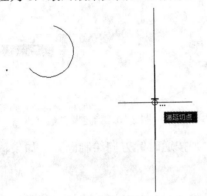

图 2.25　确认延递切点

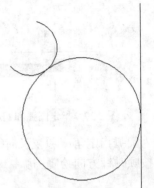

图 2.26　用"相切"方法绘制圆

2.5　绘制圆弧

1. 用"三点"方法绘制圆弧

用户可以通过以下方法执行"三点"方法绘制圆弧的命令。

● 命令行：ARC（快捷命令：A）。

● 菜单栏：选择"绘图"|"圆弧"命令。

● 工具栏：单击"绘图"工具栏中的"圆弧"按钮 。

使用"三点"方法绘制圆弧的操作步骤如下：

（1）在命令行中输入 ARC，指定圆弧的起点为任意一点 A，指定圆弧的第二个点为任意一点 B，如图 2.27 所示。

（2）指定圆弧的端点为任意一点 C，最终效果如图 2.28 所示。

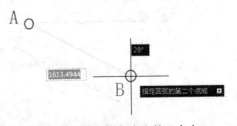

图 2.27　指定圆弧起点和第二个点

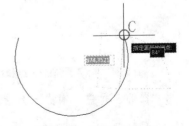

图 2.28　指定圆弧端点

2. 用"起点、圆心、端点"方法绘制圆弧

可使用"起点、圆心、端点"方法绘制圆弧指定圆弧的起点和圆心后，还需要指定圆弧的端点、包含角或弦长。具体操作步骤如下：

（1）在命令行中输入 ARC，指定圆弧的起点为任意一点 A，在"指定圆弧的第二个点或 [圆心(C)/端点(E)]:"下输入 C，指定圆弧的圆心为任意一点 B，如图 2.29 所示。

（2）指定圆弧的端点为任意一点 C，如图 2.30 所示，完成圆弧的绘制。

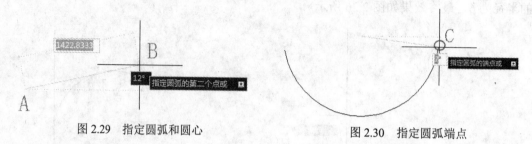

图 2.29　指定圆弧和圆心　　　　　　　　图 2.30　指定圆弧端点

在为圆弧指定角度和弦长时，如果输入正值，则按逆时针方向绘制圆弧；如果输入负值，则按顺时针方向绘制圆弧。

> 💡 **提示**：绘制圆弧时，注意圆弧的曲率是遵循逆时针方向的，所以在选择指定圆弧两个端点和半径模式时，需要注意端点的指定顺序，否则有可能导致圆弧的凹凸形状与预期的相反。

3. 用"起点、端点、角度"方法绘制圆弧

可使用"起点、端点、角度"方法绘制圆弧，指定圆弧的起点和端点后，还需要指定圆弧的角度、半径或方向。其操作步骤如下：

（1）在命令行中输入 ARC，指定圆弧的起点为任意一点 A；在"指定圆弧的第二个点或 [圆心(C)/端点(E)]:"下输入 E，指定圆弧的端点为任意一点 B，如图 2.31 所示。

（2）在"指定圆弧的圆心或 [角度(A)/方向(D)/半径(R)]:"下输入 A，指定如图 2.32 所示的 C 点为角度，完成圆弧的绘制。

图 2.31　指定圆弧的起点和端点　　　　　　图 2.32　指定圆弧的包含角

4. 用"圆心、起点、端点"方法绘制圆弧

使用"圆心、起点、端点"方法绘制圆弧，在指定圆弧的圆心和起点后，还需要指定

圆弧的端点、角度或弦长。其操作步骤如下：

（1）在命令行中输入 ARC（执行"圆弧"命令），然后根据命令行提示输入 C，指定圆弧的圆心为绘图窗口中任意一点 A，指定圆弧起点为 B，如图 2.33 所示。

（2）指定 C 点为圆弧端点，如图 2.34 所示，完成圆弧的绘制。

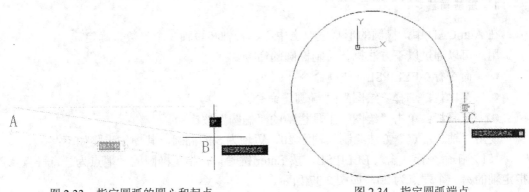

图 2.33　指定圆弧的圆心和起点　　　　　图 2.34　指定圆弧端点

技术点拨：绘制圆弧的其他方法

使用菜单栏来激活绘制圆弧的命令，将显示如图 2.35 所示的菜单；系统提供了 11 种绘制圆弧的方法，用户可以根据绘图的不同情况来确定使用哪种方式。

用"连续"方法绘制圆弧时，绘制的圆弧与最近创建的一个对象相切。用该方法绘制圆弧，命令行提示如下：

命令：_arc 指定圆弧的起点或[圆心(C)]：　//程序自动捕捉到上一个对象的终点，并把它指定为圆弧的起点
指定圆弧的端点：　//为圆弧指定端点

例如，已知一段直线，端点为 b，选择"连续"选项后将绘制出如图 2.36 所示的图形。

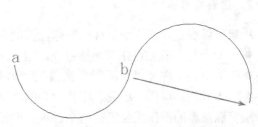

图 2.35　使用菜单栏来激活绘制圆弧命令　　图 2.36　用"连续"选项绘制圆弧

2.6 绘制椭圆、椭圆弧和圆环

1. 绘制椭圆

在 AutoCAD 中，椭圆的形状主要由中心、长轴和短轴 3 个参数来确定。

用户可以通过以下方法执行绘制椭圆的命令。

- 命令行：ELLIPSE（快捷命令：EL）。
- 菜单栏：选择"绘图"|"椭圆"命令。
- 工具栏：单击"绘图"工具栏中的"椭圆"按钮◯。

使用"轴、端点"方法绘制长轴为 20、短轴为 5 的椭圆，其操作步骤如下：

（1）在命令行中输入 ELLIPSE，按 Enter 键确认，指定椭圆的轴端点为任意一点 A，指定轴的另一个端点为 20，如图 2.37 所示。

（2）指定另一条半轴长度为 5，最终效果如图 2.38 所示。

图 2.37 确定椭圆的两个端点   图 2.38 使用"轴、端点"方法绘制的椭圆

绘制椭圆时的各选项说明如下。

- 指定椭圆的轴端点：根据两个端点定义椭圆的第一条轴，该轴的角度确定了整个椭圆的角度。第一条轴既可定义椭圆的长轴，也可定义其短轴。
- 圆弧（A）：用于创建一段椭圆弧，与单击"绘图"工具栏中的"椭圆弧"按钮功能相同。其中，第一条轴的角度确定了椭圆弧的角度。第一条轴既可定义椭圆弧长轴，也可定义其短轴。

💡 提示：“椭圆”命令生成的椭圆是以多段线还是以椭圆为实体，是由系统变量 PELLIPSE 决定的，当其为 1 时，生成的椭圆就是以多段线形式存在。

2. 绘制椭圆弧

用户可以通过以下方法执行绘制椭圆弧的命令。

- 命令行：ELLIOSE（快捷命令：EL）。
- 菜单栏：选择"绘图"|"椭圆"|"圆弧"命令。
- 工具栏：单击"绘图"工具栏中的"椭圆弧"按钮⬭。

绘制椭圆弧的操作需要经过两个过程：先绘制椭圆，再按某种方式截取该椭圆上的一段弧，即椭圆弧。绘制椭圆弧的操作步骤如下：

（1）在命令行中输入 ELLIPSE，在"指定椭圆的轴端点或 [圆弧(A)/中心点(C)]:"下输入 A，指定椭圆弧第一点为任意一点 O，指定轴的另一个端点为任意一点 B，另一条半轴长度为点 C，如图 2.39 所示，绘制了一个完整的椭圆。

（2）指定圆弧起始角度为点 D，在"指定终止角度或 [参数(P)/包含角度(I)]:"下输入 I，在"指定弧的包含角度 <180>:"下输入 220，如图 2.40 所示。

图 2.39　绘制椭圆　　　　　　　　　图 2.40　绘制椭圆弧起始角度和包含角度

（3）最终效果如图 2.41 所示，椭圆弧绘制完毕。

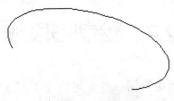

图 2.41　椭圆弧

绘制椭圆弧时的各选项说明如下。

● 起始角度：指定椭圆弧端点的两种方式之一，光标与椭圆中心点连线的夹角为椭圆端点位置的角度。

● 参数（P）：指定椭圆弧端点的另一种方式，该方式同样是指定椭圆弧端点的角度，但通过矢量参数方程式 P(U)=c+a×cos(u)+b×sin(u)创建椭圆弧，其中，c 是椭圆的中心点，a 和 b 分别是椭圆的长轴和短轴，u 为光标与椭圆中心点连线的夹角。

● 包含角度（I）：定义从起始角度开始的包含角度。

● 中心点（C）：通过指定的中心点创建椭圆。

● 旋转（R）：通过绕第一条轴旋转圆来创建椭圆，相当于将一个圆绕椭圆轴翻转一个角度后的投影视图。

3. 绘制圆环

圆环由一对同心圆组成，即一种呈圆形封闭的多段线。绘制圆环时，用户需指定内径、外径及圆环圆心的位置。

用户可以通过以下方法执行绘制圆环的命令。

● 命令行：DONUT（快捷命令：DO）。

● 菜单栏：选择"绘图"|"圆环"命令。

绘制一个内径为 25、外径为 40 的圆环，其操作步骤如下：

（1）在命令行中输入 DONUT，指定圆环的内径为 25。

（2）指定圆环外径为 40，在绘图窗口中指定任意一点为圆环中心点，圆环效果如图 2.42 所示，圆环绘制完毕。

绘制圆环时的各选项说明如下。

- 若指定内径为 0，则画出实心填充圆，如图 2.43 所示。
- 用 FILL 命令可以控制圆环是否填充，如图 2.44 所示为不填充的圆环状态。

  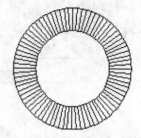

图 2.42　圆环　　　　　图 2.43　实心圆　　　　图 2.44　不填充状态下的圆环

2.7　绘制多段线

多段线是一种由线段和圆弧组合而成的，可以有不同线宽的多段线。由于多段线组合形式多样，线宽可以变化，弥补了直线或圆弧功能的不足，适合绘制各种复杂的图形轮廓，因而得到了广泛的应用。

2.7.1　实战——绘制多段线

用户可以通过以下方法执行绘制多段线的命令。

- 命令行：PLINE（快捷命令：PL）。
- 菜单栏：选择"绘图"|"多段线"命令。
- 工具栏：单击"绘图"工具栏的"多段线"按钮⤴。

使用"多段线"命令绘制一个小雨伞的操作步骤如下：

（1）在命令行中输入 PLINE，指定任意一点为小雨伞的最高点 A，此时默认的当前线宽为 0.0000。

（2）在"指定下一个点或 [圆弧(A)/半宽(H)/长度(L)/放弃(U)/宽度(W)]:"下输入 W，默认起点宽度为 0，指定端点宽度为 150，此端点为 B 点。

（3）指定下一个点为 20，即为 A-B 段长度，在"指定下一点或 [圆弧(A)/闭合(C)/半宽(H)/长度(L)/放弃(U)/宽度(W)]:"下输入 W。

（4）指定起点宽度为 5，此为 C 点，指定端点宽度为 5，此端点为 D 点。

（5）在"指定下一点或 [圆弧(A)/闭合(C)/半宽(H)/长度(L)/放弃(U)/宽度(W)]:"下输入 L，指定直线长度为 60，即为 C-D 段长度。

（6）在"指定下一点或 [圆弧(A)/闭合(C)/半宽(H)/长度(L)/放弃(U)/宽度(W)]:"下输入 A。

（7）在"指定圆弧的端点或[角度(A)/圆心(CE)/闭合(CL)/方向(D)/半宽(H)/直线(L)/半径(R)/第二个点(S)/放弃(U)/宽度(W)]:"下输入 A。

（8）指定包含角为-180°，此为 C 点到 D 点的角度。

（9）在"指定圆弧的端点或 [圆心(CE)/半径(R)]："下输入 R，指定圆弧的半径为 10，此为 CD 弧的半径，指定圆弧的弦方向为 180°。

（10）在"指定圆弧的端点或[角度(A)/圆心(CE)/闭合(CL)/方向(D)/半宽(H)/直线(L)/半径(R)/第二个点(S)/放弃(U)/宽度(W)]："下输入 L。

（11）在"指定下一点或 [圆弧(A)/闭合(C)/半宽(H)/长度(L)/放弃(U)/宽度(W)]："下输入 L。

（12）指定直线的长度为 5，此为 D-E 段长度。最终效果如图 2.45 所示。

图 2.45　用多段线绘制小雨伞

绘制多段线时的各选项说明如下：

● 多段线主要由连续且不同宽度的线段或圆弧组成，如果在上述提示中选择"圆弧(A)"选项，则命令行提示"指定圆弧的端点或[角度(A)/圆心(CE)/方向(D)/半宽(H)/直线(L)/半径(R)/第二个点(S)/放弃(U)/宽度(W)]："。

● 绘制圆弧的方法与"圆弧"命令相似。

2.7.2　编辑多段线

在"修改"|"对象"菜单下可以看到如图 2.46 所示的子菜单。选择"修改"|"对象"|"多段线"命令，可以看到命令行提示"命令：_pedit 选择多段线或 [多条(M)]："，当选择了一条多段线或者多条时，系统会弹出如图 2.47 所示的多段线编辑选项菜单。也可以使用"特性"选项板或夹点等方法来修改多段线。

图 2.46　"修改"|"对象"下的子菜单　　　图 2.47　多段线编辑选项菜单

技术点拨：从对象的边界创建多段线

可以使用 BOUNDARY 命令从形成闭合区域的对象的边界创建多段线。使用该方式创建的多段线是独立的对象，与用于创建该多段线的对象截然不同，如图 2.48 所示。

在大的或复杂的图形中加速边界选择过程，可以指定一组候选边界（称为边界集）。通过选择用于定义边界的对象可以创建此边界集。

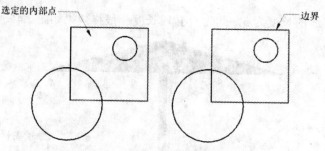

图 2.48　从对象的边界创建多段线

2.8　绘制样条曲线

在 AutoCAD 中使用的样条曲线为非一致有理 B 样条（NURBS）曲线，使用 NURBS 曲线能够在控制点之间产生一条光滑的曲线，如图 2.49 所示。样条曲线可用于绘制形状不规则的图形，如为地理信息系统（GIS）或汽车设计绘制轮廓线。

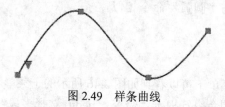

图 2.49　样条曲线

2.8.1　实战——绘制样条曲线

用户可以通过以下方法执行绘制样条曲线的命令。

● 命令行：SPLINE（快捷命令：SPL）。

● 菜单栏：选择"绘图"|"样条曲线"命令。

● 工具栏：单击"绘图"工具栏中的"样条曲线"按钮 ∿。

使用样条曲线绘制局部视图的操作步骤如下：

（1）打开素材文件 2.50。在命令行中输入 SPLINE，在直线端点 a 处单击绘制第一个点。

（2）在 b 处绘制第二个点，依次在 c、d 处绘制第三点、第四点。

（3）在直线端点 e 处单击，如图 2.50 所示，局部视图绘制完毕。

绘制样条曲线时的各选项说明如下。

- 对象（O）：将二维或三维的二次或三次样条曲线拟合多段线转换为等价的样条曲线，然后（根据 DELOBJ 系统变量的设置）删除该多段线。

- 闭合（C）：将最后一点定义为与第一点一致，并使其在连接处相切，以闭合样条曲线。选择该项，命令行提示"指定切向:指定点或按<Enter>键"，用户可以指定一点来定义切向矢量，或单击状态栏中的"对象捕捉"按钮，使用"切点"和"垂足"对象捕捉模式使样条曲线与现有对象相切或垂直。

- 拟合公差（F）：修改当前样条曲线的拟合公差，根据新公差以现有点重新定义样条曲线。拟合公差表示样条曲线拟合所指定拟合点集时的拟合精度，公差越小，样条曲线与拟合点越接近。公差为 0，样条曲线将通过该点，输入大于 0 的公差将使样条曲线在指定的公差范围内通过拟合点。在绘制样条曲线时，可以改变样条曲线拟合公差以查看拟合效果。

- 起点切向：定义样条曲线的第一点和最后一点的切向。如果在样条曲线的两端都指定切向，可以输入一个点或使用"切点"和"垂足"对象捕捉模式使样条曲线与已有的对象相切或垂直。如果按 Enter 键，系统将计算默认切向。

如图 2.51 所示，左侧的样条曲线通过拟合点绘制，而右侧的样条曲线通过控制点绘制。

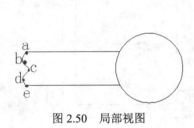

图 2.50　局部视图

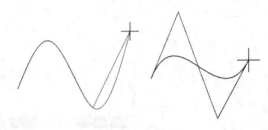

图 2.51　使用拟合点和控制点绘制样条曲线

2.8.2　编辑样条曲线

选择"修改"|"对象"|"样条曲线"命令，选择样条曲线，可用弹出的如图 2.52 所示的样条曲线编辑选项菜单编辑样条曲线，也可以使用多功能夹点编辑样条曲线。

| 闭合(C) |
| 合并(J) |
| 拟合数据(F) |
| 编辑顶点(E) |
| 转换为多段线(P) |
| 反转(R) |
| 放弃(U) |
| ● 退出(X) |

图 2.52　样条曲线编辑选项菜单

2.9 绘制多线

多线是一种复合线，由连续的直线段复合组成。多线的突出优点就是能够大大提高绘图效率，保证图线之间的统一性。

2.9.1 实战——多线绘制

用户可以通过以下方法执行绘制多线的命令。

● 命令行：MLINE（快捷命令：ML）。

● 菜单栏：选择"绘图"|"多线"命令。

绘制多线的操作步骤如下：

（1）在命令行中输入 MLINE，指定起点坐标为（0,10），指定下一点坐标为（10,10），如图 2.53 所示。

（2）依次输入点坐标（10,0）、（0,0），然后在"指定下一点或 [闭合(C)/放弃(U)]:"下输入 C，选择闭合多线。最终效果如图 2.54 所示。

图 2.53 输入点坐标　　　　　　　　　　图 2.54 绘制的多线

绘制多线时的各选项说明如下。

● 对正（J）：用于指定绘制多线的基准，共有"上"、"无"和"下" 3 种对正类型。其中，"上"表示以多线上侧的线为基准，其他两项依此类推。

● 比例（S）：选择该项，要求用户设置平行线的间距。输入值为 0 时，平行线重合；输入值为负时，多线的排列倒置。

● 样式（ST）：用于设置当前使用的多线样式。

2.9.2 实战——创建多线样式

用户可以通过以下方法创建多线样式。

命令行：MLSTYLE。

执行上述命令后，打开"多线样式"对话框，用户可以对多线样式进行定义、保存和加载等操作，如图 2.55 所示。

　　下面通过创建一个新的多线样式来介绍该对话框的使用方法。预定义的多线样式由两条平行线组成，上、下各偏移 0.9，其操作步骤如下：

　　（1）在命令行中输入 MLSTYLE，在弹出的"多线样式"对话框中单击"新建"按钮，弹出"创建新的多线样式"对话框，如图 2.56 所示。

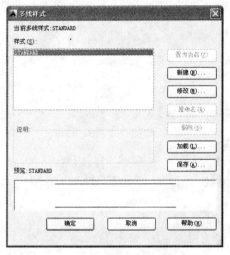

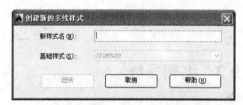

图 2.55　"多线样式"对话框　　　　　　　图 2.56　"创建新的多线样式"对话框

　　（2）在"新样式名"文本框中输入 TWO，单击"继续"按钮，弹出"新建多线样式：TWO"对话框，如图 2.57 所示。

图 2.57　"新建多线样式：TWO"对话框

　　在"封口"选项组中可以设置多线起点和端点的特性，包括直线、外弧、内弧封口以及封口线段或圆弧的角度。

　　在"填充颜色"下拉列表框中可以选择多线填充的颜色。

　　在"图元"选项组中可以设置组成多线元素的特性。单击"添加"按钮，可以为多线添加元素；反之，单击"删除"按钮，可为多线删除元素。在"偏移"文本框中可以设置选中元素的位置偏移值。在"颜色"下拉列表框中可以为选中的元素选择颜色。单击"线型"按钮，弹出"选择线型"对话框，可以为选中的元素设置线型。

（3）设置完毕后，单击"确定"按钮，返回到"多线样式"对话框，在"样式"列表中会显示刚设置的多线样式名，选择该样式后单击"置为当前"按钮，则将刚设置的多线样式设置为当前样式，下面的预览框中会显示所选的多线样式。

（4）单击"确定"按钮，完成多线样式的创建，如图 2.58 所示。

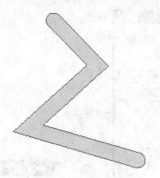

图 2.58　绘制的多线

2.9.3　编辑多线

用户可以通过以下方法编辑多线。

- 命令行：MLEDIT。
- 菜单栏：选择"修改" | "对象" | "多线"命令。

执行上述操作后，弹出"多线编辑工具"对话框，如图 2.59 所示。

图 2.59　"多线编辑工具"对话框

利用该对话框，可以创建或修改多线的模式。对话框中分 4 列显示示例图形。其中，第 1 列管理十字交叉形多线，第 2 列管理 T 形多线，第 3 列管理拐角接合点和节点，第 4 列管理多线被剪切或连接的形式。选择某个示例图形，就可以调用该项编辑功能。

第 3 章　精确绘图

内容摘要

在中文版 AutoCAD 2014 中，为了精确绘制图形，系统提供了多种绘图辅助工具。这些辅助工具能够帮助用户快速、准确地定位某些特殊点和特殊位置。通过本章的学习，读者能够对绘图环境进行合理、精确的设置，从而为绘图做好充分的准备工作。

学习目标

- 了解精确定位的工具。
- 熟练掌握对象捕捉和对象追踪。
- 了解动态输入。

3.1　使用坐标系

可以说，利用坐标系来精确定位点的位置是最常用的方法。那么，在 AutoCAD 绘图中，程序又给用户提供了哪些功能来辅助用户利用坐标系呢？本节将向读者逐步展示 AutoCAD 的坐标定位应用。

AutoCAD 中包括世界坐标系（WCS）和用户坐标系（UCS）两种坐标系。进入 AutoCAD 的运行程序时，默认系统为世界坐标系（WCS），但是用户也可以定义自己的坐标系，即用户坐标系（UCS）。

3.1.1　坐标系简介

1. 世界坐标系

世界坐标系是 AutoCAD 2014 默认的坐标系，在绘图工程中，用户可以将绘图窗口设想为一张无限大的图纸，在这张图纸上已经设置了 WCS，如图 3.1 所示。WCS 包括 X 轴和 Y 轴（如果在三维空间中，还有一个 Z 轴），坐标原点位于绘图窗口左下角，位移设定从原点开始，沿 X 轴向右为 X 轴正方向，沿 Y 轴向上为 Y 轴正方向，图纸上的任何一点都可以用到原点的位移来表示。

2. 用户坐标系

如果在绘图过程中用户一直在使用世界坐标系（WCS），则需要每次都要以原点为标准来确定对象的坐标位置，这样将会降低绘图效率。因此，用户就须建立自己的坐标系，即用户坐标系（UCS）。

在用户坐标系中，原点和 X、Y、Z 轴方向都可以移动和旋转，甚至可以依赖于图形中某个特定的对象，在绘图过程中使用起来具有很大的灵活性。在默认情况下，用户坐标系与世界坐标系重合，当用户坐标系和世界坐标系不重合时，用户坐标系的图标中将没有小方框，如图 3.2 所示，利用这个不同，很容易辨别当前绘图处于哪个坐标系中。

图 3.1　世界坐标系　　　　　　图 3.2　用户坐标系

 技术点拨：坐标的表示方法

在 AutoCAD 2014 中，点的坐标可以用直角坐标、极坐标、球面坐标和柱面坐标表示，每一种坐标又分别具有两种坐标输入方式，即绝对坐标和相对坐标。其中直角坐标和极坐标最为常用，具体创建方法如下。

（1）直角坐标法。用点的 X、Y 坐标值表示的坐标。

在命令行中输入点的坐标（13,17），则表示输入了一个 X、Y 的坐标值分别为 13、17 的点，此为绝对坐标输入方式，表示该点的坐标是相对于当前坐标原点的坐标值，如图 3.3 所示。如果输入（@10,25），则为相对坐标输入方式，表示该点的坐标是相对于前一点的坐标值，如图 3.4 所示。

图 3.3　绝对坐标输入方式　　　　　图 3.4　相对坐标输入方式

（2）极坐标法。用长度和角度表示的坐标，只能用来表示二维点的坐标。

在绝对坐标输入方式下，表示为"长度<角度"，如"15<40"，其中长度表示该点到坐标原点的距离，角度表示该点到原点的连线与 X 轴正向的夹角，如图 3.5 所示。

在相对坐标输入方式下，表示为"@长度<角度"，如"@9<18"，其中长度为该点到前一点的距离，角度为该店至前一点的连线与 X 轴正向的夹角，如图 3.6 所示。

（3）动态数据输入。单击状态栏中的"动态输入"按钮，系统打开动态输入功能，可以在绘图窗口中动态地输入某些参数数据。例如，绘制直线时，在光标附近，会动态地显示"指定第一个角点或",以及后面的坐标框。当前坐标框中显示的是目前光标所在位置,可以输入数据,两个数据之间以逗号隔开,如图 3.7 所示。指定第一点后,系统动态显示直线的角度,同时要求输入线段长度值,如图 3.8 所示,其输入效果与"@长度<角度"方式相同。

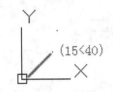

图 3.5 绝对坐标输入方式下的极坐标法

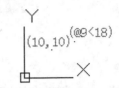

图 3.6 相对坐标输入方式下的极坐标法

图 3.7 动态输入坐标值

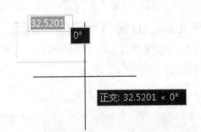

图 3.8 动态输入数据值

3.1.2 实战——创建坐标系

用户可以通过以下方法创建坐标系。

- 命令行:UCS。
- 菜单栏:选择"工具"|"新建 UCS"子菜单中相应的命令。
- 工具栏:单击 UCS 工具栏中的相应按钮。

创建坐标系的操作步骤如下:

(1)打开素材文件 3.9,选择"工具"|"新建 UCS"|"面"命令,如图 3.9 所示。

(2)执行"面"命令后,单击图像的一个面,如图 3.10 所示。

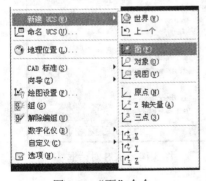

图 3.9 "面"命令

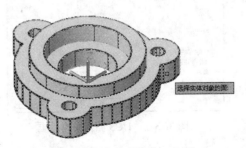

图 3.10 选择实体的一个面

(3)在弹出的选项菜单中选择"X 轴反向"选项,如图 3.11 所示,选择"接受"选项,创建坐标系的实战操作步骤完毕。

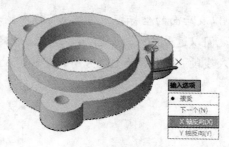

图 3.11　选择实体的一个面

3.1.3　实战——控制坐标系图标显示

在 AutoCAD 2014 中，用户可以控制坐标系的图标显示，具体操作步骤如下：

（1）选择"视图"|"显示"|"UCS 图标"|"开"命令，即可在绘图窗口打开或关闭 UCS 图标，如图 3.12 所示。

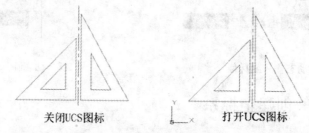

关闭UCS图标　　　　　　　　　　　打开UCS图标

图 3.12　控制坐标系图标显示

（2）选择"视图"|"显示"|"UCS 图标"|"特性"命令，弹出"UCS 图标"对话框，在此可以设置 UCS 图标的样式、大小、颜色和布局选项卡图标颜色等，如图 3.13 所示。

✍ **技巧**：选择"工具"|"命名 UCS"命令，在弹出的 UCS 对话框中选择"设置"选项卡，在其中也可以控制 UCS 图标的显示特性，如图 3-14 所示。

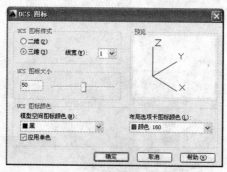

图 3.13　"UCS 图标"对话框

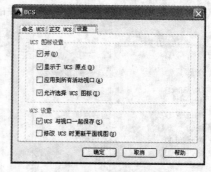

图 3.14　UCS 对话框

3.1.4　控制坐标显示

在绘图窗口中移动鼠标指针时，状态栏上将会动态显示当前坐标。在 AutoCAD 2014

中，坐标显示取决于所选择的模式和程序中运行的命令，共有"关"、"绝对"和"相对"
3 种模式，各种模式的含义分别如下。

- 模式 0，"关"：显示上一个拾取点的绝对坐标。此时，指针坐标将不能动态更新，只有在拾取一个新点时，显示才会更新。但是，输入一个新点坐标时，不会改变显示方式。如图 3.15 所示为"关"模式。
- 模式 1，"绝对"：显示光标的绝对坐标，该值是动态更新的，默认情况下，显示方式是打开的。如图 3.16 所示为"绝对"模式。
- 模式 2，"相对"：显示一个相对极坐标。当选择该模式时，如果当前处在拾取点状态，系统将显示光标所在位置相对于上一个点的距离和角度。当离开拾取点时，系统将恢复到模式 1。如图 3.17 所示为"相对"模式。

9.4305, -0.6326, 0.0000	10.9821, -1.2083, 0.0000	1.9972< 304 , 0.0000
图 3.15　模式 0，"关"	图 3.16　模式 1，"绝对"	图 3.17　模式 2，"相对"

3.2　使用栅格、捕捉和正交

精确绘图工具包括栅格、捕捉、正交、对象捕捉、对象捕捉追踪、极轴和动态输入等，它们主要集中显示在状态栏上，如图 3.18 所示。本节主要介绍栅格、捕捉和正交的使用方法。

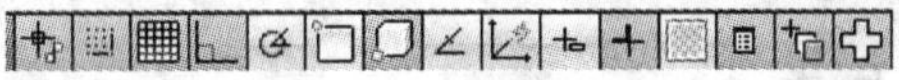

图 3.18　状态栏按钮

3.2.1　设置栅格和捕捉

1．栅格

栅格是在屏幕上显示的一片可见的成规则排列的点阵。在显示栅格的屏幕上绘图，就好像在米格纸上绘图一样，有助于作图的参考定位。绘图时，利用栅格功能可以方便地实现图形之间的对齐、确定图形对象之间的距离等。

如果栅格以线而非点显示，则颜色较深的线（称为主栅格线）将间隔显示。在以小数单位或英尺和英寸绘图时，主栅格线对于快速测量距离尤其有用。可以在"草图设置"对话框中控制主栅格线的频率：要关闭主栅格线的显示，将主栅格线的频率设定为 1 即可。

栅格显示为线并且 SNAPANG 设定为非 0（零）的值时，将不显示栅格。SNAPANG 不影响点栅格的显示。如果放大或缩小图形，将会自动调整栅格间距，使其更适合新的比例，这称为自适应栅格显示。

用户可以通过以下方法启动或关闭栅格功能。

- 菜单栏：选择"工具"|"草图设置"命令，在弹出的"草图设置"对话框中选择"捕捉和栅格"选项卡，在此进行设置。
- 状态栏：单击"栅格"按钮▓（仅限于在打开与关闭之间切换）。

- 快捷键：按 F7 键或 Ctrl+G 快捷键（仅限于在打开与关闭之间切换）。

2. 捕捉

AutoCAD 提供了一种捕捉工具，可以在屏幕上生成一个隐含的栅格，这个栅格能够捕捉光标，约束它只能落在栅格的某一个节点上，使用户能够高精度地捕捉点。

用户可以通过以下方法启动或关闭捕捉功能。

- 菜单栏：选择"工具"|"草图设置"命令，在弹出的"草图设置"对话框中选择"捕捉和栅格"选项卡，在此进行设置。
- 状态栏：单击"捕捉"按钮▦（仅限于在打开与关闭之间切换）。
- 快捷键：按 F9 键（仅限于在打开与关闭之间切换）。

💡 提示：使用动态 UCS 时，会相对于实体的选定面大小和可用的绘图区域自动设定栅格界限。

3.2.2 使用栅格、捕捉

1. 使用栅格

选择"工具"|"草图设置"命令，在弹出的"草图设置"对话框中选择"捕捉和栅格"选项卡，如图 3.19 所示。

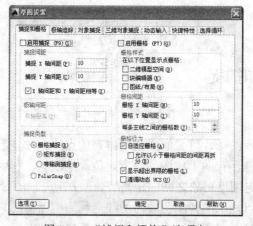

图 3.19 "捕捉和栅格"选项卡

"启用栅格"复选框用于控制是否显示栅格："栅格 X 轴间距"和"栅格 Y 轴间距"文本框用于设置栅格在水平与垂直方向的间距。如果"栅格 X 轴间距"和"栅格 Y 轴间距"设置为 0，则 AutoCAD 系统会自动将捕捉栅格间距应用于栅格，且其原点和角度总是与捕捉栅格的原点和角度相同。

💡 提示：若在"栅格 X 轴间距"文本框中输入一个数值后按 Enter 键，系统将自动传送这个值给"栅格 Y 轴间距"，这样可减少工作量。

2．使用捕捉

选择"工具"|"草图设置"命令，在弹出的"草图设置"对话框中选择"捕捉和栅格"选项卡，如图 3.19 所示。

- "启用捕捉"复选框：控制捕捉功能的开关，与按 F9 键或单击状态栏上的"捕捉"按钮功能相同。
- "捕捉间距"选项组：设置捕捉参数，其中"捕捉 X 轴间距"和"捕捉 Y 轴间距"文本框用于确定捕捉栅格点在水平和垂直两个方向上的间距。
- "捕捉类型"选项组：确定捕捉类型和样式。AutoCAD 提供了两种捕捉栅格的方式，即栅格捕捉和极轴捕捉（PolarSnap）。"栅格捕捉"是指按正交位置捕捉位置点，"极轴捕捉"则可以根据设置的任意极轴角捕捉位置点。"栅格捕捉"又分为"矩形捕捉"和"等轴测捕捉"两种方式。在"矩形捕捉"方式下捕捉栅格是标准的矩形，在"等轴测捕捉"方式下捕捉栅格和光标十字线不再互相垂直，而是成绘制等轴测图时的特定角度，这种方式对于绘图等轴测图十分方便。
- "极轴间距"选项组：该选项组只有在选择"极轴捕捉"类型时才可用。可在"极轴距离"文本框中输入距离值，也可以在命令行中输入 SNAP，来设置捕捉的有关参数。

技术点拨：设置自动捕捉功能

对象捕捉还包含一个视觉辅助工具，称为自动捕捉，它可以帮助用户更有效地查看和使用对象捕捉。当光标移到对象的对象捕捉位置时，自动捕捉将显示标记和工具提示。

用户可以通过以下方法启动或关闭栅格功能。

- 命令行：OPTIONS。
- 菜单栏：选择"工具"|"选项"命令，在弹出的"选项"对话框中选择"草图"选项卡。

"自动捕捉"包含以下捕捉工具：

- 标记。当光标移到对象上或接近对象时，将显示对象捕捉位置。标记的形状取决于它所标记的捕捉。
- 工具提示。在光标位置用一个小标志指示正在捕捉对象的哪一部分。
- 磁吸。吸引并将光标锁定到检测到的最接近的捕捉点。提供一个形象化设置，与捕捉栅格类似。
- 靶框。围绕十字光标并定义从中计算哪个对象捕捉的区域。可以选择显示或不显示靶框，也可以改变靶框的大小。

自动捕捉标记、工具提示和磁吸在默认情况下是打开的。用户可以在"选项"对话框的"草图"选项卡中更改自动捕捉设置。

提示：当捕捉到某个特殊点时，光标就将显示出一个几何图形（称为"捕捉标记"）和捕捉提示，不同的捕捉类型会显示出不同形状的几何图形，由此可以判别捕捉到的点是否为所选的点以及捕捉是否有效。

3.2.3 使用正交模式

在 AutoCAD 绘图过程中，经常需要绘制水平直线和垂直直线，但是用光标控制选择线段的端点时很难保证两个点严格沿水平或垂直方向，为此，AutoCAD 提供了正交功能。当启用正交模式时，画线或移动对象时只能沿水平方向或垂直方向移动光标，也只能绘制平行于坐标轴的正交线段。

用户可以通过以下方法启动或关闭正交模式。

● 命令行：ORTHO。
● 状态栏：单击状态栏中的"正交模式"按钮 ⌐（仅限于在打开与关闭之间切换）。
● 快捷键：按 F8 键（仅限于在打开与关闭之间切换）。

3.3 使用对象捕捉功能

对象捕捉功能与捕捉功能不同，捕捉功能是使光标按照指定的步距移动，而对象捕捉是用于拾取图形中已有实体上的某些特殊点，如直线的端点、圆的圆心或切点等。对于这些点，如果用光标在屏幕上拾取，难免会有误差。若利用键盘输入，又可能不知道它的准确坐标值，使用对象捕捉就可以快速、准确地捕捉到这些点。

3.3.1 打开对象捕捉功能

使用对象捕捉可指定对象上的精确位置。例如，使用对象捕捉可以绘制到圆心或多段线中点的直线。

不论何时提示输入点，都可以指定对象捕捉。默认情况下，当光标移到对象的对象捕捉位置时，将显示标记和工具提示。此功能称为 AutoSnap™（自动捕捉），提供了视觉提示，指示正在使用哪些对象捕捉。

用户可以通过以下方法启动或关闭对象捕捉功能。

● 菜单栏：选择"工具"|"草图设置"命令。
● 工具栏：单击"对象捕捉"工具栏中的"对象捕捉设置"按钮 ⌐。
● 状态栏：单击状态栏中的"对象捕捉"按钮 ⌐（仅限于在打开与关闭之间切换）。
● 快捷键：按 F3 键（仅限于在打开与关闭之间切换）。

执行上述操作后，系统弹出"草图设置"对话框，选择"对象捕捉"选项卡，在此可对对象捕捉方式进行设置，如图 3.20 所示。

● "启用对象捕捉"复选框：选中该复选框，在"对象捕捉模式"选项组中选中的捕捉模式处于激活状态。
● "启用对象捕捉追踪"复选框：用于打开或关闭自动追踪功能。
● "对象捕捉模式"选项组：其中列出了各种捕捉模式的复选框，被选中的复选框处于激活状态。单击"全部清除"按钮，所有模式均被清除。单击"全部选择"
按钮，则所有模式均被选中。

- "选项"按钮：单击该按钮，弹出"选项"对话框的"草图"选项卡，在此可决
  定捕捉模式的各项设置。

图 3.20 "草图设置"对话框

3.3.2 使用对象捕捉快捷菜单

在 AutoCAD 2014 中，用户还可以使用对象捕捉快捷菜单进行捕捉操作。

使用对象捕捉快捷菜单的操作步骤如下：

（1）启动 AutoCAD 2014 后，在绘图窗口任意位置绘制一个任意大小的圆，然后再次
执行"圆"命令，按住 Shift 键，在绘图窗口中右击，在弹出的快捷菜单中选择"圆心"命
令，如图 3.21 所示。

（2）将鼠标移到圆中心，即可捕捉圆心，如图 3.22 所示。

在对象捕捉快捷菜单中，"点过滤器"命令中包含的各子命令用于捕捉满足指定坐标
条件的点。除此之外的其余各命令都与"对象捕捉"工具栏上的各种捕捉模式相对应。

图 3.21 选择"圆心"命令

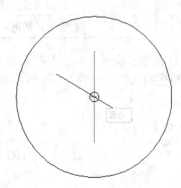

图 3.22 捕捉圆心

55

3.3.3 特殊位置点捕捉

在绘制 AutoCAD 图形时，有时需要指定一些特殊位置的点，如圆心、端点、中点、平行线上的点等，如表 3.1 所示。可以通过对象捕捉功能来捕捉这些点。

表 3.1 特殊位置点捕捉

捕 捉 模 式	快 捷 命 令	功　　能
临时追踪点	TT	建立临时追踪点
两点之间的中点	M2P	捕捉两个独立点之间的中点
捕捉自	FRO	与其他捕捉方式配合使用建立一个临时参考点，作为指出后继点的基点
端点	ENDP	用来捕捉对象的端点
中点	MID	用来捕捉对象的中点
圆心	CEN	用来捕捉圆或圆弧的圆心
节点	NOD	捕捉用 POINT 或 DIVIDE 等命令生成的点
象限点	QUA	用来捕捉距光标最近的圆或圆弧上可见部分的象限点，即圆周上 0°、90°、180°、270° 位置上的点
交点	INT	用来捕捉对象的交点
延长线	EXT	用来捕捉对象延长路径上的点
插入点	INS	用于捕捉图形、文字、属性或属性定义等对象的插入点
垂足	PER	在线段、圆、圆弧或它们的延长线上捕捉一个点，使之与最后生成的点的连线与该线段、圆或圆弧正交
切点	TAN	最后生成一个点到选中的圆或圆弧上印切线的切点位置
最近点	NEA	用于捕捉离拾取点最近的线段、圆、圆弧等对象上的点
外观交点	APP	用来捕捉两个对象在视图平面上的交点。若两个对象没有直线相交，系统自动计算其延长后的交点；若两对象在空间上为异面直线，则系统计算其投影方向上的交点
平行线	PAR	用于捕捉与指定对象平行方向的点
无	NON	关闭对象捕捉模式
对象捕捉设置	OSNAP	设置对象捕捉

AutoCAD 提供了命令行、工具栏和快捷菜单 3 种执行特殊点对象捕捉的方法。在使用特殊位置点捕捉的快捷命令前，必须先选择绘制对象的命令或工具，再在命令行中输入其快捷命令。

3.4 使用自动追踪

对象追踪是指按指定角度或与其他对象建立指定关系绘制对象。可以结合对象捕捉功

能进行自动追踪，也可以指定临时点进行临时追踪。一般追踪可分为极轴追踪、对象捕捉
追踪和偏移点追踪。

3.4.1　极轴追踪与对象捕捉追踪

极轴追踪和对象捕捉追踪属于自动追踪。极轴追踪是指按指定的极轴角或极轴角的倍
数对齐要指定点的路径；对象捕捉追踪是指以捕捉到的特殊位置点为基点，按指定的极轴
角或轴角的倍数对齐要指定点的路径。

极轴追踪必须配合对象捕捉功能一起使用，即同时单击状态栏中的"极轴追踪"按钮
和"对象捕捉"按钮；对象捕捉追踪必须配合对象捕捉功能一起使用，即同时单击状态
栏中的"对象捕捉"按钮和"对象捕捉追踪"按钮。

1. 极轴追踪

● 菜单栏：选择"工具"|"草图设置"命令。
● 状态栏：单击状态栏中的"极轴追踪"按钮。

在"极轴追踪"按钮上右击，在弹出的快捷菜单中选择"设置"命令，弹出如图 3.23
所示的"草图设置"对话框，选择"极轴追踪"选项卡，其中各选项功能介绍如下。

● "启用极轴追踪"复选框：选中该复选框，即启用极轴追踪功能。
● "极轴角设置"选项组：设置极轴角的值，可以在"增量角"下拉列表框中选择
　一种角度值，也可选中"附加角"复选框。单击"新建"按钮设置任意附加角，
　系统在进行极轴追踪时同时追踪增量角和附加角，可以设置多个附加角。
● "对象捕捉追踪设置"和"极轴角测量"选项组：按界面提示设置相应单选按钮。
　利用自动追踪可以完成三视图绘制。

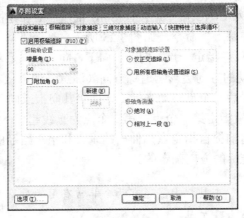

图 3.23　"极轴追踪"选项卡

2. 对象捕捉追踪

对象捕捉追踪可以沿指定方向按指定角度或与其他对象的指定关系绘制对象，是对象
捕捉和极轴追踪功能的综合，用于捕捉一些特殊点形成对齐路径。

在使用对象捕捉追踪模式之前，用户必须先启动对象捕捉模式。如图 3.24 所示为对象

捕捉追踪的过程。

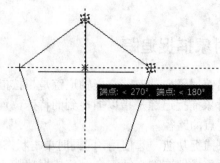

图 3.24 对象捕捉追踪过程

技术点拨：追踪偏移点位置

可以使用追踪并通过在垂直和水平方向上偏移一系列临时点来指定一点。

只要提示输入点，就可以使用追踪方法。追踪使用定点设备，通过在垂直或水平方向上偏移一系列临时点来指定一点。如果启动追踪并指定初始参照点，则会将下一个参照点约束到自该点水平或垂直延伸的路径上。偏移方向由拖引线决定，将光标移过参照点可以更改偏移的方向。用户可以根据需要追踪任意多个点。通常，结合对象捕获或直接距离输入来使用追踪。

3.4.2 实战——临时追踪点

临时追踪点的操作步骤如下：

（1）在命令行中输入 LINE 命令，按住 Shift 键，然后在绘图窗口中右击，在弹出的快捷菜单中选择"临时追踪点"命令，如图 3.25 所示。

（2）在绘图窗口中任意指定一点，向上、向下、向左或向右移动光标，直到看见拖引线，如图 3.26 所示。移动的方向会影响追踪方向（注意，如果从左到右移动光标，那么，之后必须直接从指定的最后一个点移动光标，才能将其向上或向下移动）。

（3）找到合适的位置指定第二个点，第二个点为直线起点，指定下一点，按 Enter 键结束追踪。直线的起点将捕捉自指定点延伸出的垂直和水平路径的假想交点，此位置是由指定第一个点之后移动光标的方向确定的。

技巧：在"对象捕捉"工具栏上，还有两个非常有用的对象捕捉工具，即"临时追踪点"和"捕捉自"工具。

"临时追踪点"工具：可以在一次操作中创建多条追踪线，并根据这些追踪线确定所要定位的点。

"捕捉自"工具：在使用相对坐标指定下一个应用点时，"捕捉自"工具会提示输入基点，并将该点作为临时参照点，这与通过输入前缀"@"使用最后一个点作为参照点类似，虽然不是对象捕捉模式，但经常与对象捕捉一起使用。

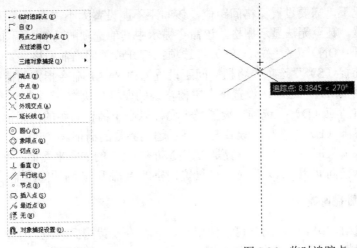

图 3.25　快捷菜单　　　　　图 3.26　临时追踪点

3.5　使用 GRID 和 SNAP 命令

1. 显示栅格

在 AutoCAD 2014 中，用户可以使用 GRID 命令设置栅格，操作步骤如下：

（1）在命令行中输入 GRID 命令，提示信息如图 3.27 所示。

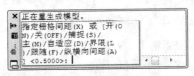

图 3.27　执行 GRID 命令

（2）输入 ON 命令，绘图窗口显示栅格，效果如图 3.28 所示。

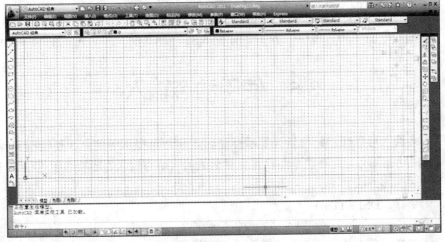

图 3.28　打开栅格

默认情况下，需要设置栅格间距值。该间距不能设置太小，否则将导致图形模糊以及屏幕显示太慢，甚至无法显示栅格。该命令提示中其他选项的功能介绍如下。

- "开（ON）"/"关（OFF）"选项：打开或关闭当前栅格。
- "捕捉（S）"选项：将栅格间距设置为由 SNAP 命令指定的捕捉间距。
- "主（M）"选项：设置每个主栅格线的栅格分块数。
- "自适应（D）"选项：设置是否允许以小于栅格间距的间距拆分栅格。
- "界限（L）"选项：设置是否显示超出界限的栅格。
- "跟随（F）"选项：设置是否跟随动态 UCS 的 XY 平面而改变栅格平面。
- "纵横向间距（A）"选项：设置栅格的 X 轴和 Y 轴的间距值。

2. 设置捕捉间距

在 AutoCAD 2014 中，用户可以使用 SNAP 命令设置捕捉间距。

设置捕捉间距，具体操作步骤如下：

（1）在命令行中输入 SNAP 命令，提示信息如图 3.29 所示。

（2）根据命令行提示，依次执行 S、I 命令和并指定间距为 1，如图 3.30 所示，即完成使用 SNAP 命令设置捕捉间距的操作。

图 3.29　执行 SNAP 命令

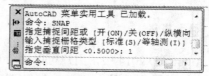

图 3.30　设置捕捉间距

在 SNAP 命令提示信息的"样式"选项中，包含有"标准"和"等轴测"两个选项。

- "标准"样式：显示与当前 UCS 的 XY 平面平行的矩形栅格，X 间距与 Y 间距可能不同。

- "等轴测"样式：显示等轴测栅格，栅格点初始化为 30°和 150°角。等轴测可以旋转，但不能有不同的纵横向间距值。等轴测包括上等轴测平面（30°和 150°角）、左等轴测平面（90°和 150°角）和右等轴测平面（30°和 90°角），如图 3.31 所示。

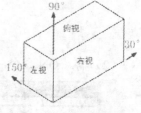

图 3.31　等轴测模式

3.6　使用动态输入

使用动态输入可以在指针位置处显示标注输入和命令提示等信息，使绘图变得直观、简洁。要设置动态输入，可在"草图设置"对话框的"动态输入"选项卡中进行。打开"草图设置"对话框的方法如下。

- 命令行：DSETTINGS。
- 菜单栏：选择"工具"|"草图设置"命令。
- 状态栏：单击状态栏中的"动态输入"按钮 。

1. 启用指针输入

要启用指针输入，具体操作步骤如下：

（1）选择"工具"|"草图设置"命令，弹出"草图设置"对话框，选择"动态输入"选项卡，如图 3.32 所示。

（2）选中"启用指针输入"复选框，即可启用指针输入功能。在"指针输入"选项组中单击"设置"按钮，弹出"指针输入设置"对话框，可根据需要进行设置，如图 3.33 所示。

（3）单击"确定"按钮返回"草图设置"对话框，单击"确定"按钮完成启用指针输入功能的操作。

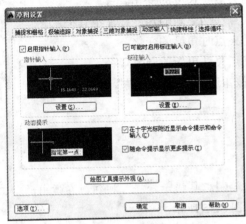

图 3.32 "草图设置"对话框

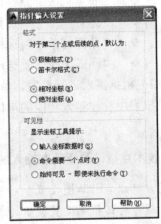

图 3.33 "指针输入设置"对话框

2. 启用标注输入

启用标注输入，具体操作步骤如下：

（1）选择"工具"|"草图设置"命令，在弹出的"草图设置"对话框中选择"动态输入"选项卡，选中"可能时启用标注输入"复选框可以启动标注输入功能。

（2）在"标注输入"选项组中单击"设置"按钮，弹出"标注输入的设置"对话框，如图 3.34 所示。

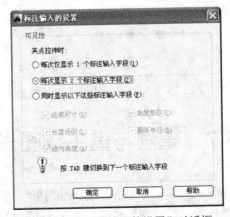

图 3.34 "标注输入的设置"对话框

"标注输入的设置"对话框中的各选项说明如下。

- "每次仅显示 1 个标注输入字段"单选按钮：使用夹点编辑拉伸对象时，只显示长度更改标注输入工具提示。
- "每次显示 2 个标注输入字段"单选按钮：使用夹点编辑拉伸对象时，显示长度更改和生成的标注输入工具提示。
- "同时显示以下这些标注输入字段"单选按钮：使用夹点编辑来拉伸对象时，将显示以下选定的标注输入工具提示。
  - ❖ "结果尺寸"复选框：显示随夹点移动更新的长度标注工具提示。
  - ❖ "长度修改"复选框：显示移动夹点时长度的变化。
  - ❖ "绝对角度"复选框：显示随夹点移动更新的角度标注工具提示。
  - ❖ "角度修改"复选框：显示移动夹点时角度的变化。
  - ❖ "圆弧半径"复选框：显示随夹点移动更新的圆弧半径。

（3）根据需求进行设置，单击"确定"按钮返回"草图设置"对话框，单击"确定"按钮完成启用标注输入功能的操作。

技术点拨：改变动态输入的提示外观

用户可以在"草图设置"对话框中单击"绘制工具提示外观"按钮，在弹出的"工具提示外观"对话框中设置提示的外观属性，如图 3.35 所示。

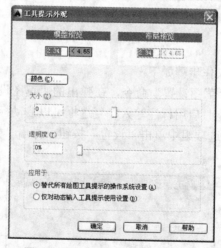

图 3.35　"工具提示外观"对话框

3.7　重画与重生成图形

在编辑图形时，屏幕上经常会残留一些光标点标记或其他已经删除的内容，这时可利用 AutoCAD 的重画和重生成功能将当前绘图屏幕刷新，清除残留痕迹，使图形显示得更清楚。

1. 重画图形

用户可以通过以下方法启动视图"重画"命令。

● 命令行：REDRAW。
● 菜单栏：选择"视图"|"重画"命令。

执行"重画"命令后，当前绘图窗口内的原有图形消失，并随之重新绘制该图形。这个过程虽然很快，但用户还是可以感觉到屏幕的闪烁，重画后的图形将清除残留的点标记。

2. 重生成图形

重生成视图有两种方式，分别是重生成和全部重生成。

启动视图"重生成"或"全部重生成"命令可以通过以下方法。

● 命令行：REGEN 或 REGENALL。
● 菜单栏：选择"视图"|"全部重生成"命令。

启动命令后，重新生成图形并在绘图窗口中显示出来。REGEN 命令会在当前视口中重生成整个图形并重新计算所有对象的屏幕坐标，还重新创建图形数据库索引，从而优化显示和对象选择的性能。REGENALL 命令是在所有视口中重生成整个图形并重新计算所有对象的屏幕坐标，也重新创建图形数据库索引，从而优化显示和对象选择的性能。

3.8　缩放和平移视图

3.8.1　缩放视图

当绘制的图形较大时，绘图窗口无法完全清晰地显示整个图形。为了便于绘图，AutoCAD 提供了一些改变视图显示的命令，这些命令一般只改变图形在绘图窗口的显示方法，并不改变图形的实际尺寸，也不影响实体之间的相对关系。用户可以通过缩放视图来改变图形的显示大小和显示区域，从而使图形显示更清晰。

用户可以通过以下方法执行视图缩放命令。

● 命令行：ZOOM。
● 菜单栏：选择"视图"|"缩放"命令。

1. 实时缩放视图

为了提高缩放图像的能力，AutoCAD 系统提供了实时缩放功能来实现交互式缩放。

用户可以通过以下方法执行实时缩放视图操作。

● 命令行：ZOOM。
● 状态栏：单击工具栏中的"实时缩放"按钮。
● 菜单栏：选择"视图"|"缩放"|"实时"命令。

实时缩放视图的操作步骤如下：

（1）打开素材文件 3.36，选择"视图"|"缩放"|"实时"命令。

（2）按住鼠标左键垂直向下移动，将打开的图 3.36 所示的图像缩放成如图 3.37 所示的大小。

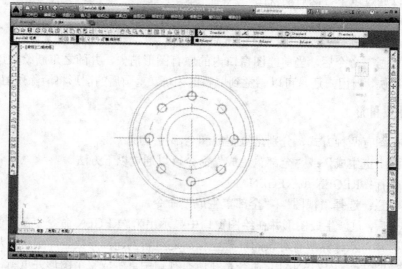

图 3.36　素材图像

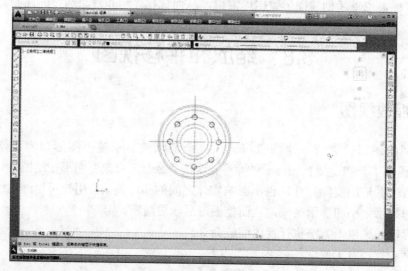

图 3.37　实时缩放视图

2．窗口缩放视图

用户可以通过指定一个矩形区域的两个角点来快速放大该区域，选择区域中心将成为新的现实区域的中心，窗口的区域将尽可能地放大以充满整个绘图区域。用户可以利用鼠标或定点设备输入两个对角点来指定缩放的区域。

用户可以通过以下方法执行窗口缩放视图操作。

- 命令行：ZOOM|W。
- 菜单栏：选择"视图"|"缩放"|"窗口"命令。
- 状态栏：单击工具栏中的"窗口缩放"按钮。

3. 动态缩放视图

打开快速缩放功能，就可以用动态缩放功能改变图形显示而不产生重新生成的效果。动态缩放功能会在当前视图中显示图形的全部。

用户可以通过以下方法执行动态缩放视图操作。

● 命令行：ZOOM|D。

● 菜单栏：选择"视图"|"缩放"|"动态"命令。

动态缩放视图的操作步骤如下：

（1）打开素材文件 3.38，选择"视图"|"缩放"|"动态"命令，绘图窗口自动打开"动态"视窗，如图 3.38 所示。

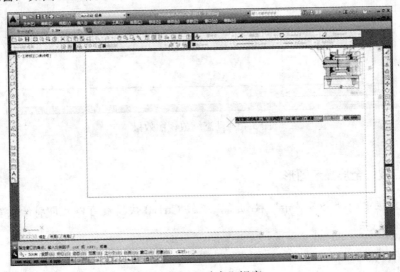

图 3.38　"动态"视窗

（2）按住鼠标左键向右拖曳，使"动态"视窗缩小到一定比例，释放鼠标左键，如图 3.39 所示。

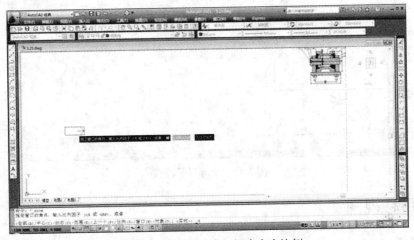

图 3.39　改变"动态"视窗大小比例

（3）将缩小的"动态"视窗移动到需要观察的图像的合适位置，按 Enter 键结束。动态缩放视图的效果如图 3.40 所示。

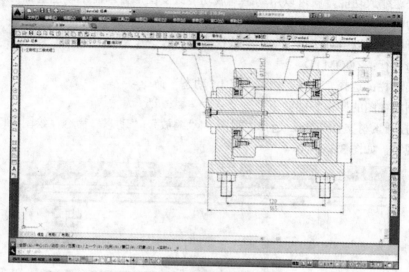

图 3.40　动态缩放视图效果

技术点拨：全屏显示图形

单击状态栏中的"全屏显示"按钮□，或按 Ctrl+0 快捷键可以立即将绘图窗口全屏显示，如图 3.41 所示。

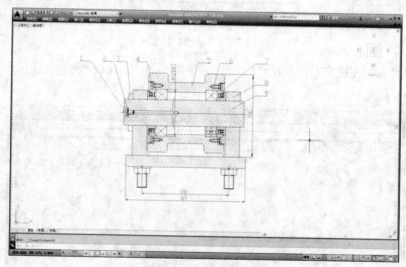

图 3.41　全屏显示图像

3.8.2　平移视图

AutoCAD 系统提供了平移视图命令，可用来平移视图以重新确定其在绘图窗口中的位置，从而可以显示那些超出绘图窗口的图形。平移视图命令包括"实时平移"和"定点平移"两项，下面进行详细的介绍。

1．实时平移

利用"实时平移"命令可以使用户重新定位图形，以便看清楚图形的其他部分。

用户可以通过以下方法执行实时平移视图操作。

● 命令行：PAN。
● 菜单栏：选择"视图"|"平移"|"实时"命令。
● 状态栏：单击工具栏中的"实时平移"按钮。

执行"实时平移"命令后，光标就变成了一个手形的图标，按住鼠标左键移动手形光标就可以平移图形了。当移动到图形的边沿时，光标就变成了一个小三角形。

要退出"实时平移"命令，可以按 Enter 键或 Esc 键来执行，或者单击鼠标右键在弹出的快捷菜单中选择"退出"命令来结束该命令。

2．定点平移

定点平移就是指定两点以确定一个有向线段，使视图按照这个有向线段平移。

用户可以通过以下方法执行定点平移视图操作。

● 命令行：-PAN。
● 菜单栏：选择"视图"|"平移"|"点"命令。

3.9 命名视图

按一定比例、位置和方向显示的图形称为视图。在每个图形任务中，可以恢复每个视口中显示的最后一个视图，最多可恢复前 10 个视图。而命名视图指的是自定义的视角和视角名称，命名视图随图形一起保存并可以随时使用。在构造布局时，可以将命名视图恢复到布局的视口中。按名称保存特定视图后，可以在布局和打印或者需要参考特定的细节时恢复它们。

激活命名视图的方法如下：

● 在 AutoCAD 工具栏的任意地方单击鼠标右键，从弹出的快捷菜单中选择"视口"命令，调出"视口"工具栏后，单击该工具栏中的"命名视图"按钮。
● 选择"视图"|"命名视图"命令。
● 在命令行中输入 VIEW 命令。

3.9.1 创建视图

视图保存后，用户可以更加方便地在下一次打开该图形时使用同一视角对其进观察。下面举例说明创建视图的方法。

（1）打开素材文件命名视图.dwg，如图3.42所示。

（2）按住Shift键，移动鼠标中键将图形更改一下视角，如图3.43所示。

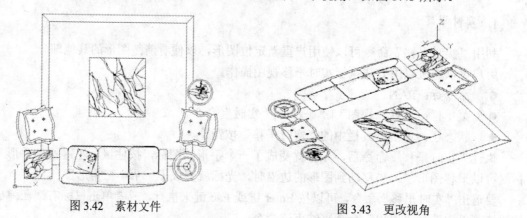

图3.42　素材文件　　　　　　　　　　　　　图3.43　更改视角

（3）选择"视图"|"命名视图"命令，打开"视图管理器"对话框，如图3.44所示。

（4）单击"新建"按钮，出现"新建视图"对话框，在"视图名称"文本框中输入新建视图的名称，如"组合沙发三维"如图3.45所示。

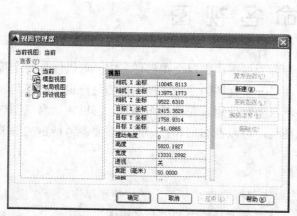

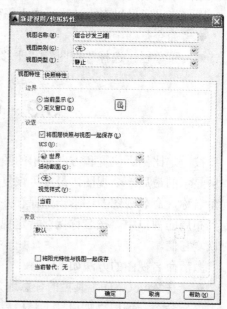

图3.44　"视图管理器"对话框　　　　　　　图3.45　"新建视图/快照特性"对话框

（5）单击"确定"按钮，保存新视图并退出"新建视图"对话框。

3.9.2　恢复视图

当需要使用创建的视图时，可以将其恢复。恢复视图的过程如下：

（1）打开3.9.1节的素材文件，可以任意切换视角，当需要以保存的视角观察图形时，选择"视图"|"命名视图"命令，打开"视图管理器"对话框，如图3.46所示。

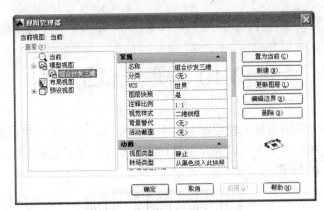

图 3.46　"视图管理器"对话框

（2）在视图列表中选择要恢复的视图"组合沙发三维"，单击"置为当前"按钮，即指明该视图为当前视图。

（3）单击"确定"按钮，将当前命名视图切换到屏幕上。

 技术点拨：鸟瞰视图

鸟瞰视图是用另外一个独立的窗口来显示整个图形的视图，可用来快速地找到需要放大的那部分图形，然后将其平移到显示窗口内进行放大处理。在绘制大型图纸时，使用鸟瞰视图将会给用户带来很大的便利。如图 3.47 所示为鸟瞰视图。

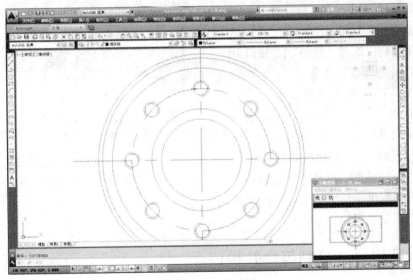

图 3.47　鸟瞰视图

使用鸟瞰视图平移的操作步骤如下：

（1）在鸟瞰视图窗口中单击，将显示平移和缩放框，框中的 X 表示当前的状态为实时平移。

（2）移动视图框到要显示的区域上。

（3）按 Enter 键或右击将视图平移到新位置，此时绘图窗口中显示的是新位置的视图。

3.10 视 口

视口和空间是有关图形显示和控制的两个重要概念。绘图窗口可以被划分为多个相邻的非重叠视口。在每个视口中可以进行平移和缩放操作，也可以进行三维视图设置与三维动态观察，如图 3.48 所示。

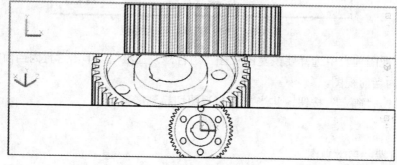

图 3.48 视口

3.10.1 新建视口

用户可以通过以下方法新建视口。

- 命令行：VPORTS。
- 菜单栏：选择"视图"|"视口"|"新建视口"命令。
- 工具栏：单击"视口"工具栏中的"显示'视口'对话框"按钮。

执行上述操作后，会弹出如图 3.49 所示的"视口"对话框，选择"新建视口"选项卡，其中列出了一个标准视口配置列表可用来创建层叠视口。

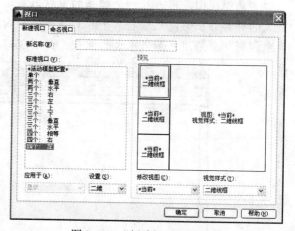

图 3.49 "新建视口"选项卡

3.10.2 实战——分割与合并视口

用户可对视口进行分割与合并，具体操作步骤如下：

（1）选择"视图"|"视口"|"新建视口"命令，弹出"视口"对话框。选择"新建视口"选项卡，在"标准视口"列表框中选择"三个，左"，单击"确定"按钮，创建的新图形视口如图 3.50 所示。另外，还可以在多视口的单个视口中再创建多视口。

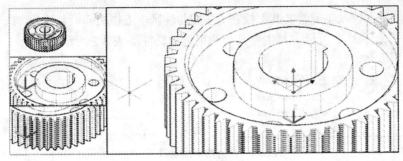

图 3.50　分割视口

（2）选择"视图"|"视口"|"合并"命令，单击需要合并的两个视口，如图 3.51 所示为合并后的视口。

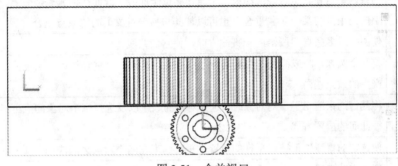

图 3.51　合并视口

3.11　对象约束

约束能够精确地控制草图中的对象。草图约束有两种类型，即几何约束和尺寸约束，下面分别进行介绍。

3.11.1　几何约束与尺寸约束

几何约束建立草图对象的几何特性（如要求某一直线具有固定长度），或两个以及更多草图对象的关系类型（如要求两条直线垂直或平行，或几个圆弧具有相同的半径）。在绘图窗口可以使用"参数化"选项卡内的"全部显示"、"全部隐藏"或"显示"来显示有关信息，并显示代表这些约束的直观标记。

尺寸约束建立草图对象的大小（如直线的长度、圆弧的半径等），或两个对象之间的关系（如两点之间的距离）。

3.11.2　建立几何约束

利用几何约束工具，可以指定草图对象必须遵守的条件，或草图对象之间必须维持的关系。几何约束面板及工具栏（其面板在"草图与注释"工作空间"参数化"选项卡的"几何"面板中）如图 3.52 所示，其主要几何约束选项功能如表 3.2 所示。

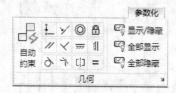

图 3.52　几何约束面板及工具栏

表 3.2　几何约束选项功能

约　束　模　式	功　　　能
重合	约束两个点使其重合，或约束一个点使其位于曲线（或曲线的延长线）上。可以使对象上的约束点与某个对象重合，也可以使其与另一对象上的约束点重合
共线	使两条或多条直线段沿同一直线方向，使它们共线
同心	将两个圆弧、圆或椭圆约束到同一个中心点，结果与将重合约束应用于曲线的中心点所产生的效果相同
固定	将几何约束应用于一对对象时，选择对象的顺序以及选择每个对象的点可能会影响对象彼此间的放置方式
平行	使选定的直线位于彼此平行的位置，平行约束在两个对象之间应用
垂直	使选定的直线位于彼此垂直的位置，垂直约束在两个对象之间应用
水平	使直线或点位于与当前坐标系 X 轴平行的位置，默认选择类型为对象
竖直	使直线或点位于与当前坐标系 Y 轴平行的位置
相切	将两条曲线约束为保持彼此相切或其延长线保持彼此相切，相切约束在两个对象之间应用
平滑	将样条曲线约束为连续，并与其他样条曲线、直线、圆弧或多段线保持连续性
对称	使选定对象受对称约束，相对于选定直线对称
相等	将选定圆弧和圆的尺寸重新调整为半径相同，或将选定直线的尺寸重新调整为长度相同

　　假如某用户需要在一平面中绘制 3 个直径分别为 5、10、15 的圆，并且让它们两两相切，这时用普通方法进行绘制会比较麻烦，但如果使用几何约束和标注约束功能就简单多了。具体操作步骤如下：

　　（1）在绘图区绘制 3 个任意尺寸的圆，如图 3.53 所示。

　　（2）在任意按钮上单击鼠标右键，在弹出的快捷菜单中选择"几何约束"和"标注约束"命令，依次调出"几何约束"和"标注约束"工具栏。在"标注约束"工具栏中单击"相切"按钮 ◯，然后根据命令行提示分别对 3 个圆进行选择（为了使圆两两相切，需要重复 3 次此命令），这时结果如图 3.54 所示。

　　（3）在"标注约束"工具栏中单击"直径"按钮 ◎，选择最大的圆，确定好尺寸线位置后，指定圆半径为 15，此时结果如图 3.55 所示。

　　（4）用同样的方法设置第 2 个圆的直径为 10、第 3 个圆的直径为 5，最终结果如图 3.56 所示。

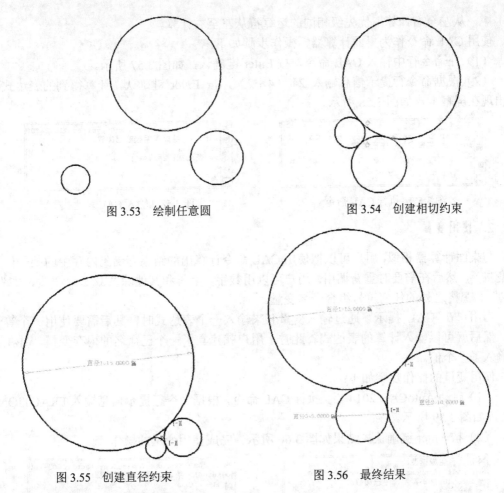

图 3.53　绘制任意圆　　　　　　　　　　　　图 3.54　创建相切约束

图 3.55　创建直径约束　　　　　　　　　　图 3.56　最终结果

这时移动图形，可以发现图形已经约束为一个整体。

3.12　使用 CAL 命令计算值和点

在 AutoCAD 2014 中，CAL 是一种功能很强的三维计算器，可以完成数学表达式和矢量表达式（包括点、矢量和数值的组合）的计算，这样用户就可以不用桌面计算器了。CAL 包含了标准的数学函数，以及一组专门用于计算点、矢量和 AutoCAD 几何图形的函数。

1. 使用 CAL 命令作为桌面计算器

在 AutoCAD 2014 中，用户可以使用功能强大的 CAL 命令计算加、减、乘和除等数学表达式。

CAL 命令根据标准的数学优先级规则计算表达式。

● 括号优先：括号中的表达式优先，最内层括号优先。
● 标准顺序的运算符为：指数优先，乘除次之，加减最后。

● 从左至右计算：优先级相同的运算符从左至右计算。

使用 CAL 命令作为桌面计算器，操作步骤如下：

（1）在命令行中输入 CAL 命令，按 Enter 键确认，如图 3.57 所示。

（2）根据命令行提示信息输入 24/（4+2），按 Enter 键确认，计算得到的表达式值会出现在屏幕上，如图 3.58 所示。

图 3.57　执行 CAL 命令　　　　　　　　　图 3.58　输入 CAL 表达式

2. 使用变量

与桌面计算器相似，用户可以把使用 CAL 命令计算出的结果存储到内存中的某一位置（变量），然后在需要时重新调用。用户可以用数字、字母和其他除"（"、"）"、","、"'"和空格之外的任何符号组合命名变量。

当用户在 CAL 提示下通过输入变量名来输入一个表达式时，其后需要使用一个等于号，然后就可以输入计算的表达式。此时，用户就建立了一个已命名的内存变量，并在其中输入了一个值。

使用变量的操作步骤如下：

（1）启动 AutoCAD 2014 后，执行 CAL 命令，根据命令行提示信息输入 FRACTION=8/17，如图 3.59 所示。

（2）按 Enter 键确认，结果如图 3.60 所示。完成使用变量的操作。

图 3.59　输入 CAL 变量表达式　　　　　　　图 3.60　计算结果

💡 **提示**：用户定义的变量仅在创建的过程中存在，若关闭了该图形文件，则原来的变量及变量值将不再存在。

3. 使用 CAL 命令作为点、矢量计算器

点和矢量都可以用两个或 3 个实数的组合来表示（平面空间使用两个实数，三维空间使用 3 个实数）。点用于定义空间中的位置，而矢量用于定义空间的方向和位移。在 CAL 计算过程中，用户也可以在计算表达式时使用点坐标。

在使用 CAL 命令时，必须把坐标用括号"［ ］"括起来。包含点坐标的表达式也可以称为矢量。在 AutoCAD 2014 中，用户还可以通过求 X、Y 坐标的平均值来得到空间两点的中点坐标。

使用 CAL 命令作为点、矢量计算器的操作步骤如下：

（1）启动 AutoCAD 2014 后，执行 CAL 命令，根据命令行提示信息输入([5,2]+[7,10])/2，

如图 3.61 所示。

（2）按 Enter 键确认，结果如图 3.62 所示。

图 3.61　输入 CAL 点、矢量计算器表达式　　　　　　　　图 3.62　计算结果

4. 在 CAL 命令中使用捕捉模式

在 AutoCAD 2014 中，捕捉模式作为表达式的一部分，可提示用户选择对象并返回相应点的坐标。在计算表达式中，使用捕捉模式可以简化对象坐标的输入。

要在 CAL 命令中使用捕捉模式，具体操作步骤如下：

（1）启动 AutoCAD 2014 后，打开素材文件 3.54.dwg。

（2）执行 CAL 命令，根据命令行提示信息输入(cur＋cur)/2，并按 Enter 键确认，捕捉圆心，如图 3.63 所示。

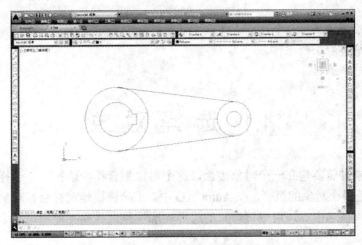

图 3.63　执行 CAL 命令

（3）用同一种方法捕捉圆心 2，并按 Enter 键确认，效果如图 3.64 所示。

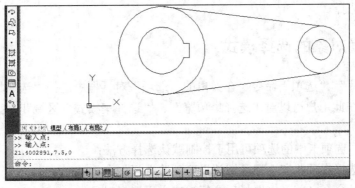

图 3.64　计算结果

第4章   选择和编辑二维图形对象

内容摘要

在前面的章节中主要介绍了如何精确地绘制基本二维图形，但对于复杂的图形，往往不可能一次完成，而是要通过不断地调整与修改来达到满意的效果。AutoCAD 为用户提供了多种图形编辑工具，主要有删除、平移、旋转、镜像、复制、倒角、圆角和打断等命令。通过这些命令，用户可以在绘图过程中随时根据需要调整图形对象的外部特征和位置，从而能够迅速准确地绘制出各种复杂的图形。

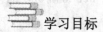

学习目标

📖 学习绘图的编辑命令。
📖 掌握编辑命令的操作。
📖 了解对象编辑。

4.1 选 择 对 象

在编辑对象时需要建立一个对象集合，这个对象集合称为选择集。选择集可以是单个对象，也可以是多个对象的组合。在 AutoCAD 中，正确快捷地选择目标对象是进行图形编辑的基础。对象被选中后，组成该对象的边界轮廓线呈虚线高亮显示，和未被选中的对象区分开来。

AutoCAD 系统提供了多种选择对象的方法，主要有通过命令提示来选择对象、通过过滤器来选择符合条件的对象、使用"快速选择"对话框来快速选择对象，以及将相关对象编成组来进行选择。

4.1.1 设置对象的选择模式

选择"工具"|"选项"命令，在弹出的"选项"对话框中选择"选择集"选项卡，如图 4.1 所示，在此用户可以对"选择集预览"、"选择集模式"区域和"拾取框大小"进行更改。

"选择集"选项卡中的选项可用于控制默认选择方法：

● 使用选择集预览和选择区域效果可预览选择。
● 在输入命令之前（先选择后执行）或之后选择对象。

- 按 Shift 键将对象附加到选择集。
- 单击并拖动以创建选择窗口；否则，必须单击两次才能定义选择窗口的角点。
- 单击空白区域后，将自动启动窗口选择或窗交选择；否则，必须输入 c 或 w 才能指定窗交选择。
- 更改拾取框的大小。
- 选择编组中的一个对象即选择了该编组中的所有对象。
- 选择图案填充时，边界即包含在选择集中。

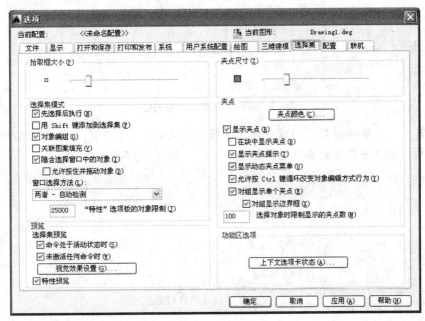

图 4.1　"选项"对话框

4.1.2　选择对象的方法

AutoCAD 2014 提供了以下几种选择对象的方法，分述如下。

（1）选择一个编辑命令，然后选择对象，按 Enter 键结束操作。

（2）使用 SELECT 命令。在命令行中输入 SELECT，按 Enter 键，按提示选择对象，按 Enter 键结束操作。

若在命令行中输入 SELECT 后再输入"？"，将出现如下提示，查看这些选择方式：

需要点或窗口(W)/上一个(L)/窗交(C)/框(BOX)/全部(ALL)/栏选(F)/圈围(WP)/圈交(CP)/编组(G)/添加(A)/删除(R)/多个(M)/前一个(P)/放弃(U)/自动(AU)/单个(SI)/子对象(SU)/对象(O)
选择对象：

（3）利用定点设备选择对象，然后调用编辑命令。

（4）定义对象组。无论使用哪种方法，AutoCAD 2014 都将提示用户选择对象，并且光标的形状由十字光标变为拾取框。

技术点拨：窗口方式和交叉窗口方式选择对象的区别

窗口方式选择对象：用由两个对角顶点确定的矩形窗口选择位于其范围内部的所有图形，与边界相交的对象不会被选中。指定对角顶点时应该按照从左向右的顺序，执行结果如图4.2所示。

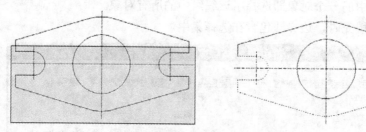

图4.2 窗口方式选择对象的过程

交叉窗口方式选择对象：与窗口方式选择对象类似，其区别在于它不但选中矩形窗口内部的对象，也选中与矩形窗口边界相交的对象，如图4.3所示。

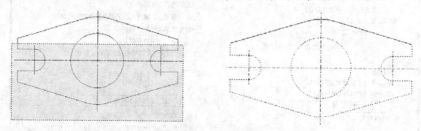

图4.3 交叉窗口方式选择对象的过程

4.1.3 过滤选择

利用过滤器可以以对象的某些特性如图层、颜色、线宽或线型等作为条件来过滤选择符合设定条件的对象。用户可以通过执行 FILTER 命令打开"对象选择过滤器"对话框，如图4.4所示。

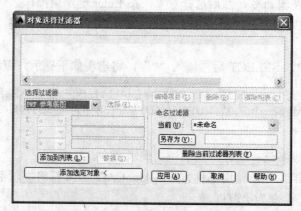

图4.4 "对象选择过滤器"对话框

"对象选择过滤器"对话框中的主要选项含义如下。

● "过滤条件"列表框：用于显示当前设置的过滤条件。

● "选择过滤器"下拉列表框：选择过滤器的类型。

● X、Y、Z 下拉列表框：选择过滤器的类型。

● "添加到列表"按钮：单击此按钮，可以将选择的过滤器及附加条件添加到过滤器列表框中。

● "替换"按钮：单击此按钮，可以用当前设置代替列表中选定的过滤器。

● "添加选定对象"按钮：单击此按钮，将切换到绘图窗口中，通过选择一个对象，可以把选定对象的特性添加到过滤器列表框中。

● "编辑项目"按钮：单击此按钮，可以编辑过滤器列表框中选定的项目。

● "删除"按钮：单击此按钮，可以删除过滤器列表中选定的项目。

● "清除列表"按钮：单击此按钮，可以清除列表中的所有项目。

4.1.4 快速选择

当需要选择的对象具有某些共同特征时，用户可以通过"快速选择"对话框来选择对象。选择"工具"|"快速选择"命令，弹出"快速选择"对话框，如图 4.5 所示。使用"快速选择"或对象选择过滤器时，如果要根据颜色、线型或线宽过滤选择集，需确定是否将图形中所有对象的这些特性设定为 BYLAYER。例如，一个对象显示为红色，是因为它的颜色被设定为 BYLAYER，并且图层的颜色是红。

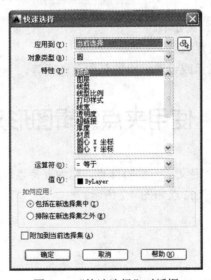

图 4.5   "快速选择"对话框

默认情况下，如果类型相同的对象位于同一个图层上，则视为类似对象；而对于块及其他参照对象，如果其名称相同，则视为类似对象。通常，只考虑对象级别的子对象，如果选择了一个网格顶点，SELECTSIMILAR 会选择其他网格对象，而不仅仅选择各网格顶点。

![技术点拨图标] 技术点拨：防止对象被选中

在 AutoCAD 2014 中，可以通过锁定图层来防止指定图层上的对象被选中和修改。

通常情况下，可以通过锁定图层来防止意外地编辑对象，锁定图层后仍然可以进行其他操作。例如，可以使锁定的图层作为当前图层，并为其添加对象，也可以通过查询命令（例如 LIST），使用对象捕捉指定锁定图层中对象上的点，来更改锁定图层中对象的绘制次序。

4.1.5　使用编组

使用编组可以为对象选择集命名。与未命名的选择集不同，编组可以随图形保存。当图形作为外部参照或将它插入到另一个图形中时，编组定义仍然是有效的。

用户可以通过 GROUP 执行编组命令，选择编组后的对象时就可以看到多个对象成为了一个整体，如图 4.6 所示。

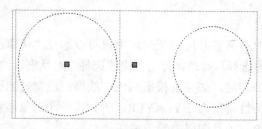

图 4.6　选择两个圆所在的组

GROUP 命令下的选项含义如下。

● "名称"：用于设置组名。
● "说明"：用于显示或设置编组的名称及说明等。

4.2　使用夹点编辑图形对象

AutoCAD 在图形对象上定义了一些特殊点，称为夹持点，利用夹点功能可以快速方便地编辑和控制对象。对象的夹持点如图 4.7 所示。

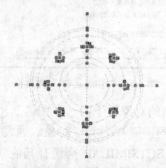

图 4.7　对象的夹持点

要使用夹点功能编辑对象，必须先打开夹点功能，打开方法如下：

（1）选择"工具"|"选项"命令，系统弹出"选项"对话框。选择"选择集"选项卡，选中"夹点"选项组中的"启用夹点"复选框。在该选项卡中，还可以设置代表夹点的小方格尺寸和颜色。

（2）也可以通过 GRIPS 系统变量控制是否打开夹点功能，1 代表打开，0 代表关闭。

打开夹点功能后，应该在编辑对象之前先选择对象。夹点表示对象的控制位置。

使用夹点编辑对象，要选择一个夹点作为基点，称为基准夹点。然后，选择一种编辑操作：拉伸、移动、旋转、缩放和镜像，可以用按 Space 或 Enter 键循环选择这些功能。

- 使用夹点拉伸对象：通过将选定夹点移动到新位置来拉伸对象。文字、块参照、直线中心、圆心和点对象上的夹点只会移动对象而不能被拉伸。通过这种方式，可以移动块参照和调整标注的位置。
- 使用夹点移动对象：通过选定的夹点移动对象，选定的对象被亮显并按指定的下一点位置移动一定的方向和距离。
- 使用夹点旋转对象：通过拖曳和指定点位置来绕基点旋转选定对象，也可以通过输入角度值来旋转对象。
- 使用夹点缩放对象：相对于基点缩放选定对象。通过从基点向外拖曳并指定点位置来增大对象尺寸，或通过向内拖曳减小尺寸。也可以为相对缩放输入一个值。
- 使用夹点创建镜像对象：沿临时镜像线为选定对象创建镜像。当进行此操作时，打开"正交"功能有助于指定垂直或水平的镜像线。

图 4.8 为使用夹点对圆进行拉伸的过程。

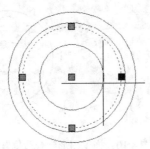

图 4.8　使用夹点拉伸圆

4.3　移动、删除和对齐对象

移动对象属于改变位置类编辑，是指按照指定要求改变当前图形或图形中某部分的位置，主要包括"移动"和"旋转"命令。"删除"命令主要用于删除图形某部分。"对齐"命令可以将两个图形对象以一定的方式进行对齐。

4.3.1　实战——移动对象

移动对象是不改变对象的大小和方向的位置平移。

用户可以通过以下方法执行"移动"命令。

- 命令行：MOVE。
- 菜单栏：选择"修改"|"移动"命令。
- 工具栏：单击"修改"工具栏中的"移动"按钮 ✛。

移动对象的操作步骤如下：

（1）打开素材文件 4.9，单击"修改"工具栏中的"移动"按钮 ✛，选择打开的素材文件，此时被选择的范围覆盖在蓝色选择区域中，如图 4.9 所示。选择需要移动位置的图形后，按 Enter 键确认。

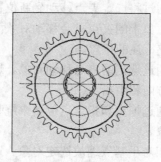

图 4.9　选择需要移动的图像

（2）指定任意一点为基点，拖曳图形到合适位置，如图 4.10 所示，单击确认移动命令，完成移动对象的操作。

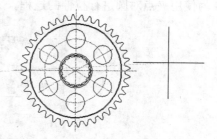

图 4.10　拖曳图形到合适位置

4.3.2　实战——删除对象

用户可以通过以下方法执行删除对象的命令。

- 命令行：ERASE。
- 菜单栏：选择"修改"|"删除"命令。
- 工具栏：单击"修改"工具栏中的"删除"按钮 ✐。

删除对象的操作步骤如下：

单击"修改"工具栏中的"删除"按钮 ✐，选中需要被删除的图像，如图 4.11 所示。按 Enter 键确认，图像将被删除。

图 4.11 选择要被删除的图像

✍ 技巧：在绘图过程中，如果出现了绘制错误或绘制了不满意的图形而需要删除时，可以单击"标准"工具栏中的"放弃"按钮，也可以按 Delete 键，命令行提示"_.erase"。删除命令可以一次删除一个或多个图形，如果删除错误，可以利用"放弃"按钮 ↺ 来补救。

4.3.3 实战——旋转对象

用户可以通过选择一个基点和一个角度值来旋转对象。

用户可以通过以下方法执行"旋转"命令。

● 命令行：ROTATE。

● 菜单栏：选择"修改"|"旋转"命令。

● 工具栏：单击"修改"工具栏中的"旋转"按钮 ○。

旋转对象的操作步骤如下：

（1）打开素材文件 4.12，单击"修改"工具栏中的"旋转"按钮 ○，选择需要旋转的对象，如图 4.12 所示，按 Enter 键确认被选中的图像。

（2）指定旋转基点，移动鼠标指定图像旋转角度，单击确认图像旋转，如图 4.13 所示，完成旋转对象的操作。指定图像旋转角度时，也可以在命令行输入角度值，例如：

指定旋转角度，或 [复制(C)/参照(R)] <186>: //60

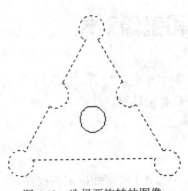

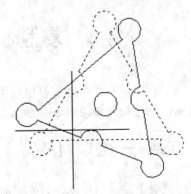

图 4.12 选择要旋转的图像　　　　　图 4.13 移动鼠标示意旋转图像的位置

4.3.4 对齐对象

用户可以通过"对齐"命令使当前对象与其他对象对齐。

用户可以通过以下方法执行"对齐"命令。

- 命令行：ALIGN。
- 菜单栏：选择"修改"|"三维操作"|"对齐"命令。

执行命令后，命令行提示如下：

命令: _align
选择对象: //选择需要对齐的对象
选择对象: //继续选择对象或按 Enter 键结束对象选择
指定第一个源点:
指定第一个目标点:
指定第二个源点:
指定第二个目标点:
指定第三个源点或 <继续>:
是否基于对齐点缩放对象？[是(Y)/否(N)] <否>:

如果选择"是（Y）"，对基于对齐点进行缩放，使目标点和源点完全对齐；选择"否（N）"，对象只改变位置，不进行缩放，对象的第一源点与第一目标点重合，第二源点将位于第一目标点和第二目标点的连线上。如图 4.14 所示（a）为选择对齐点，图 4.14（b）为基于对齐点不缩放，图 4.14（c）为基于对齐点缩放。

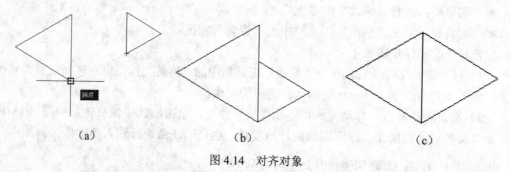

（a）   （b）   （c）

图 4.14　对齐对象

4.4　复制、偏移和镜像对象

在绘图过程中，对于那些重复出现但对称或排列有序的图形，可以利用已有的对象来创建新对象。创建新对象的命令有复制、镜像、阵列和偏移等。

4.4.1　实战——复制对象

使用"复制"命令可以创建与原有对象相同的图形，并指定到特定的位置。

用户可以通过以下方法执行"复制"命令。

● 命令行：COPY。

● 菜单栏：选择"修改"|"复制"命令。

● 工具栏：单击"修改"工具栏中的"复制"按钮❀。

复制对象的操作步骤如下：

单击"修改"工具栏中的"复制"按钮❀，选择图像，按 Enter 键确认，指定任意一点为基点，如图 4.15 所示，单击确定位置，最后按 Enter 键确认操作，完成复制对象的操作。

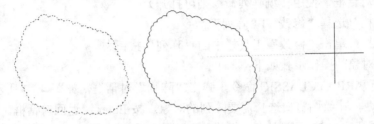

图 4.15　复制对象

4.4.2　实战——镜像对象

"镜像"命令可以将图形对象以一条镜像轴进行 180° 翻转，这条镜像轴可以是一条直线。在实际操作中，系统会让用户指定直线上的两点作为镜像轴。

用户可以通过以下方法执行"镜像"命令。

● 命令行：MIRROR。

● 菜单栏：选择"修改"|"镜像"命令。

● 工具栏：单击"修改"工具栏中的"镜像"按钮⚏。

镜像对象的操作步骤如下：

（1）打开素材文件 4.16，单击"修改"工具栏中的"镜像"按钮⚏，选择素材图像，按 Enter 键确认选中图像。

（2）分别指定镜像线的第一点和第二点，命令行提示"要删除源对象吗？[是(Y)/否(N)]<N>:"默认选择 N，按 Enter 键确认，如图 4.16 所示，完成镜像对象的操作。

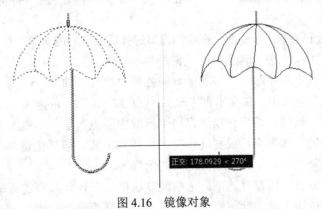

图 4.16　镜像对象

4.4.3 实战——阵列对象

用户可以用矩形或环形阵列复制对象或选择集，根据不同的需要采用不同的阵列方法，从而得到不同的效果。

用户可以通过以下方法执行"阵列"命令。

- 命令行：ARRAYCLASSIC（AutoCAD 2012 以后，使用普通阵列命令不会打开"阵列"对话框，使用传统阵列命令则可打开）。
- 菜单栏：选择"修改"|"阵列"命令。
- 工具栏：单击"修改"工具栏中的"阵列"按钮 ▦。

矩形阵列对象的操作步骤如下：

（1）执行 ARRAYCLASSIC 命令，弹出"阵列"对话框，如图 4.17 所示。单击"选择对象"按钮 ▦，在绘图窗口选择需要阵列的对象，按 Enter 键返回对话框。

（2）设置行数为 5，列数为 3，行偏移和列偏移为 10，单击"确定"按钮，阵列效果如图 4.18 所示。

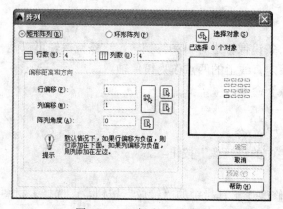

图 4.17 "阵列"对话框

图 4.18 矩形阵列对象

环形阵列对象的操作步骤如下：

（1）执行 ARRAYCLASSIC 命令，弹出"阵列"对话框，选中"环形阵列"单选按钮，如图 4.19 所示。

（2）单击"选择对象"按钮 ▦，在绘图窗口选择需要阵列的对象，按 Enter 键返回对话框，设置项目总数为 8，其他选项为默认设置，单击"确定"按钮，阵列效果如图 4.20 所示。

"阵列"对话框中的环形阵列选项区域的各项内容说明如下。

- "中心点"选项组：在文本框中输入中心点的 X 和 Y 的坐标值。也可以单击"拾取中心点"按钮，切换到绘图窗口中拾取中心点。
- "方法和值"选项组：设置环形阵列的排列方式，包括定位对象的方法、阵列项目总数、阵列填充角度、项目之间的角度等。
- "复制时旋转项目"复选框：选中此复选框，在环形阵列的同时旋转项目。
- "详细"按钮：单击此按钮后，系统将弹出环形阵列的附加选项，用于设置对象基点的选择方式以及基点的坐标值。

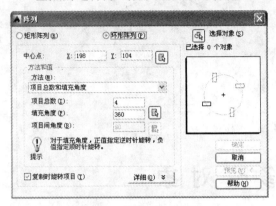

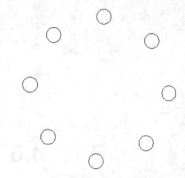

图 4.19　"阵列"对话框　　　　　　　图 4.20　环形阵列对象

✎ 技巧：阵列在平面作图时有两种方式，即矩形或环形（圆形）阵列。对于矩形阵列，可以控制行和列的数目以及它们之间的距离。对于环形阵列，可以控制对象副本的数目并决定是否旋转副本。

4.4.4　偏移对象

偏移对象用于创建造型与选定对象造型平行的新对象，可以偏移直线、圆弧、圆、椭圆和椭圆弧、二维多段线等。偏移圆或圆弧，则可以创建更大或更小的圆或圆弧。

用户可以通过以下方法执行"偏移"命令。

● 命令行：OFFSET。
● 菜单栏：选择"修改"|"偏移"命令。
● 工具栏：单击"修改"工具栏中的"偏移"按钮 �📄 。

执行此命令后，命令行提示如下：

命令: OFFSET
当前设置: 删除源=否　图层=源　OFFSETGAPTYPE=0
指定偏移距离或 [通过(T)/删除(E)/图层(L)] <通过>:　//指定偏移的距离或输入其他选项
选择要偏移的对象，或 [退出(E)/放弃(U)] <退出>:　//选择要偏移的对象
指定要偏移的那一侧上的点，或 [退出(E)/多个(M)/放弃(U)] <退出>: //在屏幕上指定一点确定对象要偏移的方向
选择要偏移的对象，或 [退出(E)/放弃(U)] <退出>:　//继续选择对象进行编辑或按 Enter 键来结束偏移命令

在偏移某些封闭的图形时，用户如果指定内部为偏移的一侧，则图形将被缩小；否则，图形将被放大。如图 4.21 所示，图左侧为指定内部一侧，图右侧为指定外部一侧。

✎ 技巧：在 AutoCAD 2014 中，可以使用"偏移"命令对指定的直线、圆弧、圆等对象作定距离偏移复制操作。在实际应用中，常利用"偏移"命令的特性创建平行线或等距离分布图形，效果与"阵列"相同。默认情况下，需要先指定偏移距离，再选择要偏移复制的对象，然后指定偏移方向，以复制出需要的对象。

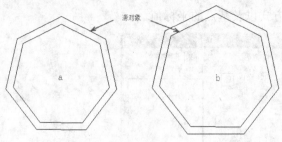

图 4.21　偏移对象

4.5　修 改 对 象

修改对象编辑命令可对指定对象进行编辑，使编辑对象的几何特性发生改变，主要包括修剪、延伸、缩放、拉伸和拉长等命令。

4.5.1　实战——修剪对象

修剪功能是用一个或多个对象作为剪切边来精确地修剪对象。剪切的图形可以是二维图形，也可以是相交的三维图形。

用户可以通过以下方法执行"修剪"命令。

● 命令行：TRIM。
● 菜单栏：选择"修改"|"修剪"命令。
● 工具栏：单击"修改"工具栏中的"修剪"按钮。

修剪对象时，通常有窗交和栏选两种方式。窗交方式可以同时选择多个对象，通过指定对角点来定义矩形区域，从第一点向对角点拖动光标的方向将确定选择的对象。在复杂图形中，则可以选择栏选方式，只选择它经过的对象。下面分别举例说明。

栏选修剪对象的操作步骤如下：

（1）打开素材文件 4.22，单击"修改"工具栏中的"修剪"按钮，选择如图 4.22所示的边，按 Enter 键确认。

（2）在命令行提示"[栏选(F)/窗交(C)/投影(P)/边(E)/删除(R)/放弃(U)]:"下输入 F，指定如图 4.23 所示的栏选区域。

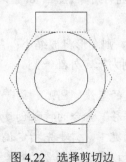

图 4.22　选择剪切边

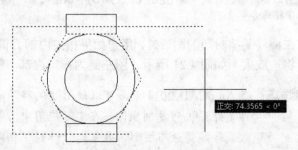

图 4.23　指定栏选区域

（3）选定栏选区域后，按 Enter 键确认，栏选修剪对象的最终效果如图 4.24 所示。

窗交修剪对象的操作步骤如下：

（1）打开素材文件 4.22，单击"修改"工具栏中的"修剪"按钮，选择如图 4.25 所示的边，按 Enter 键确认。

（2）在命令行提示"[栏选(F)/窗交(C)/投影(P)/边(E)/删除(R)/放弃(U)]:"下输入 C，指定如图 4.26 所示的窗交区域，单击确认修剪操作，完成窗交修剪对象的操作。

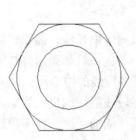
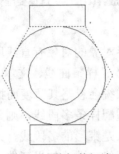
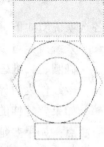

图 4.24　栏选修剪对象　　　　图 4.25　选择剪切边　　　　图 4.26　窗交修剪对象

修剪对象各选项说明如下。

● 按住 Shift 键并选择对象，系统会将"修剪"命令转换成"延伸"命令，"延伸"命令的用法将在 4.5.2 节介绍。

● 选择"边（E）"选项时，可以选择对象的修剪方式。延伸（E）：延伸边界进行修剪。在此方式下，如果剪切边没有与要修剪的对象相交，系统会延伸剪切边直至与对象相交，然后再进行修剪。不延伸（N）：不延伸边界修剪对象，只修剪与剪切边相交的对象。

● 选择"删除（R）"选项时，系统将提示选择被删除的对象，单击"确定"按钮后，将删除选择的对象。

✍ 技巧：在使用"修剪"命令选择修剪对象时，通常是逐个单击来选择的，效率较低。要较快地实现修剪过程，可以先输入 TR 或 TRIM，然后按 Space 或 Enter 键，命令行中就会提示选择修剪的对象，这时可以不选择对象，继续按 Space 或 Enter 键，系统默认选择全部，这样做就可以很快地完成修剪过程。

4.5.2　延伸对象

延伸对象是将指定对象延伸到另一个对象上，或者延伸到它们与边界的延长线相交的位置，这种延伸称为隐含边界延伸。

用户可以通过以下方法执行"延伸"命令。

● 命令行：EXTEND。

● 菜单栏：选择"修改"|"延伸"命令。

● 工具栏：单击"修改"工具栏中的"延伸"按钮。

命令行提示如下：

```
命令: _extend
当前设置:投影=UCS，边=无
选择边界的边...
选择对象或  <全部选择>:                    //选择作为边界的对象
选择对象:                                  //继续选择对象或按 Enter 键结束对象选择
选择要延伸的对象，或按住 Shift 键选择要修剪的对象，或
[栏选(F)/窗交(C)/投影(P)/边(E)/放弃(U)]:   //选择要延伸的对象
```

各选项说明如下。

- 系统规定可以用作边界对象的对象有直线段、射线、双向无限长线、圆弧、圆、椭圆、二维/三维多段线、样条曲线、文本、浮动的视口、区域。如果选择二维多段线作为边界对象，系统会忽略其宽度而把对象延伸至多段线的中心线。
- 如果要延伸的对象是适配样条多段线，则延伸后会在多段线的控制框上增加新节点；如果要延伸的对象是锥形的多段线，系统会修正延伸端的宽度，使多段线从起始端平滑地延伸至新终止端；如果延伸操作导致终止端宽度可能为负值，则取宽度值为 0，如图 4.27 所示。
- 选择对象时，如果按住 Shift 键，系统会将"延伸"命令转换成"修剪"命令。

图 4.27　延伸多义线

4.5.3　实战——缩放对象

用户可以利用比例缩放功能将对象在 X 和 Y 方向上以相同的比例进行缩放，从而只改变图形的大小而不改变其宽高比。

用户可以通过以下方法执行"缩放"命令。

- 命令行：SCALE。
- 菜单栏：选择"修改"|"缩放"命令。
- 工具栏：单击"修改"工具栏中的"缩放"按钮 。

缩放对象的操作步骤如下：

单击"修改"工具栏中的"缩放"按钮 ，选择需要缩放的对象，按 Enter 键确认，任意指定一个基点，在命令行提示 "指定比例因子或 [复制(C)/参照(R)]:"下输入 C，按 Enter 键确认选择复制一个缩放对象，最终缩放效果如图 4.28 所示。

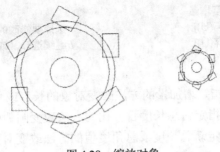

图 4.28   缩放对象

4.5.4   拉伸对象

"拉伸"命令是指拖拉选择的对象,且使对象的形状发生改变。拉伸对象时应指定拉伸的基点和移置点。利用一些辅助工具,如捕捉、钳夹功能及相对坐标等,可以提高拉伸的精度。拉伸图例如图 4.29 所示。

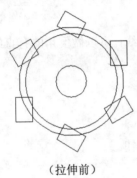

（拉伸前）   （拉伸后）

图 4.29   拉伸对象

用户可以通过以下方法执行"拉伸"命令。

● 命令行:STRETCH。

● 菜单栏:选择"修改"|"拉伸"命令。

● 工具栏:单击"修改"工具栏中的"拉伸"按钮 。

4.5.5   拉长对象

"拉长"命令用于修改直线或圆弧的长度。

用户可以通过以下方法执行"拉长"命令。

● 命令行:LENGTHEN。

● 菜单栏:选择"修改"|"拉长"命令。

命令行提示如下:

命令: _lengthen
选择对象或 [增量(DE)/百分数(P)/全部(T)/动态(DY)]:   //选择拉长或缩短的方式为增量方式
输入长度增量或 [角度(A)] <10.0000>:   //在此输入长度增量数值。如果选择圆弧段,

则可输入选项 A，给定角度增量

选择要修改的对象或 [放弃(U)]: //选择要修改的对象，进行拉长操作
选择要修改的对象或 [放弃(U)]: //继续选择，或按 Enter 键结束命令

各选项说明如下。

- 增量（DE）：用指定增加量的方法改变对象的长度或角度。
- 百分数（P）：用指定占总长度百分比的方法改变圆弧或直线段的长度。
- 全部（T）：用指定新总长度或总角度值的方法改变对象的长度或角度。
- 动态（DY）：在此模式下，可以使用拖曳鼠标的方法来动态地改变对象的长度或角度。

4.6　倒角和圆角对象

4.6.1　实战——倒角对象

"倒角"命令用于为选定的两条线在拐角处绘制斜线，可以做倒角的有直线、多段线、参照线和射线。

用户可以通过以下方法执行"倒角"命令。

- 命令行：CHAMFER。
- 菜单栏：选择"修改"|"倒角"命令。
- 工具栏：单击"修改"工具栏中的"倒角"按钮。

倒角对象的操作步骤如下：

（1）绘制一个矩形，然后单击"修改"工具栏中的"倒角"按钮，在命令行提示"选择第一条直线或 [放弃(U)/多段线(P)/距离(D)/角度(A)/修剪(T)/方式(E)/多个(M)]:"下输入 D，指定第一个倒角距离为 3，此时第二个倒角距离默认为 3，按 Enter 键确认，选择第一条直线，如图 4.30 所示。

（2）在命令行提示"选择第二条直线，或按住 Shift 键选择要应用角点的直线:"下直接单击，完成倒角对象的操作，效果如图 4.31 所示。

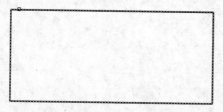

图 4.30　选择需要倒角的第一条直线

图 4.31　倒角效果

4.6.2　实战——圆角对象

"圆角"命令可以将两个对象通过一个指定半径的圆弧光滑地连接起来。可以进行圆

角操作的对象有直线、圆、圆弧、椭圆、多段线的直线段、样条曲线、构造线和射线等，另外当直线、构造线和射线平行时也可以作圆角。

　　用户可以通过以下方法执行"圆角"命令。

- 命令行：FILLET。
- 菜单栏：选择"修改"|"圆角"命令。
- 工具栏：单击"修改"工具栏中的"圆角"按钮□。

　　圆角对象的操作步骤如下：

　　绘制一个矩形，然后单击"修改"工具栏中的"圆角"按钮□，在命令行提示"选择第一个对象或 [放弃(U)/多段线(P)/半径(R)/修剪(T)/多个(M)]:"下输入 R，指定圆角半径为3，选择需要作圆角的直线，最终圆角效果如图 4.32 所示。

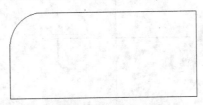

图 4.32　圆角效果

　　当进行圆角操作时，选取对象的位置不同，产生的效果可能也会不同，系统将选择最接近被选对象的点作为圆角的端点。

技术点拨：两条平行线进行圆角

　　若对两条平行线执行"圆角"命令，效果如椭圆一样，如图 4.33 所示。

前　　　　　　　　　　　　　　　　　　　后

图 4.33　将两条平行线进行圆角后的效果

4.7　打断、合并和分解对象

4.7.1　实战——打断对象

1．使用打断对象命令

打断对象命令可以在对象上的两个指定点之间创建间隔，从而将对象打断成两个对象。用户可以通过以下方法执行"打断"命令。

● 命令行：BREAK。

● 菜单栏：选择"修改"│"打断"命令。

● 工具栏：单击"修改"工具栏中的"打断"按钮⊡。

打断对象的操作步骤如下：

（1）打开素材文件4.34，单击"修改"工具栏中的"打断"按钮⊡，选择对象的合适位置，如图4.34所示。

（2）在命令行提示"指定第二个打断点 或 [第一点(F)]:"时单击第二个需要打断的点，如图4.35所示。完成打断对象的操作，最后效果如图4.36所示。

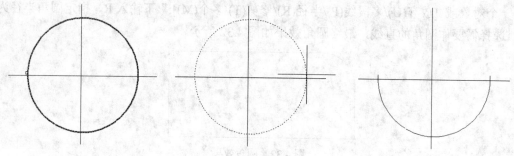

图4.34　选择打断对象　　　　图4.35　指定第二个打断点　　　图4.36　打断对象的效果

对圆或矩形等封闭图形使用打断命令时，系统将沿逆时针方向把第一个和第二个打断点之间的部分删除。打断点的顺序不同，删除的部分也会不同。

2. 使用"打断于点"命令

"打断于点"命令是指在对象上指定一点，从而把对象在此点拆分成两部分，此命令与"打断"命令类似。

在"修改"工具栏中单击"打断于点"按钮⊡，命令行提示如下：

```
命令: _break 选择对象:
指定第二个打断点 或 [第一点(F)]: _f      //系统自动执行"第一点"选项
指定第一个打断点:                        //选择打断点
指定第二个打断点: @                       //系统自动忽略此提示
```

4.7.2　合并对象

合并对象命令是分解命令的反命令，它可以将独立的对象或被分解后的独立对象合并成为一个整体。

用户可以通过以下方法执行"合并"命令。

● 命令行：JOIN。

● 菜单栏：选择"修改"│"合并"命令。

● 工具栏：单击"修改"工具栏中的"合并"按钮⊞。

执行"合并"命令，命令行提示如下：

```
命令: JOIN
选择源对象:                    //选择一个对象
选择要合并到源的直线:          //选择另一个对象
选择要合并到源的直线:          //按 Enter 键确认
已将 1 条直线合并到源
```

4.7.3　分解对象

分解对象命令可以将矩形、多段线、图块或者是尺寸标注等组合对象分解为单个独立的对象，以便单独进行编辑。用户可以通过以下方法执行"分解"命令。

● 命令行：EXPLODE.
● 菜单栏：选择"修改"|"分解"命令。
● 工具栏：单击"修改"工具栏中的"分解"按钮。

执行"分解"命令，命令行提示如下：

```
命令: explode
选择对象:                     //选择要分解的对象
```

选择一个对象后，该对象会被分解，系统继续提示该行信息，允许分解多个对象。

✎ 技巧：　"分解"命令是将一个合成图形分解为其部件的工具。例如，一个矩形被分解后就会变成 4 条直线，且一个有宽度的直线分解后就会失去其宽度属性。

4.8　旋　转　对　象

使用"旋转"命令（ROTATE）可以精确地旋转一个或一组对象。要调用 ROTATE 命令，可以使用以下方法。

● 命令行：RO。
● 菜单栏：选择"修改"|"旋转"命令。

要旋转图形对象，常用的方法是将其绕某个基点进行旋转。

将对象旋转到绝对角度，具体操作步骤如下：

（1）启动 AutoCAD 2014，打开素材文件 4.37。选择"修改"|"旋转"命令，在命令行提示下选取图形，如图 4.37 所示。

（2）按 Enter 键确认，指定小车的左上角为基点；在命令行提示下输入 R（参照），输入参照角度为 90°，按 Enter 键确认；根据命令行提示，输入新角度为 180°，按 Enter 键确认，效果如图 4.38 所示。

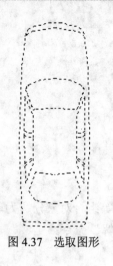

图 4.37　选取图形

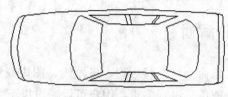

图 4.38　旋转效果

4.9　缩放和拉伸对象

缩放图形对象，顾名思义，就是将所选择的图形对象按指定的比例进行放大或缩小处理。拉伸对象命令，则是将图形对象沿某一方向进行延伸或缩短。调用"缩放"命令有以下几种方法。

● 命令行：SCALE。
● 菜单栏：选择"修改"|"缩放"命令。

1. 使用比例因子缩放对象

使用比例因子缩放对象，可以将对象按照指定的比例缩放对象，具体操作步骤如下：

（1）启动 AutoCAD 2014，打开素材文件 4.39。执行 SCALE 命令，在命令行提示下选取图形，如图 4.39 所示。

（2）按 Enter 键确认，指定小车的中心为基点；在命令行提示下输入比例因子为 0.5，按 Enter 键确认，效果如图 4.40 所示。

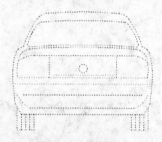

图 4.39　选择图形

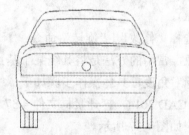

图 4.40　右侧为缩放后的图形

2. 使用参照距离缩放对象

使用参照距离缩放对象，可以以某一个对象为参照物进行缩放，具体操作步骤如下：

（1）启动 AutoCAD 2014，打开素材文件 4.39。执行 SCALE 命令，在命令行提示下选取图形，如图 4.41 所示。

（2）按 Enter 键确认，指定小车的中心为基点；在命令行提示下输入 R（参照），根据命令行提示指定参照长度为 1，按 Enter 键确认；再根据命令行提示指定新的长度为 2，按 Enter 键确认，效果如图 4.42 所示。

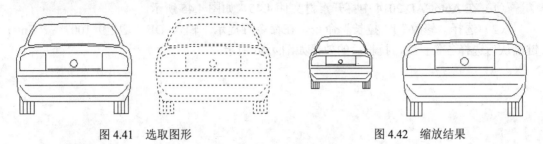

图 4.41　选取图形　　　　　　　　　　　　　图 4.42　缩放结果

3．拉伸块对象

拉伸对象一般适用于未被定义为块的对象，若要拉伸被定义为块的对象，则需要先将其打散。

拉伸对象的实战操作步骤如下：

（1）在 AutoCAD 2014 中打开素材文件 4.43，检查图形对象是否为块对象，如果是，则使用"分解"命令将其分解。执行 STRETCH 命令，在命令行提示下框选图形的下半部分，按 Enter 键确认，如图 4.43 所示。

（2）在命令行提示下指定图形的左下角为基点，按 Enter 键确认，移动鼠标指针至目标位置点，效果如图 4.44 所示。

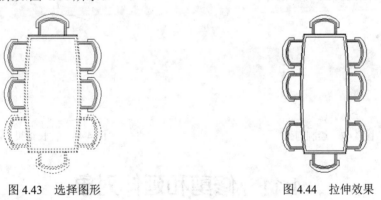

图 4.43　选择图形　　　　　　　　　　　　　图 4.44　拉伸效果

4.10　拉 长 对 象

"拉长"命令用于改变圆弧的角度，或改变非封闭对象的长度，包括直线、圆弧、非闭合多段线、椭圆弧和非封闭样条曲线。

在 AutoCAD 2014 中，用户可以通过以下两种方法调用 LENGTHEN 命令。

● 命令行：LENGTHEN。

● 菜单栏：选择"修改"|"拉长"命令。

1. 拉长对象

使用"拉长"命令，可以将对象按照一定方向进行延伸。拉长对象的操作步骤如下：

（1）在 AutoCAD 2014 中打开素材文件 4.45，如图 4.45 所示。

（2）选择"修改"|"拉长"命令，在命令行提示下输入 DE（增量）100，按 Enter 键确认后选择各条直线，拉长后的效果如图 4.46 所示。

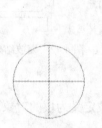

图 4.45　打开的素材文件

图 4.46　拉长结果

2. 通过拖动改变对象长度

用户还可以通过拖动来改变对象的长度，具体操作步骤如下：

（1）启动 AutoCAD 2014，在绘图区中绘制一段圆弧，如图 4.47 所示。

（2）选择"修改"|"拉长"命令，根据命令行提示输入 DY（动态），选取圆弧并指定新的端点，效果如图 4.48 所示。

图 4.47　绘制圆弧

图 4.48　拉长结果

4.11　修剪和延伸对象

"修剪"和"延伸"命令可以精确地将某一个对象终止在由其他对象定义的边界处。使用"延伸"命令可以延伸图形对象，使该图形对象与其他的图形对象相接或精确地延伸至选定对象定义的边界上。修剪图形对象则是对相交的图形对象进行选择性的删除。

1. 修剪对象

在 AutoCAD 中，可以修剪的对象包括直线、圆弧、圆、多段线、椭圆、椭圆弧、构造线、样条曲线、块和图纸空间的布局视口。

修剪对象的操作步骤如下：

（1）启动 AutoCAD 2014，打开素材文件 4.49，如图 4.49 所示。

（2）选择"修改"|"修剪"命令，根据命令行提示选择所有图形，按 Enter 键确认后单击需要修剪的对象，效果如图 4.50 所示。

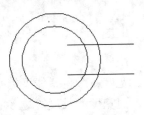

图 4.49　打开的素材文件

图 4.50　修剪结果

2. 延伸对象

在 AutoCAD 中，可以被延伸的图形对象包括圆弧、椭圆弧、直线、开放的二维多段线、三维多段线以及射线等。

延伸对象的实战操作步骤如下：

（1）启动 AutoCAD 2014，打开素材文件 4.51，如图 4.51 所示。

（2）执行 EXTEND 命令，根据命令行提示选取圆作为目标对象，按 Enter 键确认，根据命令行提示依次拾取直线作为延伸对象，效果如图 4.52 所示。

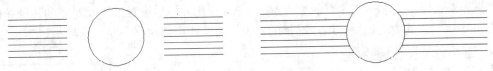

图 4.51　打开的素材文件　　　　　　　　图 4.52　延伸结果

3. 延伸宽多段线

在对二维宽多段线进行延伸操作时，操作结果与宽多段线的样式有关：若宽多段线的端点为方形，延伸结果也将是方形；若宽多段线的端点成角度，延伸结果将成为三角形，二者的区别如图 4.53 和图 4.54 所示。

图 4.53　宽多段线延伸前后效果对比

图 4.54　成角度的宽多段线延伸前后效果对比

4. 修剪和延伸样条曲线拟合多段线

当对样条曲线拟合多段线进行修剪时，将删除曲线拟合信息，并将样条拟合线段改为普通多段线线段。若延伸一个样条曲线拟合的多段线，将为多段线的控制框架添加一个新顶点。

4.12 对象特性

图形对象都有相关的属性参数，例如，直线有长度、宽度、颜色、线型等基本属性，宽度、颜色和线型等基本参数可以在工具栏中进行查看，而宽度、长度等更多的属性则需要通过特性面板进行查看。

4.12.1 "特性"选项板

在对图形进行编辑时，图形本身的属性，如线型、线宽、线型、厚度和长度等参数，可以在"特性"选项板中进行修改。

- 命令行：DDMODIFY 或 PROPERTIES。
- 菜单栏：选择"修改"|"特性"命令。
- 工具栏：单击工具栏中的"特性"按钮。

执行上述操作后，将弹出"特性"选项板，可在此方便地设置或修改对象的各种属性，如图 4.55 所示。其中的参数与用户选择的对象有关，即用户选择的是什么图形，该选项板中就会显示与其相关的参数。

图 4.55　"特性"选项板

4.12.2 实战——编辑对象特性

"特性"选项板中显示了当前选择集的所有特性和特性值。其中的显示内容会根据当前选择的图形不同而不同：当选中多个对象时，"特性"选项板中将显示所有图形对象的共有特性；当选择单个对象时，"特性"选项板中将显示该对象的全部特性。

（1）启动 AutoCAD 2014 后，打开素材图形"对象特性.dwg"，如图 4.56 所示。

（2）选择图形，再选择"修改"|"特性"命令，弹出"特性"选项板，在"其他"选项区中，设置旋转角度为 45°，如图 4.57 所示。

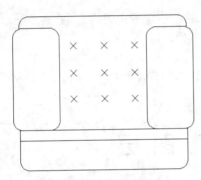

图 4.56 素材图形

图 4.57 菜单浏览器

（3）按 Enter 键确认，效果如图 4.58 所示。

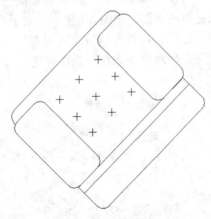

图 4.58 旋转效果

第5章 图层、面域和图案填充

**内容摘要**

为了表达不同的图形信息，国家标准规定了不同图线代表的特定含义，构成图线的要素主要有图线宽度和线型。在 AutoCAD 中，可以通过图层来管理这些信息，图层就像一张张透明的图纸，运用它可以很好地组织不同类型的图形信息。

面域与图案填充属于一类特殊的图形区域，在这个图形区域中，AutoCAD 赋予其共同的特殊性质，如相同的图案、计算面积、重心和布尔运算等。

学习目标

- 学习图层颜色、线型的设置方法。
- 掌握利用对话框和工具栏设置图层的方法。
- 了解面域和图案填充的基本命令。
- 熟练掌握面域的创建、布尔运算及数据提取的方法。
- 掌握图案填充的操作和编辑方法。

5.1 创 建 图 层

图层的概念类似于投影片，将不同属性的对象分别放置在不同的投影片（图层）上。例如在一个厨房的平面图中，分别将墙壁、电气和家具绘制在不同的图层上，然后把不同的图层堆叠在一起成为一张完整的视图，如图 5.1 所示。由于 CAD 可以方便地对单个图层进行编辑，如隐藏、锁定等，这样就可以非常方便的对图形对象进行管理。一个完整的图形就是由它所包含的所有图层上的对象叠加在一起构成的。

图 5.1 图层关系

5.1.1　实战——创建新图层

AutoCAD 2014 提供了详细直观的"图层特性管理器"选项板,用户可以很方便地通过选项板中的各个选项及其二级对话框进行设置,从而实现建立新图层、设置图层颜色及线型等操作。用户可以通过以下方法打开"图层特性管理器"选项板。

● 命令行:LAYER。
● 菜单栏:选择"格式"|"图层"命令。
● 工具栏:单击工具栏中的"图层特性管理器"按钮 。

创建新图层的操作步骤如下:

(1)在命令行中输入 LAYER,系统弹出"图层特性管理器"选项板,如图 5.2 所示。

图 5.2　"图层特性管理器"选项板

(2)单击"新建图层"按钮 ,在图层管理状态栏中设置相应的图层属性,如图 5.3 所示。

图 5.3　设置相应的图层属性

在默认情况下,AutoCAD 会自动创建一个名为 0 的特殊图层。图层 0 将被指定使用 7 号颜色、Continuous 线型、默认线宽及 normal 打印样式,用户在操作时不能删除或重命名该图层。

技术点拨：锁定或解锁图层

可将图层设定为解锁或锁定状态（🔓/🔒）。被锁定的图层仍然显示在绘图窗口，但不能编辑修改被锁定的对象，只能绘制新的图形，这样可防止重要的图形被修改。

5.1.2 实战——设置图层颜色

在绘图时，为了便于区别不同的图层，往往将图层设置为不同的颜色。如果要改变图层的颜色，可在"选择颜色"对话框中进行设置。

设置图层颜色的操作步骤如下：

（1）在"图层特性管理器"选项板中单击图层的"颜色"列对应的图标，弹出"选择颜色"对话框，如图5.4所示。

（2）在"选择颜色"对话框中，提供了"索引颜色"、"真彩色"和"配色系统"3个选项卡，可在此为图层选择颜色。用户只选取所希望的颜色或在"颜色"文本框中输入相应颜色名或颜色号，然后单击"确定"按钮，即可为该图层设置相应的颜色。

"选择颜色"对话框中各选项说明如下。

- "索引颜色"选项卡：可以在系统所提供的255种颜色索引列表中选择所需要的颜色。单击其中的ByLayer和ByBlock按钮后，颜色分别按图层和图块设置，这两个按钮只有在设定了图层颜色和图块颜色后才可以使用。
- "真彩色"选项卡：在此选项卡中可以选择需要的任意颜色，可以拖动调色板中的颜色指示光标和亮度滑块选择颜色及其亮度，如图5.5所示。在此选项卡中还有一个"颜色模式"下拉列表框，默认的颜色模式为HSL模式；RGB模式也是常用的一种颜色模式，在"颜色模式"下拉列表框中选择RGB选项，界面如图5.6所示。

图5.4 "选择颜色"对话框

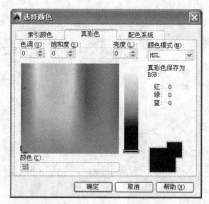

图5.5 "真彩色"选项卡

- "配色系统"选项卡：选择此选项卡，可以从标准配色系统（如Pantone）中选择预定义的颜色，如图5.7所示。在"配色系统"下拉列表框中选择需要的系统，然后拖曳右边的滑块来选择具体的颜色，所选颜色编号显示在下面的"颜色"文本框中，也可以直接在该文本框中输入编号值来选择颜色。

图 5.6　RGB 模式　　　　　　　　　　图 5.7　"配色系统"选项卡

5.1.3　使用与管理图层的线型

在国家标准 GB/T4457.4-1984 中，对机械图样中使用的各种图线名称、线型、线宽以及在图样中的应用做了规定。其中常用的图线有 4 种，即粗实线、细实线、虚线、细点划线。图线分为粗、细两种，粗线的宽度 b 应按图样的大小和图形的复杂程度，在 0.5~2mm 之间选择，细线的宽度约为 b/3。

单击"图层"工具栏中的"图层特性管理器"按钮📇，弹出"图层特性管理器"选项板，在图层列表的线型列下单击线型名，弹出"选择线型"对话框，如图 5.8 所示。

对话框中选项的含义如下。

● "已加载的线型"列表框：显示在当前绘图中加载的线型，可供用户选用，其右侧显示线型的形式。

● "加载"按钮：单击该按钮，弹出"加载或重载线型"对话框，用户可通过此对话框加载线型并把它添加到线型列中，如图 5.9 所示。但要注意，加载的线型必须是在线型库（LIN）文件中定义过的，标准线型都保存在 acad.lin 文件中。

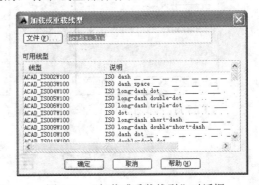

图 5.8　"选择线型"对话框　　　　　　图 5.9　"加载或重载线型"对话框

用户也可以在命令行中输入 LINETYPE，然后按 Enter 键确认，系统将弹出"线型管理器"对话框，可在此设置线型，如图 5.10 所示。该对话框中的选项含义与前面介绍的选项含义相同，此处不再介绍。

图 5.10　"线型管理器"对话框

5.1.4　设置图层的线宽

在默认情况下，新建图层的线宽都为"默认"，用户可以根据需要来改变图层的线宽。如果要改变图层的线宽，可在"图层特性管理器"选项板中单击位于"线宽"列下该图层对应的线宽"一默认"，弹出"线宽"对话框。用户可以在列表中选择一种合适的线宽，单击"确定"按钮，即可为该图层指定线宽，如图 5.11 所示。

也可以选择"格式"|"线宽"命令，打开"线宽设置"对话框，通过"调整显示比例"滑块，来控制当前改变图形中的线宽显示宽窄程度，设置完成后单击"确定"按钮，如图 5.12 所示。

图 5.11　"线宽"对话框

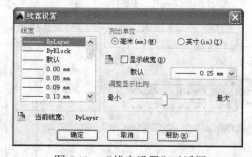

图 5.12　"线宽设置"对话框

5.2　管 理 图 层

在机械制图中，图形中主要包括粗实线、细实线、虚线、波浪线、点画线、剖面线、尺寸标注以及文字说明等元素。如果用图层来管理它们，不仅能使图形的各种信息清晰、有序，便于观察，而且也会给图形的编辑、修改和输出带来很大方便。

5.2.1　设置图层特性

在"图层特性管理器"选项板中单击"新建图层"按钮，系统将显示一个名为"图层 1"的新图层。默认情况下，新建图层与当前图层的状态、颜色、线型、线宽等设置相同。用户可以单击此图层名称并为其指定新的图层名（如"粗实线"），来标识将要在该图层上绘制的图形元素的特征。

要删除图层，可在图层列表区选中要删除的图层后单击"删除图层"按钮，即可把该图层删除掉。

要设置当前图层，在图层列表中选中某一图层，然后单击"置为当前"按钮，则可把该图层设置为当前图层，并在"当前图层"栏中显示该图层的名字，当前图层的名字存储在系统变量 CLAYER 中。另外，用户也可以双击图层名或通过右键快捷菜单来把该图层设置为当前图层。

单击"在所有视口中都被冻结的新图层视口"按钮，在创建新图层时在所有现有布局视口中将其冻结。也可以在"模型"或"布局"选项卡中单击此按钮。

✍ **技巧**：合理利用图层，可以做到事半功倍。在开始绘制图形时，就预先设置一些基本图层。每个图层锁定自己的专门用途，这样只需绘制一份图形文件，就可以组合出许多需要的图纸，需要修改时也可针对各个图层进行。

技术点拨：冻结或解冻图层

将图层设定为解冻或冻结状态（☼/❄）。当图层呈现冻结状态时，该图层上的对象均不会显示在绘图窗口上，也不能由打印机打出，而且不会执行重生、缩放、平移等命令的操作，因此若将视图中不编辑的图层暂时冻结，可加快执行绘图编辑的速度。而"开/关闭"功能只是单纯将对象隐藏，因此不会加快执行速度。

另外，当前图层是不能被冻结的，如果单击当前图层的"冻结/解冻"符号，则会弹出"图层-无法冻结"提示框，如图 5.13 所示。被冻结的图层不能被置为当前图层，否则会弹出"图层-无法置为当前"提示框，如图 5.14 所示。

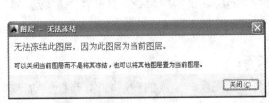

图 5.13　"图层-无法冻结"提示框　　　图 5.14　"图层-无法置为当前"提示框

5.2.2　过滤图层

当工作在一幅具有大量图层的图形中时，用户可以单击"图层特性管理器"选项板中的"新建特性过滤器"按钮，仅使那些具有共同特征或特性的图层显示在图层列表框中，如图 5.15 所示。用户可以在该对话框中根据图层的名称、可见性、颜色、线性和线宽来过滤图层，指定它们是打开或关闭、冻结或解冻以及锁定或解锁等。

如果在"图层特性管理器"选项板中选中"反转过滤器"复选框，将只显示未通过过滤器的图层；单击"设置"按钮，弹出"图层设置"对话框，可以在其中对"新图层通知"、"隔离图层设置"和"对话框设置"等选项进行设置，如图 5.16 所示。

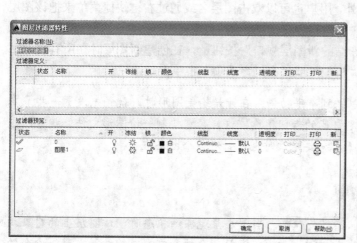

图 5.15 "图层过滤器特性"对话框

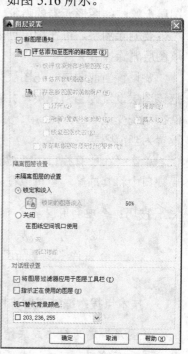

图 5.16 "图层设置"对话框

5.2.3 转换图层

使用图层转换器可以转换图层，对当前图形的图层进行修改，实现图形的标准化和规范化，使之与其他图形的图层结构或 CAD 标准文件相匹配。

用户可以通过选择"工具"|"CAD 标准"|"图层转换器"命令，打开"图层转换器"对话框，如图 5.17 所示。

该对话框中主要选项的功能介绍如下。

- "转换自"选项组：显示当前图形中即将被转换的图层结构。
- "转换为"选项组：显示可以将当前图形的图层转换成的图层名称，通过"加载"或"新建"按钮选择或新建作为图层标准的图形文件。
- "映射"按钮：可以将"转换自"选项组中选中的图层映射到"转换为"选项组中，并在"转换自"选项组中删除。
- "映射相同"按钮：将"转换自"选项组中"转换为"选项组中名称相同的图层进行转换映射。

- "图层转换映射"列表框：显示已经映射的图层名称和相关的特性值。

在"图层转换器"对话框中单击"设置"按钮，将弹出"设置"对话框，可在此定制图层的转换过程，如图 5.18 所示。其中各选项的功能如下。

- 强制对象颜色为 ByLayer：表示将原图层上的对象颜色转换为新图层的颜色。
- 强制对象线型为 ByLayer：表示将原图层上的对象的线型转换为新图层的线型。
- 强制对象透明度为 ByLayer：表示将原图层的透明度转换为新图层的透明度。
- 转换块中的对象：表示转换嵌套图块。
- 写入转换日志：表示在图层转换后写入说明转换细节的日志文件。
- 选定时显示图层内容：表示只显示在"图层转换器"对话框中选择的图层。

完成设置后，单击"确定"按钮，返回到"图层转换器"对话框，单击"转换"按钮，即可对建立映射关系的图层进行转换。

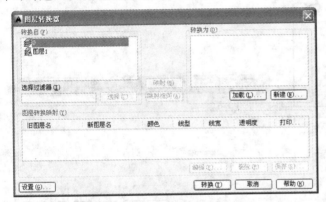
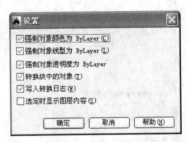

图 5.17　"图层转换器"对话框　　　　图 5.18　图层转换的"设置"对话框

技术点拨：打开或关闭图层

将图层设定为打开或关闭状态（🔆/🔆），当呈现关闭状态时，该图层上的所有对象将隐藏不显示，只有处于打开状态的图层会在绘图窗口上显示或由打印机打印出来。因此，绘制复杂的视图时，将不编辑的图层暂时关闭，可降低图形的复杂性。

5.2.4　实战——输出图层状态

用户还可以将图层状态保存在本地磁盘上，供以后使用。

输出图层状态的操作步骤如下：

（1）启动 AutoCAD 2014，打开随书素材文件"图层状态.dwg"，如图 5-19 所示。

（2）选择"格式"|"图层状态管理器"命令，打开"图层状态管理器"对话框。

（3）单击"新建"按钮，打开"要保存的新图层状态"对话框，在其中输入需要输出的图层状态名和说明，如图 5.20 所示。

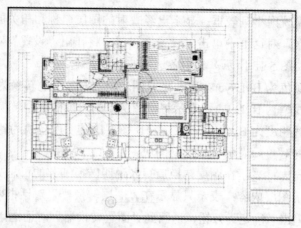

图 5.19　素材文件

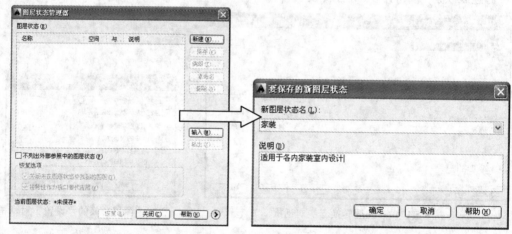

图 5.20　设置新图层

　　（4）单击"确定"按钮，返回"图层状态管理器"对话框。单击"输出"按钮，打开"输出图层状态"对话框，选择合适的保存路径后单击"保存"按钮，完成图层状态的输出，如图 5.21 所示。

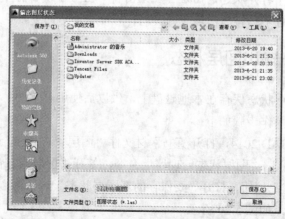

图 5.21　"输出图层状态"对话框

5.3　使用面域

面域是由封闭区域形成的二维实体对象，其边界可以由直线、多段线、圆、圆弧、椭圆等图形对象组成。在 AutoCAD 2014 中，面域与圆、椭圆、正多边形等图形虽然都是封闭的，但有着本质的区别。因为圆、椭圆和正多边形只包含边的信息，没有面的信息，属于线框模型；而面域既包含了边信息，又包含了面信息，属于实体模型。

5.3.1　创建面域

用户可以通过以下方法执行"面域"命令。

- 命令行：REGION。
- 菜单栏：选择"绘图"|"面域"命令。
- 工具栏：单击工具栏中的"面域"按钮 ⊙。

在命令行中输入 REGION，命令行提示信息如下：

命令: REGION
选择对象:

选择对象后，系统自动将所选择的对象转换成面域。

在 AutoCAD 2014 中，使用"边界"命令既可以由任意一个闭合区域创建一个多段线的边界，也可以创建一个面域。与"面域"命令不同，使用"边界"命令不需要考虑对象是共用一个端点，还是出现了相交。

"边界"命令将分析由对象组成的边界集，用户可以通过以下方法调用 BOUNDARY 命令。

- 命令行：BOUNDARY。
- 菜单栏：选择"绘图"|"边界"命令。

5.3.2　实战——对面域进行布尔运算

布尔运算是数学中的一种逻辑运算,用在 AutoCAD 绘图中,能够极大地提高绘图效率。布尔运算包括并集、交集和差集 3 种，操作方式基本类似，一并介绍如下。

- 命令行：UNION（并集）、INTERSECT（交集）和 SUBTRACT（差集）。
- 菜单栏：选择"修改"|"实体编辑"|"并集"（"差集"、"交集"）命令。
- 工具栏：单击"实体编辑"工具栏中的"并集"按钮 ⊚（"差集"按钮 ⊚、"交集"按钮 ⊚）。

对面域进行布尔运算，绘制扳手的操作步骤如下：

（1）单击"绘图"工具栏中的"矩形"按钮 ▢，绘制一个矩形。矩形的两个对角点坐标为（100,100）和（200,80），绘制效果如图 5.22 所示。

（2）单击"绘图"工具栏中的"圆"按钮⊘，绘制圆。圆心坐标为（100,90），半径为20。再以（200,90）为圆心、20为半径绘制另一个圆，绘制效果如图5.23所示。

| 图5.22　绘制矩形 | 图5.23　绘制两个圆 |

（3）单击"绘图"工具栏中的"正多边形"按钮⬠，绘制一个正六边形。以（85,83）为正多边形的中心、以11.6为外接圆半径绘制一个正多边形；再以（215,96.4）为正多边形中心、以11.6为外接圆半径绘制另一个正多边形，绘制效果如图5.24所示。

（4）单击"绘图"工具栏中的"面域"按钮◎，将所有图形转换成面域。

💡**提示：** 布尔运算的对象只包括实体和共面面域，对于普通的线条对象无法使用布尔运算。

（5）选择"修改"|"实体编辑"|"并集"命令，将矩形分别与两个圆进行并集处理，绘制效果如图5.25所示。

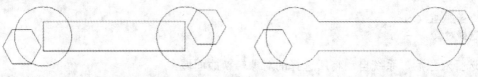

| 图5.24　绘制两个正六边形 | 图5.25　并集效果 |

（6）选择"修改"|"实体编辑"|"差集"命令，以并集对象为主体对象、正多边形为参照体，进行差集处理，绘制效果如图5.26所示。

图5.26　扳手效果

💡**提示：** 在选择对象时按住 Shift 键，可同时选择并集处理的两个对象。

5.4　使用图案填充

在绘制图形时，常常需要标识某一区域的用途，如表现建筑表面的装饰纹理、颜色及地板的材质等。在地图中，也常用不同的颜色与图案来区分不同的区域等。

重复绘制某些图案以填充图形中的一个区域，从而表达该区域的特征，这种填充操作称为图案填充。图案填充的应用非常广泛，例如，在机械工程图中，可以用图案填充表达一个剖面的区域，也可以使用不同的图案填充来表达不同的零件或者材料。

5.4.1　设置图案填充

当进行图案填充时，首先要确定填充图案的边界。定义边界的对象只能是直线、双向射线、单向射线、多段线、样条曲线、圆弧、圆、椭圆、椭圆弧、面域等对象或用这些对象定义的块，而且作为边界的对象在当前图层上必须全部可见。

用户可以通过以下方法设置图案填充。

● 命令行：BHATCH（快捷命令：H）。
● 菜单栏：选择"绘图"|"图案填充"命令。
● 工具栏：单击"绘图"工具栏中的"图案填充"按钮 。

执行上述命令后，系统打开如图 5.27 所示的"图案填充和渐变色"对话框，选择"图案填充"选项卡，各选项组介绍如下。

图 5.27　"图案填充"选项卡

1. "类型和图案"选项组

此选项组用于设置图案填充的类型和具体图案。

● "类型"下拉列表框：设置填充的图案类型，有"预定义"、"用户定义"和"自定义" 3 个选项。其中，选择"预定义"选项，可以使用 AutoCAD 提供的图案，这些图案存储在图案文件 acad.pathuo 或 acadiso.pat 中；选择"用户定义"选项，则需要临时定义图案，该图案由一组平行线或者相互垂直的两组平行线组成；选择"自定义"选项，可以使用事先定义好的图案。

● "图案"下拉列表框：当选择了"预定义"填充类型填充图案时，此下拉列表框可用于选择填充图案。用户可以通过该下拉列表框选择图案，也可以单击右边的按钮，从弹出的"填充图案选项板"对话框中进行选择，如图 5.28 所示。

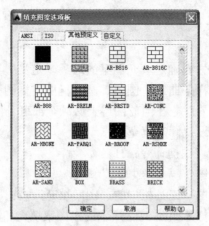

图 5.28 "填充图案选项板"对话框

"填充图案选项板"对话框中有 ANSI、ISO、"其他预定义"和"自定义"4 个选项卡，如果用户没有自定义图案，则"自定义"选项卡内容为空，用户可以根据需要从某一个选项卡中选择合适的图案进行填充。

- "样例"框：用于显示当前填充图案的图案示例，可以单击"样例"以显示"填充图案选项板"对话框。
- "自定义图案"下拉列表框：当图案填充选择"自定义"类型，即用户自定义的类型时，该选项才可以使用，可以通过此列表框选择对应的填充图案。用户也可以单击列表框右侧的□按钮，从弹出的对话框中进行选择。

2. "角度和比例"选项组

此选项组可以用于指定选定填充图案的角度和比例。

- "角度"下拉列表框：确定填充图案的旋转角度。0° 旋转角为图案定义时的图案角度。用户可以直接输入填充图案时的图案旋转角，也可以从对应的下拉列表框中选择角度值。
- "比例"下拉列表框：确定填充图案时的比例值。每种图案在定义时的初始比例是 1，用户可以根据需要放大或缩小填充图案，只需直接输入比例值，或者从对应的下拉列表框中选择比例值即可。只有将"类型"设置为"预定义"或"自定义"时，"比例"项才可以使用。
- "双向"复选框：对于用户定义的图案，将绘制第二组直线，这些直线与原来的直线成 90° 角，从而构成交叉线。只用将"类型"设置为"用户定义"时，此选项才可以使用。
- "相对图纸空间"复选框：相对图纸空间单位缩放填充图案。使用此选项，可以很容易地做到以适合于布局的比例显示填充图案。该选项仅适用于布局。
- "间距"文本框：指定用户定义图案中的直线间距。
- "ISO 笔宽"下拉列表框：基于选定笔宽缩放 ISO 预定义图案。只有将"类型"

设置为"预定义"，并将"图案"设置为可用的 ISO 图案的一种时，此选项才可以使用。

3. "图案填充原点"选项组

此选项组控制填充图案生成的起始位置。某些图案填充需要与图案填充边界上的一点对齐，如填充砖块图案时。在默认情况下，所有图案填充原点都对应于当前的 UCS 原点。

- "使用当前原点"单选按钮：使用存储于 HPORIGINMODE 系统变量中的设置。在默认情况下，原点设置为（0,0）。
- "指定的原点"单选按钮：指定新的图案填充原点。选取此选项可以使以下选项可用。
  - ❖ "单击以设置新原点"按钮：通过鼠标拾取直接指定新的图案填充原点。
  - ❖ "默认为边界范围"复选框：根据图案填充对象边界的矩形范围计算新原点，可以选择该范围的 4 个角点及其中心。
  - ❖ "存储为默认原点"复选框：将新图案填充原点的值存储在 HPORIGIN 系统变量中。

技术点拨：设置孤岛

当一个填充区域存在另一个或多个封闭的对象时，这些对象就称为孤岛，如图 5.29 所示。当存在好多孤岛时，需要填充方式进行设置，否则填充结果可能会有差异。

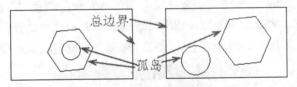

图 5.29　边界与孤岛

在"图案填充和渐变色"对话框中，"孤岛检测"复选框用于确定是否进行孤岛检测以及孤岛检测的方式，选中该复选框表示要进行孤岛检测。系统提供了 3 种填充样式填充孤岛，分别是"普通"、"外部"和"忽略"，分别介绍如下。

- "普通"样式：将从外部边界向内填充。如果填充过程中遇到内部边界，填充将关闭，直到遇到另一个边界为止。
- "外部"样式：也是从外部边界向内填充并在下一个边界处停止。
- "忽略"样式：将忽略内部边界，填充整个闭合区域。

5.4.2　设置渐变色填充

单击"图案填充和渐变色"对话框中的"渐变色"标签，将切换到"渐变色"选项卡，如图 5.30 所示。

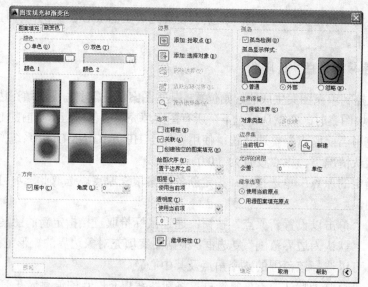

图 5.30　"渐变色"选项卡

　　渐变填充是实体图案填充，能够体现出光照在平面上而产生的过渡颜色效果。可以使用渐变填充在二维图形中表示实体。

　　在"渐变色"选项卡中，"单色"单选按钮用于实现单色填充；"双色"单选按钮用于实现在两种颜色之间平滑过渡的双色渐变填充。单击"单色"下方的 按钮，系统将弹出"选择颜色"对话框，如图 5.31 所示。当使用"双色"填充时，可以单击"双色"下方的 按钮，通过"选择颜色"对话框来确定"颜色 1"和"颜色 2"的颜色。选项卡中间提供了 9 种填充方式，单击某个图像按钮即可选择该填充方式。此外，用户还可以通过"居中"复选框决定是否采用对称渐变配置，通过"角度"下拉列表框确定渐变填充时的角度。

图 5.31　"选择颜色"对话框

5.4.4　编辑图案填充

　　利用 HATCHEDIT 命令可以编辑已经填充的图案。

- 命令行：HATCHEDIT（快捷命令：HE）。

- 菜单栏：选择"修改"|"对象"|"图案填充"命令。
- 工具栏：单击"修改 II"工具栏中的"编辑图案填充"按钮。

执行上述操作后，系统提示"选择图案填充对象"。选择填充对象后，系统打开如图 5.30 所示的"图案填充编辑"对话框。

图 5.32　"图案填充编辑"对话框

在图 5.32 中，只有亮显的选项才可以对其进行操作。该对话框中各项的含义与图 5.30 所示的"图案填充和渐变色"对话框中各项的含义相同，在此可以对已填充的图案进行一系列的编辑修改。

技术点拨：分解图案

图案是一种特殊的块，称为"匿名"块，无论开关多么复杂，它都是一个单独的对象。可以选择"修改"|"分解"命令来分解一个已存在的关联图案。图案被分解后，将不再是一个单一的对象，而是一组组成图案的线条。同时，分解后的图案也失去了与图形的关联性，因此，将无法再使用"修改"|"对象"|"图案填充"命令对其进行编辑。

第6章　创建文字和表格

内容摘要

AutoCAD 将文字作为一种图形实体，可以在标题栏中使用文字，说明图样的信息，也可以用文字标记图形的各个部分、提供说明或进行注释等。AutoCAD 2014 提供了两种文字工具，对简短的输入项可以使用单行文字，对带有内部格式的较长的输入项可以使用多行文字来标注。还可以根据需要选取不同的文字样式。使用绘制表格功能，减少了用线段和文本来绘制表格带来的不便。可以使用绘制表格命令快速生成数据表格，并可以为表格设置所需的样式，另外，还可以对表格及单元格进行快速编辑。通过本章的学习，读者应掌握文字和表格的使用方法。

学习目标

　　📖　了解文字样式、文本编辑。
　　📖　熟练掌握文本标注的操作。
　　📖　学习表格的创建及表格文字的编辑。

6.1　创建文字样式

文字样式是文字的样式、大小、宽度以及书写效果的综合表示。AutoCAD 2014 提供了"文字样式"对话框，如图 6.1 所示，通过该对话框可以方便直观地设置需要的文本样式，或是对已有样式进行修改。用户可以通过以下方法打开"文字样式"对话框。

- 命令行：STYLE（快捷命令：ST）。
- 菜单栏：选择"格式"｜"文字样式"命令。

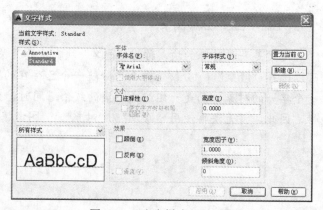

图 6.1　"文字样式"对话框

- 工具栏：单击"文字"工具栏中的"文字样式"按钮🅰️。

当输入文字时，程序将使用当前文字样式。当前文字样式用于设定字体、字号、倾斜角度、方向和其他文字特征。如果要使用其他文字样式来创建文字，可以将其他文字样式置于当前。表 6.1 显示了用于 STANDARD 文字样式的设置。

表 6.1　文字样式设置

设　　置	默　　认	说　　明
样式名	STANDARD	名称最长为 255 个字符
字体名	txt.shx	与字体相关联的文件（字符样式）
大字体	无	用于非 ASCII 字符集（例如，日语汉字）的特殊形定义文件
高度	0	字符高度
宽度因子	1	扩展或压缩字符
倾斜角度	0	倾斜字符
反向	否	反向文字
颠倒	否	颠倒文字
垂直	否	垂直或水平文字

当前文字样式的设置显示在命令行提示中。可以使用或修改当前文字样式，或者创建和加载新的文字样式。一旦创建了文字样式，就可以修改其特征、更改其名称或在不再需要时将其删除。

1. 设置样式名

"文字样式"对话框中的"样式"选项组用于显示已定义的文字样式的名称。单击其中的"新建"按钮，弹出"新建文字样式"对话框，如图 6.2 所示。系统默认的文字样式名称为"样式 1"，用户可以在"样式名"文本框中输入新的样式名称，然后单击"确定"按钮，即可新建一个文字样式。

图 6.2　"新建文字样式"对话框

2. 设置字体

"文字样式"对话框中的"字体"选项组用于设置字体的一些参数，"字体名"下拉列表框中显示有可供选用的字体文件。字体文件包含所有注册的 TrueType 字体和 AutoCADFonts 目录下 AutoCAD 已编译的所有字体。"使用大字体"复选框用于确定是否启用大字体，如果启用了该功能，则可以从"大字体"下拉列表框中选择样式。"大字体"下拉列表框中显示的是用于非 ASCII 字符集的特殊定义文件。

3. 设置文字效果

设置文字效果的实战操作步骤如下：

打开素材文件 6.3，选择"格式"|"文字样式"命令，在弹出的"文字样式"对话框

中设置"宽度因子"为2，"倾斜角度"为40°，单击"应用"按钮，再单击"关闭"按钮，文字效果如图 6.3 所示。

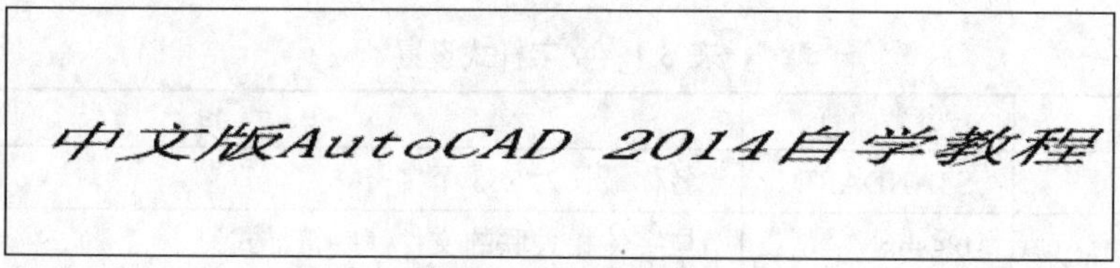

中文版AutoCAD 2014自学教程

图 6.3   文字效果

"效果"选项组各选项含义介绍如下。

- "颠倒"复选框：用于将文字旋转 180°后书写。
- "反向"复选框：将文字作为水平镜像后书写。
- "垂直"复选框：将文字按垂直方式书写。
- "宽度因子"文本框：用于指定文字宽度和高度的比值，小于 1 时文字变窄，反之，文字变宽。
- "倾斜角度"文本框：用于指定文字的倾斜角，角度为正值时，文字向右倾斜，为负值时向左倾斜。

"大小"选项组下的"注释性"复选框用于确定是否对文字大小启用注释性功能。通过使用注释性样式，可以使用最少的步骤来对图形进行注释。用户不必在各个图层、以不同尺寸创建多个注释，而可以按对象或样式打开注释性特性，并设置布局或模型视口的注释比例。注释比例控制注释性对象相对于图形中的模型几何图形的大小。

可以创建成注释性对象的元素包括图案填充、文字、标注、引线和多重线、公差、块、属性。当对象成为注释性样式时，在"样式"列表和"特性"选项板中，它们的名称前会显示一个专用的 图标。启用注释性时应该指定创建的任何注释性文字样式的"图纸高度"值。"图纸文字高度"设置指定了图纸空间中文字的高度。

用户可以查看注释的比例，还可以通过注释性对象的"特性"选项板来查看注释比例。

4. 预览与应用文字样式

在工程制图过程中，一般需要标注技术要求和尺寸数字两项文字内容，具体包括汉字、数字、字母及一些特定的字符等。图形中的所有文字标注都要符合国家有关制图标准的规定。

创建一个符合国家制图标准的文字样式，并命名为"标准样式"的操作步骤如下：

（1）选择"格式"|"文字样式"命令，弹出"文字样式"对话框。

（2）单击"新建"按钮，在弹出的"新建文字样式"对话框中把样式名改为"标准样式"，单击"确定"按钮，返回"文字样式"对话框进行设置。

（3）从"字体"选项组的"字体"下拉列表框中选择 gbenor.shx；选中"使用大字体"复选框，在列表中选择 gbcbig.shx；设置"大小"选项组的"高度"为5；设置"宽度因子"为1，"倾斜角度"为0；其他选项使用默认设置，然后单击"应用"按钮，设置与预览效果如图 6.4 所示。

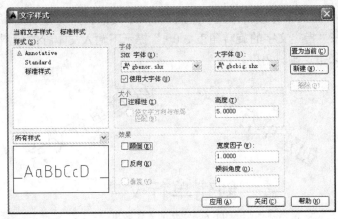

图 6.4　"文字样式"对话框

💡 提示：此样式能够同时满足国家制图标准对汉字和尺寸的要求，但对于技术要求中出现的其他特殊符号和字母的标注，还需要特殊的标注方法。

6.2　创建和编辑单行文字

图形中的文字传递了很多设计信息，它可以是一个很复杂的说明，或者是一个简短的文字信息。当需要文字标注的文本不太长时，可以利用 TEXT 命令创建单行文本。

6.2.1　实战——创建单行文字

用户可以通过以下方法创建单行文字。

● 命令行：TEXT。
● 菜单栏：选择"绘图"|"文字"|"单行文字"命令。
● 工具栏：单击"文字"工具栏中的"单行文字"按钮 A 。

创建单行文字的操作步骤如下：

选择"绘图"|"文字"|"单行文字"命令，命令行提示"指定文字的起点或 [对正(J)/样式(S)]:"，在绘图窗口中任意位置单击，指定文字的起点，指定高度为 2，文字旋转角度为 0，输入文字"创建单行文字"，文字效果如图 6.5 所示，按两次 Enter 键确认操作。

创建单行文字

图 6.5　创建单行文字

TEXT 命令也可创建多行文本，只是这种多行文本每一行是一个对象，不能对多行文本同时进行操作。

💡 提示：只有当前文本样式中设置的字符高度为 0，在使用 TEXT 命令时，系统才出现要求用户确定字符高度的提示。

AutoCAD 允许将文本行倾斜排列，如图 6.6 所示为倾斜角度分别是 0°、30° 和-30° 时的排列效果。在"指定文字的旋转角度 <0>:"提示下输入文本行的倾斜角度或在绘图窗口拉出一条直线来指定倾斜角度。

图 6.6　文字的旋转效果

6.2.2　实战——设置对正方式

"对正（J）"选项用于控制文字的对正样式。

设置对正方式的操作步骤如下：

在命令行中输入 TEXT，在命令行提示"指定文字的起点或 [对正(J)/样式(S)]:"下输入 J，命令行提示"输入选项 [对齐(A)/布满(F)/居中(C)/中间(M)/右对齐(R)/左上(TL)/中上(TC)/右上(TR)/左中(ML)/正中(MC)/右中(MR)/左下(BL)/中下(BC)/右下(BR)]:"，输入对齐选项 "居中（C）"，命令行接着提示"指定文字的中心点:"，此时在绘图窗口指定文字中心点继续完成操作步骤。

AutoCAD 系统在提供对正样式时，为文字行定义了 4 条直线，这 4 条直线从上向下排列，依次称为顶线（Top Line）、中线（Middle Line）、基线（Base Line）和底线（Bottom Line）。各种对正样式就是以其中一条直线的起点、中点或终点为指定点来定义的。各种对正样式的代号及位置如图 6.7 所示。

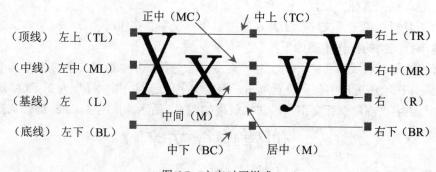

图 6.7　文字对正样式

6.2.3　编辑单行文字

对于已标注的文字，有时需要对其特性和内容进行修改，AutoCAD 系统提供了一些编辑文字的方法，包括使用命令编辑、使用特性管理器编辑、使用夹点编辑等，将会在此后内容中进行介绍。单行文字都是独立的实体，可对它们分别进行编辑操作。

执行 TEXT 命令，命令行中的"样式（S）"选项用于设置当前文字的样式，执行该选项后，系统提示如下：

指定文字的起点或 [对正(J)/样式(S)]: S
输入样式名或 [?] <Standard>: ?

可以直接输入文字样式名称，也可以输入"？"然后输入"*"号确定，将弹出"AutoCAD 文本窗口"对话框，如图 6.8 所示。在文本窗口中将显示出可供选择的文字样式。

用 TEXT 命令创建文本时，在命令行中输入的文字同时显示在绘图窗口，而且在创建过程中可以随时改变文本的位置，只要移动光标到新的位置单击，则当前行结束，随后输入的文字在新的文本位置出现，用这种方法可以把多行文本标注到绘图窗口的不同位置。

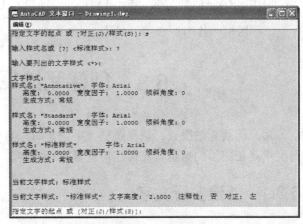

图 6.8　文本窗口

技术点拨：输入特殊字符

实际绘图时，有时需要标注一些特殊字符，如直径符号、上划线或下划线、温度符号等，由于这些符号不能直接从键盘上输入，AutoCAD 提供了一些控制码，用来实现这些要求。控制码用两个百分号（%%）加一个字符构成，常用的控制码及功能如表 6.2 所示。

表 6.2　AutoCAD 常用控制码

控 制 码	标注的特殊符号	控 制 码	标注的特殊符号
%%O	上划线	\u+0278	电相位
%%U	下划线	\u+E101	流线
%%D	"度"符号（°）	\u+2261	标识
%%P	正负符号（±）	\u+E102	界碑线
%%C	直径符号	\u+2260	不相等（≠）
%%%	百分号（%）	\u+2126	欧姆（Ω）
\u+2248	约等于（≠）	\u+03A9	欧米加
\u+2220	角度（∠）	\u+214A	低界线
\u+E100	边界线	\u+2082	下标 2
\u+2104	中心线	\u+00B2	上标 2
\u+0394	差值		

其中，%%O 和%%U 分别是上划线和下划线的开关，第一次出现此符号开始画上划线和下划线，第二次出现此符号，上划线和下划线终止。

例如，输入"输入%%U 特殊字符%%U"，则得到如图 6.9 所示的效果。输入"60%%D+%%C80%%P15"，则得到如图 6.10 所示的效果。

输入<u>特殊字符</u>   60° +⌀80±15

图 6.9　特殊字符效果（1）   图 6.10　特殊字符效果（2）

6.3　创建和编辑多行文字

用户需要标注很长、很复杂的文字信息时，可以利用 MTEXT 命令创建多行文字。多行文字是在图形的指定区域标注段落性多行文字。

6.3.1　创建多行文字

用户可以通过以下方法创建多行文字。

● 命令行：MTEXT。
● 菜单栏：选择"绘图"|"文字"|"多行文字"命令。
● 工具栏：单击"文字"工具栏或"绘图"工具栏中的"多行文字"按钮 A 。

激活"多行文字"命令后，系统首先要求在绘图窗口指定注写文字的区域，即文字框。命令行提示如下：

```
命令:_mtext 当前文字样式: "Standard"　文字高度: 2.0000　注释性: 否
指定第一角点: //指定文本框的第一个角点
指定对角点或 [高度(H)/对正(J)/行距(L)/旋转(R)/样式(S)/宽度(W)/栏(C)]: //选择操作选项
```

命令提示中的各个选项功能如下。

● 高度（H）：用于指定文字的字符高度，不指定高度时，按当前文字高度标注。
● 对正（J）：选择文字的对正样式，对正样式中的各个选项的含义与单行文字中的相同。
● 行距（L）：指定多行文字之间的间距。
● 旋转（R）：指定文字框的旋转角度。
● 样式（S）：指定多行文字的样式。
● 宽度（W）：指定文本框的宽度。
● 栏（C）：指定多行文字的栏类型，选择该选项后，命令行提示如下：

```
输入栏类型 [动态(D)/静态(S)/不分栏(N)] <动态(D)>:
指定栏宽: <60.0000>:
指定栏间距宽度: <10.0000>:
指定栏高: <20.0000>:
```

执行"多行文字"命令后，当文字框的大小、位置确定后，系统将弹出"文字格式"工具栏和多行文字编辑器，如图 6.11 所示。

图 6.11 "文字格式"对话框和多行文字编辑器

该工具栏用来控制文本文字的显示特性。可以在输入文本文字前设置文本的特性，也可以改变已输入的文本文字特性。要改变已有文本文字显示特性，首先应选择要修改的文本。选择文本的方式有以下 3 种。

● 将光标定位到文本文字开始处，按住鼠标左键，拖到到文本末尾。

● 双击某个文字，被选中该文字。

● 3 次单击鼠标，则选中全部内容。

工具栏中部分选项的功能介绍如下。

● "文字高度"下拉列表框：用于确定文本的字符高度，可在文本编辑器中设置输入新的字符高度，也可从此下拉列表框中选择已设定过的高度值。

● "加粗"按钮 **B** 和"斜体"按钮 *I*：用于设置加粗或斜体效果，但这两个按钮只对 TrueType 字体有效。

● "下划线"按钮 U 和"上划线"按钮 O：用于设置或取消文字的上下划线。

● "堆叠"按钮：为层叠或非层叠文本按钮，用于层叠所选的文本文字，也就是创建分数形式。当文本中某处出现"/"、"^"或"#" 3 种层叠符号之一时，可层叠文本，其方法是选中需层叠的文字，然后单击此按钮，则符号左边的文字作为分子，右边的文字作为分母进行层叠。AutoCAD 提供了 3 种分数形式：如选中"2810/8566"后单击此按钮，得到如图 6.12 (a) 所示的分数形式；如果选中"2810^8566"后单击此按钮，则得到如图 6.12 (b) 所示的形式，此形式多用于标注极限偏差；如果选中"2810#8566"后单击此按钮，则创建斜排的分数形式，如图 6.12 (c) 所示。如果选中已经层叠的文本对象后单击此按钮，则恢复到非层叠形式。

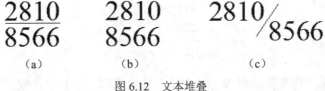

(a)　　　　　　(b)　　　　　　(c)

图 6.12 文本堆叠

● "倾斜角度"下拉列表框：用于设置文字的倾斜角度。

✍ **技巧**：倾斜角度与斜体效果是两个不同的概念，前者可以设置任意倾斜角度，后者是在任意倾斜角度的基础上设置斜体效果。

● "符号"按钮 @▼：用于输入各种符号。单击此按钮，系统打开符号列表，如图 6.13 所示，可以从中选择符号输入到文本中。

● "插入字段"按钮 ：用于插入一些常用或预设字段。单击此按钮，系统打开"字段"对话框，用户可从中选择字段并插入到标注文本中，如图 6.14 所示。

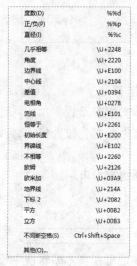

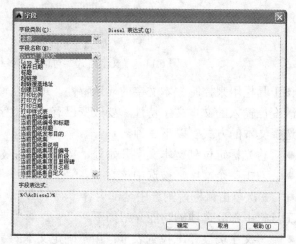

图 6.13　符号列表　　　　　　　　　　　图 6.14　"字段"对话框

● "宽度因子"下拉列表框：用于扩展或收缩选定字符。1.0 表示设置代表字体中字母的常规宽度，可以增大该宽度或减小该宽度。

● "选项"菜单：在"文字格式"工具栏中单击"选项"按钮 ，打开如图 6.15 所示的"选项"菜单，如图 6.15 所示。

图 6.15　"选项"菜单

"选项"菜单中许多选项与 Word 中相关选项类似，对其中比较特殊的选项简单介绍如下。

❖ 符号：在光标位置插入列出的符号或不间断空格，也可手动插入符号。

❖ 输入文字：选择此项，系统打开"选择文件"对话框，如图 6.16 所示。选择任意 ASCII 或 RTF 格式的文件。输入的文字保留原始字符格式和样式特性，但可以在多行文字编辑器中编辑和格式化输入的文字。选择要输入的文本文件后，可以替换选定的文字或全部文字，或在文字边界内将插入的文字附加到选定的文字中。输入文字的文件必须小于 32KB。

❖ 字符集：显示代码页菜单，可以选择一个代码页并将其应用到选定的文本文字中。

❖ 删除格式：清除选定文字的粗体、斜体或下划线格式。

❖ 背景遮罩：用设定的背景对标注的文字进行遮罩。选择此项，系统打开"背景遮罩"对话框，如图 6.17 所示。

图 6.16 "选择文件"对话框

图 6.17 "背景遮罩"对话框

提示：多行文字是由任意数目的文字行或段落组成的，布满指定的宽度，还可以沿垂直方向无限延伸。多行文字中，无论行数是多少，单个编辑任务中创建的每个段落集将构成单个对象，用户可对其进行移动、旋转、删除、复制、镜像或缩放操作。

6.3.2 编辑多行文字

1. 使用命令编辑文字

● DDEDIT 命令：是一种快速编辑方法，不仅可以编辑单行文字，也可以编辑多行文字。编辑单行文字时，只能修改文字的内容，不能修改类似于字高、字宽、所属图层等文字的特性。编辑多行文字时，将弹出"文字格式"工具栏，在其中不仅能修改文字的内容，而且也能修改文字的相关特性。

● SCALETEXT 命令：一个图形可能包含成百上千个需要设置比例的文字对象，如果对这些比例单独进行设置会很浪费时间。使用 SCALETEXT 命令可更改一个或多个文字对象（如文字、多行文字和属性）的比例。可以指定相对比例因子或绝对文字高度，或者调整选定文字的比例以匹配现有文字高度。每个文字对象使用同一个比例因子设置比例，并且保持当前的位置。

- JUSTIFYTEXT 命令：主要用于更改选定文字对象的对正点而不更改其位置。单行文字和多行文字都可以修改。
- SPACETRANS 命令：主要用来在模型空间和图纸空间之间转换文字高度。SPACETRANS 命令可以计算模型空间单位和图纸空间单位之间的等价长度。以透明方式使用 SPACETRANS 命令，可以为命令提供相对于其他空间的距离或长度值。
- FIND 命令：主要是用来查找和替换文字，替换的只是文字内容，字符格式和文字特性不变。执行此命令后将弹出"查找和替换"对话框，在此可以进行文字的查找和替换操作，如图 6.18 所示。

图 6.18　"查找和替换"对话框

2. 使用特性管理器编辑文字

利用"特性"选项板可对选中的单行或多行文字进行内容和特性的编辑，如图 6.19 所示。用户也可以使用对象的快捷特性来编辑，如图 6.20 所示为多行文字的快捷特性面板。

在"特性"选项板或快捷特性面板中，用户可以直接在文字特性选项后面的文本框中修改或编辑文字的特性和内容。

图 6.19　"特性"选项板

图 6.20　快捷特性选项板

3. 使用其他方法编辑文字

与其他对象一样，文字也可以被移动、复制、旋转、删除和镜像等，另外，用户也可以使用夹点功能对文字进行移动和旋转等编辑操作。

6.3.3 实战

1. 使用数字标记

在 AutoCAD 2014 中，输入文字前设置的数字标记和缩进将应用于整个多行文字对象。要向不同段落应用不同制表符和缩进，可以单击单个段落或选择多个段落，然后修改设置。

使用制表符的操作步骤如下：

（1）在 AutoCAD 2014 中打开素材文件 6.21，如图 6.21 所示。

（2）在绘图窗口的素材文本上单击两次，选取文本，此时文本呈可编辑状态，如图 6.22 所示。

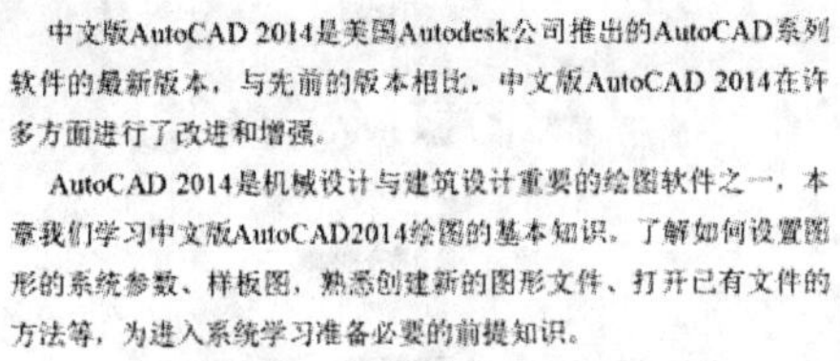

图 6.21　打开的素材文件

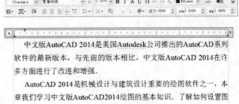

图 6.22　文本呈可编辑状态

（3）选择所有文本，在"文字格式"工具栏中单击"编号"按钮，在弹出的快捷菜单中选择"以数字标记"命令，如图 6.23 所示。

（4）单击"确定"按钮，绘图窗口的文本效果如图 6.24 所示。

图 6.23　选择"以数字标记"选项

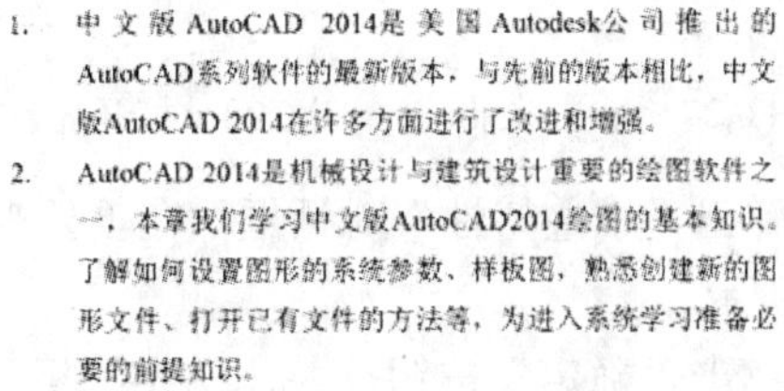

图 6.24　使用数字标记后的效果

2. 创建堆叠文字

使用堆叠文字可以创建一些特殊的字符，如分数。

创建堆叠文字的操作步骤如下：

（1）选择"绘图"|"文字"|"多行文字"命令，在绘图窗口创建文本"1/2"，如图 6.25 所示。

（2）在文本上单击两次，此时文本呈可编辑状态，选择所有文本，如图 6.26 所示。

图 6.25 创建文本

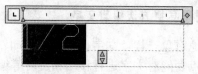

图 6.26 选择文本

（3）在"文字格式"工具栏中单击"堆叠"按钮，再单击"确定"按钮，绘图窗口的文本效果如图 6.27 所示。

3. 修改堆叠特性

创建堆叠文字后，可以修改其堆叠特性。

修改堆叠特性的操作步骤如下：

（1）启动 AutoCAD 2014 后，打开素材文件 6.28，如图 6.28 所示。

（2）在文本上单击两次，此时文本呈可编辑状态，选择所有文本，在文本上右击，在弹出的快捷菜单中选择"堆叠特性"命令，如图 6.29 所示。

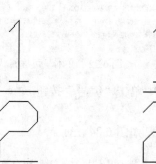

图 6.27 堆叠效果   图 6.28 打开的素材文件   图 6.29 选择"堆叠特性"命令

（3）弹出"堆叠特性"对话框，在"外观"选项组中设置样式为"1/2 分数（斜）"，如图 6.30 所示。

（4）单击"确定"按钮，关闭文字编辑器，文本堆叠效果如图 6.31 所示。

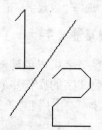

图 6.30 "堆叠特性"对话框   图 6.31 修改堆叠特性后的文本效果

4. 控制文本显示

在绘制图形时，为了加快图形在重生成过程中的速度，可以使用 QTEXT 命令控制文本的显示模式。

控制文本显示的操作步骤如下：

（1）启动 AutoCAD 2014 后，打开素材文件 6.21，如图 6.32 所示。

（2）执行 QTEXT 命令，根据命令行提示，输入 ON（开），按 Enter 键确认。

（3）选择"视图"|"重生成"命令，效果如图 6.33 所示。

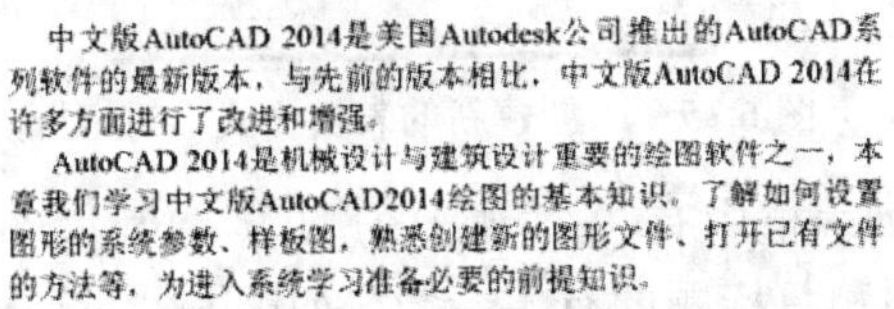

中文版AutoCAD 2014是美国Autodesk公司推出的AutoCAD系列软件的最新版本，与先前的版本相比，中文版AutoCAD 2014在许多方面进行了改进和增强。

AutoCAD 2014是机械设计与建筑设计重要的绘图软件之一，本章我们学习中文版AutoCAD2014绘图的基本知识，了解如何设置图形的系统参数、样板图，熟悉创建新的图形文件、打开已有文件的方法等，为进入系统学习准备必要的前提知识。

图 6.32 打开素材文件

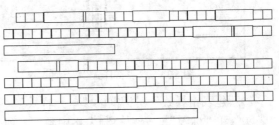

图 6.33 选择"开"选项时的文字效果

提示：QTEXT 命令不是一个绘制和编辑对象的命令，该命令只能控制文本的显示。通过该命令可以将显示模式设置为"开"状态，在图形重新生成时，AutoCAD 将不必对文本的笔划进行具体计算与绘图操作，因而可以节省系统资源，提高计算机的效率。

6.4 创建表格样式和表格

绘制表格采用绘制图线或结合偏移、复制等编辑命令来完成，这样的操作过程烦琐而复杂，不利于提高绘图效率，AutoCAD 2014 的"表格"绘图功能，使创建表格变得非常容易，用户可以直接插入设置好样式的表格，而不用绘制由单独图线组成的表格。

6.4.1 创建表格样式

表格样式用于控制表格的外观、文字的字体、颜色、大小、角度和方向等。用户可以使用系统默认的表格样式，也可以根据需要自定义表格样式。

可以通过以下方法创建表格样式。

● 命令行：TABLESTYLE。

● 菜单栏：选择"格式"|"表格样式"命令。

执行此命令后，系统弹出"表格样式"对话框，如图 6.34 所示。

在此对话框中单击"新建"按钮，弹出"创建新的表格样式"对话框，如图 6.35 所示。在"新样式名"文本框中输入新的表格样式名，或者在"基础样式"下拉列表框中选择一种基础样式，然后单击"继续"按钮，系统将弹出"新建表格样式"对话框，如图 6.36 所示。可以通过该对话框来指定表格的表格方向和单元样式，或者对表格进行参数设置。下面介绍对话框中各部分的功能。

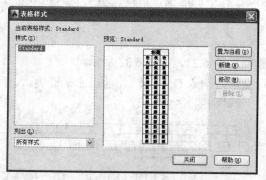

图 6.34　"表格样式"对话框

图 6.35　"创建新的表格样式"对话框

"新建表格样式"对话框的"单元样式"下拉列表框中有 3 个重要的选项："数据"、"表头"和"标题"，分别控制表格中数据、列标题和总标题的有关参数，如图 6.37 所示。在"新建表格样式"对话框中有 3 个重要的选项卡，分别介绍如下。

- "常规"选项卡：用于控制数据栏格与标题栏格的上下位置关系。
- "文字"选项卡：用于设置文字属性。选择此选项卡，在"文字样式"下拉列表框中可以选择已定义的文字样式并应用于数据文字，也可以单击右侧的███按钮重新定义文字样式。其中，"文字高度"、"文字颜色"和"文字角度"各选项设定的相应参数格式可供用户选择。
- "边框"选项卡：用于设置表格的边框属性下面的边框线按钮控制数据边框线的各种形式，如绘制所有数据边框线、只绘制数据边框外部边框线、只绘制数据边框内部边框线、无边框线、只绘制底部边框线等。选项卡中的"线宽"、"线型"和"颜色"下拉列表框则控制边框线的线宽、线型和颜色；选项卡中的"间距"文本框用于控制单元边界和内容之间的间距。

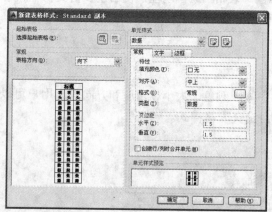

图 6.36　"新建表格样式"对话框

标题				
表头	表头	表头	表头	表头
数据	数据	数据	数据	数据
数据	数据	数据	数据	数据
数据	数据	数据	数据	数据
数据	数据	数据	数据	数据
数据	数据	数据	数据	数据
数据	数据	数据	数据	数据
数据	数据	数据	数据	数据

图 6.37　表格样式

"表格样式"对话框中的"修改"按钮可用于对当前表格样式进行修改，方式与新建表格样式相同。

6.4.2　实战——创建表格

在设置好表格样式后，用户可以利用 TABLE 命令创建表格。

用户可以通过以下方法打开"插入表格"对话框。

- 命令行：TABLE。
- 菜单栏：选择"绘图"|"表格"命令。
- 工具栏：单击"绘图"工具栏中的"表格"按钮▦。

创建表格的具体操作步骤如下：

（1）选择"格式"|"表格样式"命令，弹出"表格样式"对话框，单击"新建"按钮，弹出"创建新的表格样式"对话框，设置新样式名为"技术参数一"，基础样式为 Standard，如图 6.38 所示。

（2）单击"继续"按钮，弹出"新建表格样式"对话框，在"常规"选项组中将"表格方向"设置为"向下"，"单元样式"下拉列表框中选择"数据"，如图 6.39 所示，然后对"常规"、"文字"和"边框"3 个选项卡分别进行设置。

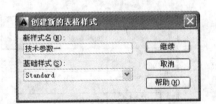

图 6.38　"创建新的表格样式"对话框

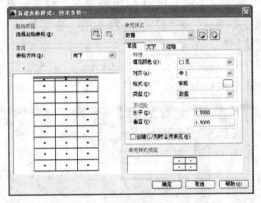

图 6.39　"新建表格样式"对话框

（3）将"常规"选项卡中的对齐方式设置为"中上"，格式设置为"文字"，类型设置为"数据"。在"文字"选项卡中单击文字样式后的按钮，弹出"文字样式"对话框，从"字体"下拉列表框中选择"楷体"；设置字体高度为 5，单击"应用"和"关闭"按钮返回"文字"选项卡。"边框"选项卡中的设置使用默认设置。

（4）在"新建表格样式"对话框的"单元样式"下拉列表框中选择"标题"，进行和数据同样的设置。

（5）单击"确定"按钮返回"表格样式"对话框，选择"样式"列表框中的"技术参数一"，单击"置为当前"按钮，将"技术参数一"设置为当前创建表格样式。然后单击"关闭"按钮，返回到绘图窗口。

（6）单击"绘图"工具栏中的"表格"按钮▦，弹出"插入表格"对话框，在"表格样式"下拉列表框中选择"技术参数一"；在"插入选项"选项组中选中"从空表格开始"单选按钮；"插入方式"设置为"指定插入点"；"列和行设置"中设置"列数"为 3，"列宽"为 40，"数据行数"为 4，"行高"为 2；在"设置单元样式"选项组中设置"第一行单元格式"为"标题","第二行单元样式"和"所有其他行单元样式"都为"数据",如图 6.40 所示。

（7）单击对话框中的"确定"按钮，返回绘图窗口，在需要插入的位置插入表格，如图 6.41 所示。

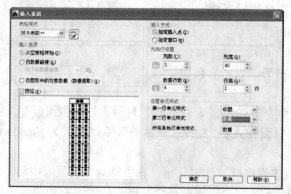

图 6.40　"插入表格"对话框

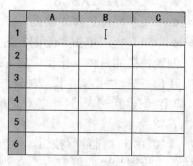

图 6.41　插入表格

（8）选中第 6 行 B 列的单元格，然后按住 Shift 键并单击第 6 行 C 列的单元格，释放 Shift 键，单击"表格"工具栏中的"合并单元"按钮，将第 6 行的 B 列和 C 列合并为一个单元格，如图 6.42 所示。

（9）双击要添加文字的单元格，单元格将显示编辑状态，依次输入要添加的文字，创建的表格最终效果如图 6.43 所示。

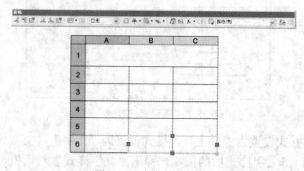

图 6.42　合并单元格

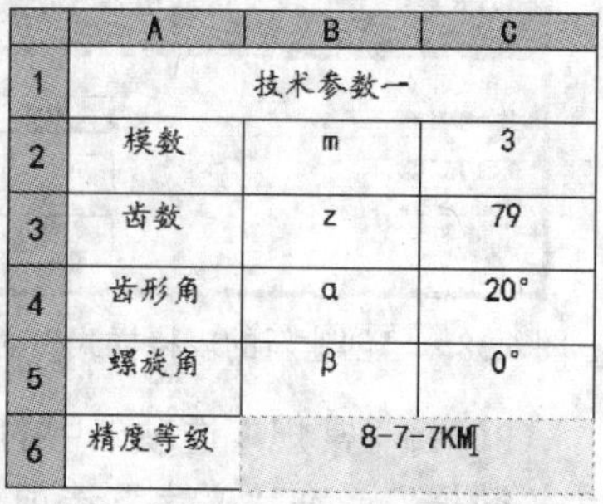

图 6.43　添加文字

💡 提示：在"插入方式"选项组中选中"指定窗口"单选按钮后，列与行设置的两个参数中只要指定一个，另外一个就会由指定窗口的大小自动等分来确定。

6.4.3　编辑表格和单元格

在 AutoCAD 系统中，用户可以对绘制好的表格进行编辑，可以通过表格"特性"选项板或快捷特性面板来编辑表格的特性，如图 6.44 和图 6.45 所示。

如果选定表格的一个单元格，将弹出"表格"工具栏，如图 6.46 所示。表格将显示成编辑模式，同时将所选中的单元格醒目地显示，利用此工具栏可以执行各种编辑操作，如插入行、插入列、合并单元格、修改单元格的样式、锁定和插入公式等。

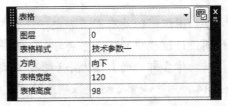

图 6.44 表格"特性"选项板   图 6.45 表格快捷特性面板

图 6.46 "表格"工具栏

除此之外，用户也可以利用夹点功能来编辑表格，夹点功能只能修改表格的列宽和行高，当选中一个单元格时，系统会在该单元格的 4 条边上各显示一个夹点，通过拖曳夹点，就能改变表格对应的列宽和行高。

 技巧：如果有多个文本格式一样，可以采用复制后修改文字内容的方法进行表格文字的填充，这样只需双击就可以直接修改表格文字的内容，而不用重新设置每个文本格式。

技术点拨：自动插入数据

可以使用"自动填充"夹点，在表格内的相邻单元中自动增加数据。例如，通过输入第一个必要日期并拖动"自动填充"夹点，包含日期列的表格将自动输入日期，如图 6.47 所示。

如果选定并拖动一个单元，则将以 1 为增量自动填充数字。同样，如果仅选择一个单元，则日期将以一天为增量进行解析。如果用以一周为增量的日期手动填充两个单元，则剩余的单元也会以一周为增量增加。

图 6.47 自动插入数据

第 7 章　标注图形尺寸

内容摘要

一张完整的图纸不但要有图形和文字说明，还需要用尺寸标注来说明尺寸的大小。尺寸标注是绘图设计过程中的一个重要环节。在一张图纸中，图形的作用主要是用来表达物体的形状，而物体各部分的真实大小和各部分之间的确切位置只能通过尺寸标注来表达。AutoCAD 2014 为用户提供了方便准确地标注尺寸的功能。

学习目标

- 📖　了解标注规则与尺寸组成。
- 📖　熟练掌握设置尺寸样式的操作方法。
- 📖　掌握尺寸标注的编辑。

7.1　尺寸标注简介

尺寸标注是图形的测量注释，可以测量和显示对象的长度、角度等测量值。AutoCAD 提供了多种标注样式和多种设置标注格式的方法，可以满足建筑、机械、电子等大多数应用领域的要求。

7.1.1　尺寸标注的规则

在 AutoCAD 2014 中，对绘制的图形进行尺寸标注时应遵循以下规则：
- 机件的真实大小应以图样上所注的尺寸数值为依据，与图形的大小及绘图的准确度无关。
- 图样中（包括技术要求和其他说明）的尺寸，以 mm 为单位时，不需标注计量单位的代号或名称，如采用其他单位，则必须注明相应的计量单位的代号或名称。
- 图样中所标注的尺寸，为该图样所示机件的最后完工尺寸，否则应另加说明。
- 机件的每一尺寸，一般只标注一次，并应标注在反映该结构最清晰的图形上。

7.1.2　尺寸标注的组成

在 AutoCAD 中，一个完整的尺寸标注由标注文字、尺寸线、箭头和尺寸界线 4 部分组成，如图 7.1 所示。

1. 标注文字

标注文字是标注尺寸大小的文字，该尺寸文字可以由系统自动计算得出，也可以由用户指定。标注文字可以放置在尺寸线上，也可以放置在尺寸线之间。如果尺寸界线之间没有足够的空间放置标注文字，系统将会自动放置在尺寸界线之外。

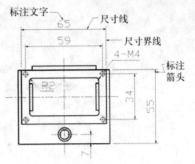

图 7.1 尺寸元素组成

2. 尺寸线

尺寸线用于表明标注的范围，一般是一条带有双箭头的线段，对于角度标注，尺寸线为带有双箭头的弧线。

3. 箭头

箭头位于尺寸线的两端，用于指出尺寸的起始和终止位置，这里的箭头是一个广义的概念，可以根据需要用短划线、点或其他标记代替尺寸箭头。用户也可以创建自定义符号。

4. 尺寸界线

为使尺寸标注清晰，通常用尺寸界线将标注的尺寸引出被标注的对象之外，但是有时也用图形的轮廓线、对称线或中心线代替尺寸界线。

 技术点拨：尺寸标注的类型

在 AutoCAD 2014 中，基本的标注类型包括线性标注、径向标注、角度标注、坐标标注和弧长标注等。其中线性标注包括水平线性标注、垂直线性标注、对齐线性标注、旋转线性标注、基线和连续标注等，径向标注包括半径标注、直径标注和折弯标注。如图 7.2 所示为几种基本标注类型。

尺寸标注可以根据几何对象和为其提供距离和角度的标注之间的关系分为关联的、无关联的和分解的 3 种关联性。关联标注根据所测量的几何对象的变化而进行调整。

- 关联标注：当与其关联的几何对象被修改时，关联标注将自动调整其位置、方向和测量值。布局中的标注可以与模型空间中的对象相关联。DIMASSOC 系统变量设置为 2。
- 非关联标注：与其测量的几何图形一起选定和修改。无关联标注在其测量的几何对象被修改时不发生改变。标注变量 DIMASSOC 设置为 1。
- 已分解的标注：包含单个对象而不是单个标注对象的集合。系统变量 DIMASSOC 设置为 0。

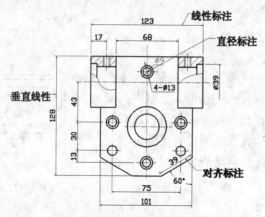

图 7.2   基本标注类型

7.2   创建和设置标注样式

在进行尺寸标注前，先要创建尺寸标注的样式。如果用户不创建尺寸样式而直接进行标注，系统使用默认名称为 Standard 的样式。如果用户认为使用的标注样式某些设置不合适，也可以修改标注样式。

7.2.1   实战——创建标注样式

用户可以通过以下方法创建标注样式。

● 命令行：DIMSTYLE。
● 菜单栏：选择"格式"|"标注样式"命令或"标注"|"标注样式"命令。
● 工具栏：单击"标注"工具栏中的"标注样式"按钮 。

创建标注样式的操作步骤如下：

（1）选择"格式"|"标注样式"命令，弹出"标注样式管理器"对话框，如图 7.3 所示。

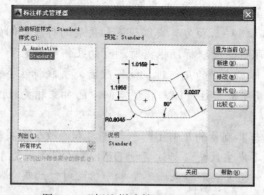

图 7.3   "标注样式管理器"对话框

（2）单击"新建"按钮，系统弹出"创建新标注样式"对话框，在"新样式名"文本框中输入新的标注样式名称，选择标注的基础样式，如图 7.4 所示。

（3）单击"继续"按钮，系统弹出"新建标注样式"对话框，其中有"线"、"符号和箭头"、"文字"、"调整"、"主单位"、"换算单位"和"公差"7 个选项卡，如图 7.5 所示。用户在各个选项卡中设置完需要修改的标注元素，单击"确定"按钮，返回到"标注样式管理器"对话框，将新建的标注样式置为当前样式，单击"关闭"按钮返回绘图窗口，即完成创建标注样式的操作步骤。

"新建标注样式"对话框中各选项含义如下。

1. "线"选项卡

在"新建标注样式"对话框中，"线"选项卡如图 7.5 所示。该选项卡用于设置尺寸线、尺寸延伸线的形式和特性。现对选项卡中的各选项分别说明如下。

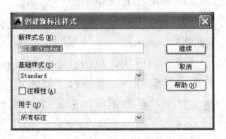

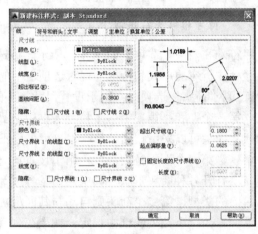

图 7.4　"创建新标注样式"对话框　　　图 7.5　"新建标注样式"对话框

（1）"尺寸线"选项组：用于设置尺寸线的特性，其中各选项的含义如下。

● "颜色"下拉列表框：用于设置尺寸线的颜色。可直接输入颜色名字，也可以从下拉列表框中选择，如果选择"选择颜色"选项，将弹出"选择颜色"对话框供用户选择其他颜色。

● "线型"下拉列表框：用于设置尺寸线的线型。

● "线宽"下拉列表框：用于设置尺寸线的线宽，下拉列表框中列出了各种线宽的名称和宽度。

● "超出标记"数值框：当尺寸箭头设置为短斜线、短波浪线等，或尺寸线上无箭头时，可利用此数值框设置尺寸线超出尺寸延伸线的距离。

● "基线间距"数值框：设置以基线方式标注尺寸时，相邻两尺寸线之间的距离。

● "隐藏"复选框组：确定是否隐藏尺寸线及相应的箭头。选中"尺寸线 1"复选框，表示隐藏第一段尺寸线；选中"尺寸线 2"复选框，表示隐藏第二段尺寸线。

（2）"尺寸界线"选项组：用于确定尺寸界线的形式，其中各选项的含义如下。

● "颜色"下拉列表框：用于设置尺寸界线的颜色。

● "尺寸界线 1 的线型"下拉列表框：用于设置第一条尺寸界线的线型（DIMLTEX1

系统变量）。

- "尺寸界线2的线型"下拉列表框：用于设置第二条尺寸界线的线型（DIMLTEX2系统变量）。
- "线宽"下拉列表框：用于设置尺寸界线的线宽。
- "超出尺寸线"数值框：用于确定尺寸界线超出尺寸线的距离。
- "起点偏移量"数值框：用于确定尺寸界线的实际起始点相对于指定尺寸界线起始点的偏移量。
- "隐藏"复选框组：确定是否隐藏尺寸线。选中"尺寸界线 1"复选框，表示隐藏第一段尺寸界线；选中"尺寸界线2"复选框，表示隐藏第二段尺寸界线。
- "固定长度的尺寸界线"复选框：选中该复选框，系统以固定长度的尺寸界线标注尺寸，可以在其下面的"长度"数值框中输入长度值。

2. "符号和箭头"选项卡

"符号和箭头"选项卡如图 7.6 所示。该选项卡用于设置箭头、圆心标记、弧长符号和半径标注折弯的形式和特征，现对选项卡中的各选项分别说明如下。

（1）"箭头"选项组：用于设置尺寸箭头的形式。AutoCAD 提供了多种箭头形状，列在"第一个"和"第二个"下拉列表框中。另外，还允许采用用户自定义的箭头形状。两个尺寸箭头可以采用相同的形状，也可采用不同的形状。

- "第一个"下拉列表框：用于设置第一个尺寸箭头的形状。单击此下拉列表框，打开各种箭头形状，其中列出了各类箭头的形状及名称。一旦选择了第一个箭头的类型，第二个箭头则自动与其匹配，要想第二个箭头取不同的形状，可在"第二个"下拉列表框中设定。如果在列表框中选择了"用户箭头"选项，则弹出如图 7.7 所示的"选择自定义箭头块"对话框，可以事先把自定义的箭头存成一个图块，在此对话框中输入该图块名即可。

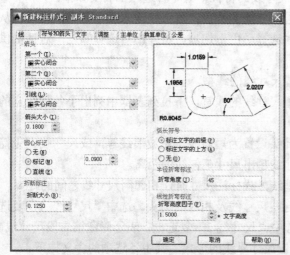

图7.6 "符号和箭头"选项卡

图7.7 "选择自定义箭头块"对话框

- "第二个"下拉列表框：用于设置第二个尺寸箭头的形式，可与第一个箭头形式不同。
- "引线"下拉列表框：确定引线箭头的形式，与"第一个"设置类似。
- "箭头大小"数值框：用于设置尺寸箭头的大小。

（2）"圆心标记"选项组：用于设置半径标注、直径标注和中心标注中的中心标记和中心线形式，其中各选项含义如下。

- "无"单选按钮：选中该单选按钮，既不产生中心标记，也不产生中心线。
- "标记"单选按钮：选中该单选按钮，中心标记为一个点记号。
- "直线"单选按钮：选中该单选按钮，中心标记采用中心线的形式。
- "大小"数值框：用于设置中心标记和中心线的大小和粗细。

（3）"折断标注"选项组：用于控制折断标注的间距宽度。

（4）"弧长符号"选项组：用于控制弧长标注中间弧符号的显示，对其中的 3 个单选按钮含义介绍如下。

- "标注文字的前缀"单选按钮：选中该单选按钮，将弧长符号放在标注文字的左侧，如图 7.8（a）所示。
- "标注文字的上方"单选按钮：选中该单选按钮，将弧长符号放在标注文字的上方，如图 7.8（b）所示。
- "无"单选按钮：选中该单选按钮，不显示弧长符号，如图 7.8（c）所示。

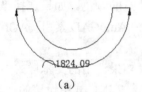 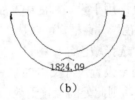 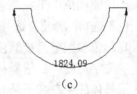

图 7.8　弧长符号

（5）"半径折弯标注"选项组：用于控制折弯（Z 字形）半径标注的显示。折弯半径标注通常在中心点位于页面外部时创建。在"折弯角度"文本框中可以输入连接半径标注的尺寸延伸线和尺寸线的横向直线角度。

（6）"线性折弯标注"选项组：用于控制折弯线性标注的显示。当标注不能精确表示实际尺寸时，常将折弯线添加到线性标注中，如图 7.9 所示。通常，实际尺寸比所需值小。折弯由两条平行线和一条与平行线成 40°角的交叉线组成。折弯的高度由标注样式的线性折弯大小值决定。将折弯添加到线性标注后，可以使用夹点定位折弯。要重新定位折弯，请选择标注然后选择夹点。沿着尺寸线将夹点移至另一点。用户也可以在"直线和箭头"下的"特性"选项板上调整线性标注上折弯符号的高度。

3. "文字"选项卡

"文字"选项卡如图 7.10 所示。该选项卡用于设置尺寸文本文字的形式、布置和对齐方式等，现对选项卡中的各选项分别说明如下。

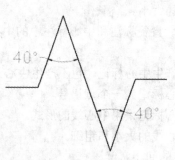

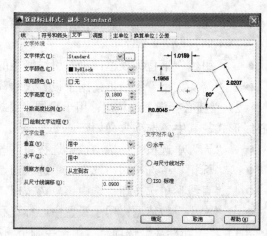

图 7.9　折弯角度　　　　　　　　　　图 7.10　"文字"选项卡

（1）"文字外观"选项组。

- "文字样式"下拉列表框：用于选择当前尺寸文本采用的文字样式。单击此下拉列表框，可以从中选择一种文字样式，也可单击右侧的⋯按钮，弹出"文字样式"对话框以创建新的文字样式或对文字样式进行修改。

- "文字颜色"下拉列表框：用于设置尺寸文本的颜色，其操作方法与设置尺寸线颜色的方法相同。

- "填充颜色"下拉列表框：用于设置标注中文字背景的颜色。如果选择"选择颜色"选项，弹出"选择颜色"对话框，可以从 255 种 AutoCAD 索引（ACI）颜色、真彩色和配色系统颜色中选择颜色。

- "文字高度"数值框：用于设置尺寸文本的字高。如果选用的文本样式中已设置了具体的字高（不是 0），则此处的设置无效；如果文本样式中设置的字高为 0，才以此处设置为准。

- "分数高度比例"数值框：用于确定尺寸文本的比例系数。

- "绘制文字边框"复选框：选中此复选框，AutoCAD 在尺寸文本的周围加上边框。

（2）"文字位置"选项组。

- "垂直"下拉列表框：用于确定尺寸文本相对于尺寸线在垂直方向的对齐方式。单击此下拉列表框，可选择的对齐方式有"居中"、"上"、"外部"、"下"和 JIS 这 5 种。

- "水平"下拉列表框：用于确定尺寸文本相对于尺寸线和尺寸界线在水平方向的对齐方式。单击此下拉列表框，可从中选择的对齐方式有 5 种："居中"、"第一条尺寸界线"、"第二条尺寸界线"、"第一条尺寸界线上方"和"第二条尺寸界线上方"。

- "观察方向"下拉列表框：用于控制标注文字的观察方向（可用 DIMTXTDIRECTION 系统变量设置），包括"从左到右"和"从右到左"选项。

- "从尺寸线偏移"数值框：当尺寸文本放在断开的尺寸线中间时，此数值框用来设置尺寸文本与尺寸线之间的距离。

（3）"文字对齐"选项组：用于控制尺寸文本的排列方向。

- "水平"单选按钮：选中该单选按钮，尺寸文本沿水平方向放置。不论标注什么方向的尺寸，尺寸文本总保持水平。
- "与尺寸线对齐"单选按钮：选中该单选按钮，尺寸文本沿尺寸线方向放置。
- "ISO 标准"单选按钮：选中该单选按钮，当尺寸文本在尺寸界线之间时，沿尺寸线方向放置，在尺寸界线之外时，沿水平方向放置。

4．"调整"选项卡

"调整"选项卡如图 7.11 所示。该选项卡根据两条尺寸界线之间的空间，设置将尺寸文本、尺寸箭头放置在两尺寸界线内还是外。如果空间允许，AutoCAD 总是把尺寸文本和箭头放置在尺寸界线的里面，如果空间不够，则根据本选项卡的各项设置放置。

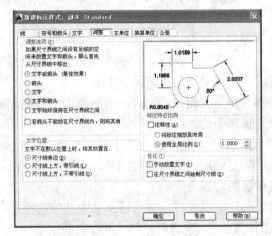

图 7.11　"调整"选项卡

现对选项卡中的各选项分别说明如下。

（1）"调整选项"选项组。

- "文字或箭头"单选按钮：选中此单选按钮，如果空间允许，把尺寸文本和箭头都放置在两尺寸界线之间；如果两尺寸界线之间只够放置尺寸文本，则把尺寸文本放置在尺寸界线之间，而把箭头放置在尺寸界线之外；如果只够放置箭头，则把箭头放在里面，把尺寸文本放在外面；如果两尺寸界线之间既放不下文本，也放不下箭头，则把二者均放在外面。
- "箭头"单选按钮：选中此单选按钮，如果空间允许，把尺寸文本和箭头都放置在两尺寸界线之间；如果空间只够放置箭头，则把箭头放在尺寸界线之间，把文本放在外面；如果尺寸界线之间的空间放不下箭头，则把箭头和文本均放在外面。
- "文字"单选按钮：选中此单选按钮，如果空间允许，把尺寸文本和箭头都放置在两尺寸界线之间；否则把文本放在尺寸界线之间，把箭头放在外面；如果尺寸界线之间放不下尺寸文本，则把文本和箭头都放在外面。
- "文字和箭头"单选按钮：选中此单选按钮，如果空间允许，把尺寸文本和箭头都放置在两尺寸界线之间；否则把文本和箭头都放在尺寸界线外面。

- "文字始终保持在尺寸界线之间"单选按钮：选中此单选按钮，AutoCAD总是把尺寸文本放在两条尺寸界线之间。
- "若箭头不能放在尺寸界线内，则将其消除"复选框：选中此复选框，尺寸界线之间的空间不够时省略尺寸箭头。

（2）"文字位置"选项组：用于设置尺寸文本的位置，其中3个单选按钮的含义如下。

- "尺寸线旁边"单选按钮：选中此单选按钮，把尺寸文本放在尺寸线的旁边。
- "尺寸线上方，带引线"单选按钮：选中此单选按钮，把尺寸文本放在尺寸线的上方，并用引线与尺寸线相连。
- "尺寸线上方，不带引线"单选按钮：选中此单选按钮，把尺寸文本放在尺寸线的上方，中间无引线。

（3）"标注特征比例"选项组：用于设置尺寸文本的位置，其中两个单选按钮的含义如下。

- "将标注缩放到布局"单选按钮：根据当前模型空间视口和图纸空间之间的比例确定比例因子。当在图纸空间而不是模型空间视口中工作时，或当TILEMODE被设置为1时，将使用默认的比例因子1.0。
- "使用全局比例"单选按钮：确定尺寸的整体比例系数。其后面的"比例值"数值框可以用来选择需要的比例。

（4）"优化"选项组：用于设置附加的尺寸文本布置选项，包含以下两个选项。

- "手动放置文字"复选框：选中此复选框，标注尺寸时由用户确定尺寸文本的放置位置，忽略前面的对齐设置。
- "在尺寸界线之间绘制尺寸线"复选框：选中此复选框，不论尺寸文本在尺寸界线里面还是外面，AutoCAD均在两尺寸界线之间绘出一尺寸线；否则当尺寸界线内放不下尺寸文本而将其放在外面时，尺寸界线之间无尺寸线。

5. "主单位"选项卡

"主单位"选项卡如图7.12所示。该选项卡用来设置尺寸标注的主单位和精度，以及为尺寸文本添加固定的前缀或后缀。本选项卡包含两个选项组，分别对长度型标注和角度型标注进行设置。

现对选项卡中的各选项分别说明如下。

（1）"线性标注"选项组：用来设置标注长度型尺寸时采用的单位和精度。

- "单位格式"下拉列表框：用于确定标注尺寸时使用的单位制（角度型尺寸除外）。在其下拉列表框中AutoCAD 2014提供了"科学"、"小数"、"工程"、"建筑"、"分数"和"Windouws桌面"6种单位制，可根据需要选择。
- "精度"下拉列表框：用于确定标注尺寸时的精度，也就是精确到小数点后几位。
- "分数格式"下拉列表框：用于设置分数的形式。AutoCAD 2014提供了"水平"、"对角"和"非堆叠"3种形式供用户选用。
- "小数分隔符"下拉列表框：用于确定十进制单位（Decimal）的分隔符。AutoCAD 2014提供了句点（.）、逗号（,）和空格3种形式。

- "舍入"数值框：用于设置除角度之外的尺寸测量圆整规则，在数值框中输入一个值，如果输入 1，则所有测量值均圆整为整数。
- "前缀"文本框：为尺寸标注设置固定前缀。可以输入文本，也可以利用控制符产生特殊字符，这些文本将被加在所有尺寸文本之前。
- "后缀"文本框：为尺寸标注设置固定后缀。

（2）"测量单位比例"选项组：用于确定 AutoCAD 自动测量尺寸时的比例因子。其中，"比例因子"数值框用来设置除角度之外所有尺寸测量的比例因子。例如，用户确定比例因子为 2，AutoCAD 则把实际测量为 1 的尺寸标注为 2。如果选中"仅应用到布局标注"复选框，则设置的比例因子只适用于布局标注。

（3）"消零"选项组：用于设置是否省略标注尺寸时的 0。

（4）"角度标注"选项组：用于设置标注角度时采用的角度单位。

- "单位格式"下拉列表框：用于设置角度单位制。AutoCAD 2014 提供了"十进制度数"、"度/分/秒"、"百分度"和"弧度" 4 种角度单位。
- "精度"下拉列表框：用于设置角度型尺寸标注的精度。

（5）"消零"选项组：用于设置是否省略标注角度时的 0。

6. "换算单位"选项卡

"换算单位"选项卡如图 7.13 所示，用于对替换单位的设置。

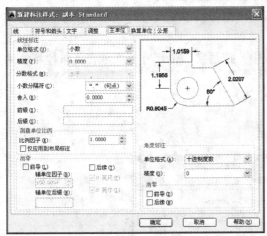

图 7.12　"主单位"选项卡

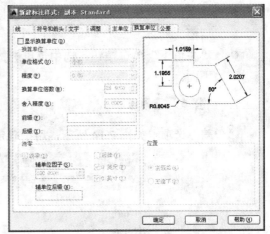

图 7.13　"换算单位"选项卡

现对选项卡中的各选项分别说明如下。

（1）"显示换算单位"复选框：选中此复选框，则替换单位的尺寸值也同时显示在尺寸文本上。

（2）"换算单位"选项组：用于设置替换单位，其中各选项的含义如下。

- "单位格式"下拉列表框：用于选择替换单位采用的单位制。
- "精度"下拉列表框：用于设置替换单位的精度。
- "换算单位倍数"数值框：用于指定主单位和替换单位的转换因子。

- "舍入精度"数值框：用于设定替换单位的圆整规划。
- "前缀"文本框：用于设置替换单位文本的固定前缀。
- "后缀"文本框：用于设置替换单位文本的固定后缀。

（3）"消零"选项组。

- "前导"复选框：选中此复选框，不输出所有十进制标注中的前导 0。例如，0.2000 标注为.2000。
- "辅单位因子"数值框：将辅单位的数量设置为一个单位，用于在距离小于一个单位时以辅单位为单位计算标注距离。例如，如果后缀为 m 而辅单位后缀为以 cm 显示，则输入 100。
- "辅单位后缀"文本框：用于设置标注值辅单位中包含的后缀。可以输入文字或使用控制代码显示特殊符号。例如，输入 cm 可将.90m 显示为 90cm。
- "后缀"复选框：选中此复选框，不输出所有十进制标注的后续 0。例如，15.3000 标注为 15.3，60.0000 标注为 60。
- "0 英尺"复选框：选中此复选框，如果长度小于一英尺，则消除"英尺-英寸"标注中的英尺部分。例如，0′-6 1/2″标注为 6 1/2″。
- "0 英寸"复选框：选中此复选框，如果长度为整英尺数，则消除"英尺-英寸"标注中的英寸部分。例如，1′-0″标注为 1′。

（4）"位置"选项组：用于设置替换单位尺寸标注的位置。

- "主值后"单选按钮：选中该单选按钮，把替换单位尺寸标注放在主单位标注的后面。
- "主值下"单选按钮：选中该单选按钮，把替换单位尺寸标注放在主单位标注的下面。

7. "公差"选项卡

"公差"选项卡如图 7.14 所示，用于确定标注公差的方式。

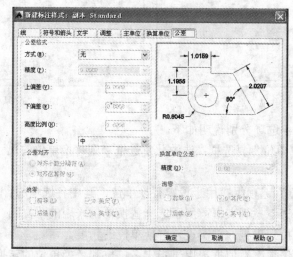

图 7.14 "公差"选项卡

现对选项卡中的各选项分别说明如下。

（1）"公差格式"选项组：用于设置公差的标注方式。

- "方式"下拉列表框：用于设置公差标注的方式。AutoCAD 提供了 5 种标注公差的方式，分别是"无"、"对称"、"极限偏差"、"极限尺寸"和"基本尺寸"，其中"无"表示不标注公差。
- "精度"下拉列表框：用于确定公差标注的精度。
- "上偏差"数值框：用于设置尺寸的上偏差。
- "下偏差"数值框：用于设置尺寸的下偏差。
- "高度比例"数值框：用于设置公差文本的高度比例，即公差文本的高度与一般尺寸文本的高度之比。
- "垂直位置"下拉列表框：用于控制"对称"和"极限偏差"形式公差标注的文本对齐方式。

（2）"公差对齐"选项组：用于在堆叠时，控制上偏差值和下偏差值的对齐。

- "对齐小数分隔符"单选按钮：选中该单选按钮，通过值的小数分隔符堆叠值。
- "对齐运算符"单选按钮：选中该单选按钮，通过值的运算符堆叠值。

（3）"消零"选项组：用于控制是否禁止输出前导 0 和后续 0 以及 0 英尺和 0 英寸部分（可用 DIMTZIN 系统变量设置）。消零设置也会影响由 AutoLISP®rtos 和 angtos 函数执行的实数到字符串的转换。

- "前导"复选框：选中此复选框，不输出所有十进制公差标注中的前导 0。
- "后续"复选框：选中此复选框，不输出所有十进制公差标注的后续 0。
- "0 英尺"复选框：选中此复选框，如果长度小于一英尺，则消除"英尺-英寸"标注中的英尺部分。
- "0 英寸"复选框：选中此复选框，如果长度为整英尺数，则消除"英尺-英寸"标注中的英寸部分。

（4）"换算单位公差"选项组：用于对形位公差标注的替换单位进行设置，各项的设置方法与上面相同。

💡 提示：在添加上、下偏差时，系统将自动在上偏差数值前加上"+"号，在下偏差前加上"-"号。如果上偏差是负值或下偏差是正值，则需要在输入的偏差值前加负号。如下偏差是+0.003，则需要输入下偏差值为−0.003。

7.2.2　设置尺寸标注样式

在"标注样式管理器"对话框中单击"比较"按钮，打开"比较标注样式"对话框，在此可方便直观地定制和浏览尺寸标注样式，包括创建新的标注样式、修改已存在的标注样式、设置当前尺寸标注样式、样式重命名以及删除已有标注样式等，如图 7.15 所示。

图 7.15　"比较标注样式"对话框

"标注样式管理器"对话框各选项含义如下。

- "置为当前"按钮：单击此按钮，把在"样式"列表框中选择的样式设置为当前标注样式。

- "新建"按钮：创建新的尺寸标注样式。单击此按钮，弹出"创建新标注样式"对话框，如图 7.4 所示，利用此对话框可创建一个新的尺寸标注样式。

- "修改"按钮：修改一个已存在的尺寸标注样式。单击此按钮，系统打开"修改标注样式"对话框，该对话框中的各选项与"新建标注样式"对话框中完全相同，可以对已有标注样式进行修改。

- "替代"按钮：设置临时覆盖尺寸标注样式。单击此按钮，系统打开"替代当前样式"对话框，该对话框中各选项与"新建标注样式"对话框中完全相同，用户可改变选项的设置，以覆盖原来的设置，但这种修改只对指定的尺寸标注起作用，而不影响当前其他尺寸变量的设置。

- "比较"按钮：比较两个尺寸标注样式在参数上的区别，或浏览一个尺寸标注样式的参数设置。单击此按钮，弹出"比较标注样式"对话框，把比较结果复制并粘贴到其他的 Windows 应用软件上。

7.3　长度型尺寸标注

正确地标注尺寸是绘图过程中非常重要的一个环节，用户可以通过命令来实现，也可以通过菜单或工具图标来实现。

7.3.1　实战——线性标注

线性标注是用于标注当前用户坐标系 XY 平面中的两个点之间的距离。在标注时可以通过指定点或者选择一个对象的方式进行标注。

用户可以通过以下方法执行线性标注。

- 命令行：DIMLINEAR。

● 菜单栏：选择“标注”|“线型”命令。
● 工具栏：单击“标注”工具栏中的“线性”按钮⊟。

创建线性标注的操作步骤如下：

（1）打开素材文件 7.16。选择“标注”|“线型”命令，单击如图 7.16 所示的端点 A。

（2）拖曳鼠标，单击图像端点 B，向下拖曳鼠标，即看到线性标注，如图 7.17 所示，单击确认操作即完成线性标注。

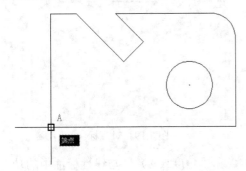

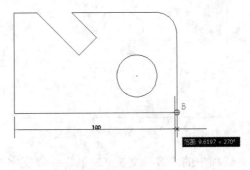

图 7.16　指定第一个延伸线原点　　　　　图 7.17　线性标注

命令行中各个选项的含义如下。

● 多行文字（M）：使用在位文字编辑器来编辑尺寸文字，用来代替系统自动测量到的标注长度。
● 文字（T）：在命令行中输入或编辑尺寸文字，用来代替系统自动测量到的标注长度。
● 角度（A）：确定尺寸文字的倾斜角度。
● 水平（H）：水平标注尺寸，无论标注什么方向的线段，尺寸线均是水平放置。
● 垂直（V）：垂直标注尺寸，无论被标注线段沿什么方向，尺寸线均是保持垂直放置。
● 旋转（R）：输入尺寸线旋转的角度值，旋转标注尺寸。

💡 提示：当选择“旋转”选项时，指定的选择角度不同，系统测出标注长度也不同。这是由于系统测量的是对象在某个角度的投影距离，该方法适合测量某段倾斜角度已知的直线段或倾斜槽的宽度。

7.3.2　实战——对齐标注

对齐标注即创建一个与标注点对齐的线性标注，使尺寸线的方向与所选定的线段或给定的两点间连线方向一致。

用户可以通过以下方法执行对齐标注命令。

● 命令行：DIMALIGNED。
● 菜单栏：选择“标注”|“对齐”命令。
● 工具栏：单击“标注”工具栏中的“对齐”按钮⟋。

创建对齐标注的操作步骤如下：

（1）打开素材文件 7.16。选择"标注"|"对齐"命令，单击如图 7.18 所示的端点 A。

（2）拖曳鼠标，单击图像端点 B，向上拖曳鼠标，即看到对齐标注，如图 7.19 所示，用户最后单击确认操作，即完成对齐标注。

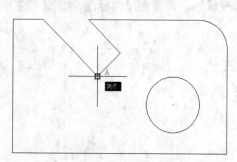

图 7.18 指定第一个延伸线原点

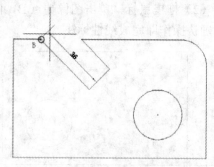

图 7.19 对齐标注

选项中的"多行文字（M）"、"文字（T）"和"角度（A）"与线性标注中的功能相同，不再进行介绍。

7.3.3 实战——弧长标注

弧长标注用于测量圆弧或多段线弧线段上的距离。

用户可以通过以下方法执行弧长标注命令。

● 命令行：DIMARC。

● 菜单栏：选择"标注"|"弧长"命令。

● 工具栏：单击"标注"工具栏中的"弧长"按钮 ⌒。

创建弧长标注的操作步骤如下：

打开素材文件 7.16。选择"标注"|"弧长"命令，单击如图 7.20 所示的弧线 a，向上拖曳鼠标，即看到弧长标注，如图 7.20 所示，最后单击确认操作，即完成弧长标注。

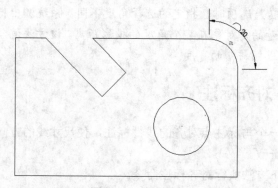

图 7.20 弧长标注

命令行提示中各个选项的含义如下。

● 多行文字（M）、文字（T）、角度（A）：用法与线性标注相同。

- 部分（P）：用来标注圆弧的某一部分弧长。
- 引线（L）：为标注添加引线对象，当圆弧或弧线段大于 90°时才会显示此选项。引线是按径向绘制的，指向所标注圆弧的圆心，如图 7.21 所示。

弧长标注的尺寸界线可以正交或径向。仅当圆弧的包含角度小于 90°时才显示正交尺寸界线，如图 7.22 所示。

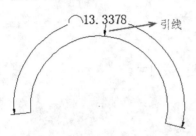

图 7.21　引线标注示例

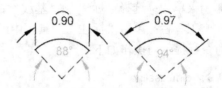

图 7.22　弧长标注的尺寸界线

7.3.4　实战——连续标注

连续标注又叫尺寸链标注，用于产生一系列连续的尺寸标注，后一个尺寸标注均把前一个标注的第二条尺寸界线作为它的第一条尺寸界线，使用于长度型尺寸、角度型和坐标标注。在使用连续标注方式之前，应该先标注出一个相关的尺寸。

用户可以通过以下方法执行连续标注命令。

- 命令行：DIMCONTINUE。
- 菜单栏：选择“标注”|“连续”命令。
- 工具栏：单击“标注”工具栏中的“连续”按钮。

创建连续标注的操作步骤如下：

（1）打开素材文件 7.16。选择“标注”|“线性”命令，作线性标注，如图 7.23 所示。

（2）选择“标注”|“连续”命令，即可以看到关联线性标注的连续标注，依次单击端点 A、B、C，确认标注的延伸线基点，如图 7.24 所示，即完成连续标注的操作。

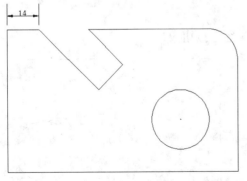

图 7.23　线性标注

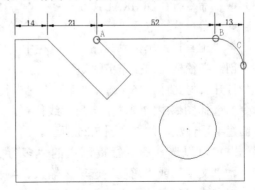

图 7.24　连续标注

在创建连续标注之前，也必须创建线性、对齐或角度坐标，执行连续标注命令时，将以最近创建的标注为增量方式创建连续标注命令。

7.3.5 基线标注

基线标注用于产生一系列基于同一尺寸延伸线的尺寸标注，使用于长度尺寸、角度和坐标标注。在使用基线标注方式之前，应该先标注出一个相关的尺寸作为基线标准。

用户可以通过以下方法执行基线标注命令。

- 命令行：DIMBASELINE。
- 菜单栏：选择"标注"|"基线"命令。
- 工具栏：单击"标注"工具栏中的"基线"按钮。

命令行提示与操作如下：

命令：_dimbaseline
指定第二条延伸线原点或 [放弃(U)/选择(S)] <选择>:

各选项说明如下。

（1）指定第二条延伸线原点：直接确定另一个尺寸的第二条尺寸界线的起点，AutoCAD以上次标注的尺寸为基准标准，标注出相应尺寸。

（2）选择（S）：在上述提示下直接按 Enter 键，命令行提示如下：

选择基准标注： //选择作为基准的尺寸标注

7.4 半径、直径和圆心标注

7.4.1 实战——半径标注

半径标注用于标注圆或圆弧的半径。

用户可以通过以下方法执行半径标注命令。

- 命令行：DIMRADIUS。
- 菜单栏：选择"标注"|"半径"命令。
- 工具栏：单击"标注"工具栏中的"半径"按钮。

创建半径标注的操作步骤如下：

打开素材文件 7.16。选择"标注"|"半径"命令，选择图像中的圆，指定尺寸线位置，即可创建半径标注，效果如图 7.25 所示。

用户可以选择命令行提示中的"多行文字"、"文字"或"角度"选项来输入、编辑尺寸文本或确定尺寸文本的倾斜角度，也可以直接确定尺寸线的位置，标注出指定圆或圆弧的半径。

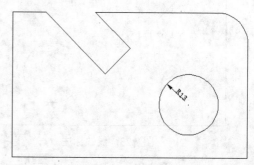

图 7.25 半径标注

7.4.2　实战——直径标注

直径标注用于标注圆或圆弧的直径。

用户可以通过以下方法执行直径标注命令。

- 命令行：DIMDIAMETER。
- 菜单栏：选择"标注"|"直径"命令。
- 工具栏：单击"标注"工具栏中的"直径"按钮◯。

创建半径标注的操作步骤如下：

打开素材文件 7.16。选择"标注"|"直径"命令，选择图像中的圆，指定尺寸线位置，即可创建直径标注，效果如图 7.26 所示。

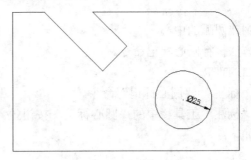

图 7.26　直径标注

命令行提示中各选项说明如下。

- 尺寸线位置：确定尺寸线的角度和标注文字的位置。如果未将标注放置在圆弧上而导致标注指向圆弧外，则 AutoCAD 会自动绘制圆弧延伸线。
- 多行文字（M）：显示在位文字编辑器，可用来编辑标注文字。要添加前缀或后缀，可在生成的测量值前后输入前缀或后缀。用控制代码和 Unicode 字符串来输入特殊字符或符号。
- 文字（T）：自定义标注文字，生成的标注测量值显示在尖括号（<>）中。
- 角度（A）：修改标注文字的角度。

7.4.3　折弯标注

用户可以通过以下方法执行折弯标注命令。折弯标注如图 7.27 所示。

- 命令行：DIMJOGGED。
- 菜单栏：选择"标注"|"折弯"命令。
- 工具栏：单击"标注"工具栏中的"折弯"按钮◯。

命令行提示与操作如下：

```
命令: _dimjogged
选择圆弧或圆: //选择圆弧或圆
指定图示中心位置: //指定一点
```

```
标注文字 = 13
指定尺寸线位置或 [多行文字(M)/文字(T)/角度(A)]: //指定一点或选择某一选项
指定折弯位置: //指定折弯位置
```

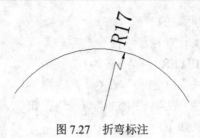

图 7.27　折弯标注

7.4.4　圆心标记

圆心标记用于标记圆或圆弧的中心。

用户可以通过以下方法执行圆心标记命令。

- 命令行：DIMCENTER。
- 菜单栏：选择"标注"|"圆心标记"命令。
- 工具栏：单击"标注"工具栏中的"圆心标记"按钮⊙。

命令行提示与操作如下：

```
命令: _dimcenter
选择圆弧或圆: //选择要标注中心或中心线的圆或圆弧
```

选择一个圆或圆弧后，系统就会根据尺寸标注变量 DIMCEN 的设置来绘制圆心标记。圆心标记有 3 种形式，分别为"无"、"标记"和"直线"，可以通过"标注样式管理器"对话框中的"符号和箭头"选项卡来设置。如图 7.28 所示分别为选择"直线"形式的圆心标记和选择"标记"形式的圆心标记。

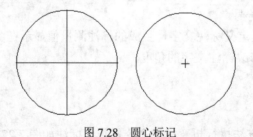

图 7.28　圆心标记

7.5　角度标注和其他类型标注

7.5.1　实战——角度标注

角度标注用来标注圆和圆弧的角度、两条直线间的角度或三点间的角度。

用户可以通过以下方法执行角度标注命令。

● 命令行：DIMANGULAR。

● 菜单栏：选择"标注"|"角度"命令。

● 工具栏：单击"标注"工具栏中的"角度"按钮△。

创建角度标注的操作步骤如下：

打开素材文件 7.16。选择"标注"|"角度"命令，依次选择图像中的线段 A、线段 B，然后向上拖曳鼠标确认操作，如图 7.29 所示，即完成角度标注。

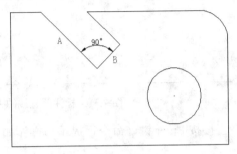

图 7.29　角度标注

执行命令后，命令行提示如下：

命令: DIMANGULAR
选择圆弧、圆、直线或 <指定顶点>:

下面介绍当选择不同对象时的操作方法。

（1）选择圆弧：当选择一段圆弧时，用来标注圆弧的中心角大小。命令行提示与操作如下：

指定标注弧线位置或 [多行文字(M)/文字(T)/角度(A)/象限点(Q)]:

在此提示下确定尺寸线的位置，AutoCAD 系统按自动测量得到的值标注出相应的角度，在此之前用户可以选择"多行文字"、"文字"、"角度"或"象限点"选项，通过多行文本编辑器或命令行来输入或定制尺寸文本，以及指定尺寸文本的倾斜角度。

（2）选择圆：标注圆上某段圆弧的中心角。命令行提示与操作如下：

指定角的第二个端点:
指定标注弧线位置或 [多行文字(M)/文字(T)/角度(A)/象限点(Q)]:

在此提示下确定尺寸线的位置，AutoCAD 系统标注出一个角度值，该角度以圆心为顶点，两条尺寸界线通过所选取的两点，第二点可以不必在圆周上，用户还可以选择"多行文字"、"文字"、"角度"或"象限点"选项，编辑其尺寸文本或指定尺寸文本的倾斜角度，如图 7.30 所示。

（3）选择直线：标注两条直线间的夹角。命令行提示与操作如下：

选择第二条直线:
指定标注弧线位置或 [多行文字(M)/文字(T)/角度(A)/象限点(Q)]:

　　在此提示下确定尺寸线的位置，系统自动标出两条直线之间的夹角。该角以两条直线的交点为顶点，以两条直线为尺寸界线，所标注角度取决于尺寸线的位置，如图 7.31 所示。用户还可以选择"多行文字"、"文字"、"角度"或"象限点"选项，编辑其尺寸文本或指定尺寸文本的倾斜角度。

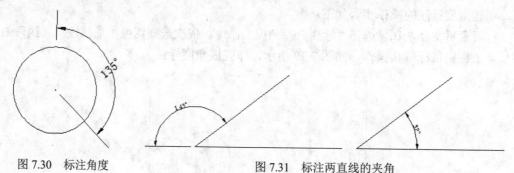

图 7.30　标注角度　　　　　　　　　　图 7.31　标注两直线的夹角

　　（4）选择指定顶点：直接按 Enter 键，命令行提示与操作如下：

> 指定角的顶点：
> 指定角的第一个端点：
> 指定角的第二个端点：
> 创建了无关联的标注。
> 指定标注弧线位置或 [多行文字(M)/文字(T)/角度(A)/象限点(Q)]:

　　在此提示下给定尺寸线的位置，AutoCAD 根据指定的三点标注出角度。另外，用户还可以选择"多行文字"、"文字"、"角度"或"象限点"选项，编辑其尺寸文本或指定尺寸文本的倾斜角度。

　　💡提示：角度标注可以测量指定的象限点，该象限点是在直线或圆弧的端点、圆心或两个顶点之间对角度进行标注时形成的。创建角度标注时，可以测量 4 个可能的角度。通过指定象限点，使用户可以确保标注正确的角度。指定象限点后，放置角度标注时，用户可以将标注文字放置在标注的尺寸界线之外，尺寸线将自动延长。

7.5.2　其他类型标注

1. 多重引线标注

　　引线是连续注释和图形对象的线，文字是普通的注释。可以在引线上附着参照和特征控制框（特征控制框可以用来显示形位公差）。

　　用户可以通过选择"工具"|"工具栏"|AutoCAD|"多重引线"命令调出"多重引线"工具栏，如图 7.32 所示。

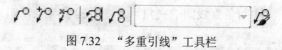

图 7.32　"多重引线"工具栏

　　可以通过单击工具栏中的"多重引线"按钮或在命令行中输入 MLEADER 命令来进行

多重引线标注。

　　执行"多重引线"命令后，命令行中的选项用于设置引线的一些属性，这些属性也可以在"修改多重引线样式"对话框中设置，此对话框将在下面介绍。

　　在"多重引线"工具栏中单击"添加引线"按钮 ，可以为已有的引线基线添加多个引线箭头；单击"多重引线对齐"按钮 ，可以使多个引线的注释文字对齐到一条引线；单击"多重引线合并"按钮 ，可以使具有相同引线的注释合并。通过"多重引线样式控制"下拉列表可以选择多重引线样式。

　　在工具栏中单击"多重引线样式"按钮，系统将弹出"多重引线样式管理器"对话框，如图 7.33 所示。单击"新建"按钮，弹出"创建新多重引线样式"对话框，如图 7.34 所示。

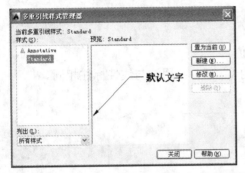
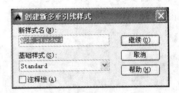

图 7.33　"多重引线样式管理器"对话框　　　　图 7.34　"创建新多重引线样式"对话框

　　在"新样式名"文本框中改变样式名，然后单击"继续"按钮，将弹出"修改多重引线样式"对话框，其中包含"引线格式"、"引线结构"和"内容" 3 个选项卡，可以通过这 3 个选项卡来设置引线及其注释属性，如图 7.35 所示。设置过程与设置标注属性类似，这里不再详细介绍。

图 7.35　"修改多重引线样式"对话框

2．坐标标注

　　坐标标注主要用于测量从原点到要素（例如，部件上的一个孔）的水平或垂直距离。这种标注保持特征点与基准点的精确偏移量，从而避免增大误差。

用户可以通过以下方法执行坐标标注命令。

- 命令行：DIMORDINATE。
- 菜单栏：选择"标注"|"坐标"命令。
- 工具栏：单击"标注"工具栏中的"坐标"按钮 。

执行此命令后，命令行提示如下：

```
命令: _dimordinate
指定点坐标:
指定引线端点或 [X 基准(X)/Y 基准(Y)/多行文字(M)/文字(T)/角度(A)]:
标注文字 = 1837
```

命令行中的各个选项功能如下。

- X 基准（X）：用于标注 X 坐标值。
- Y 基准（Y）：用于标注 Y 坐标值。
- 多行文字（M）、文字（T）、角度（A）：用法与线性标注相同。

如图 7.36 所示为坐标标注示例。

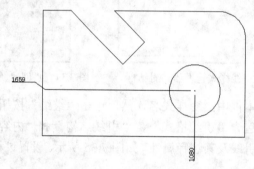

图 7.36　坐标标注示例

3. 快速标注

快速标注命令是采用基线、连续标注的方式对所选的对象进行一次性标注。

用户可以通过以下方法执行快速标注命令。

- 命令行：QDIM。
- 菜单栏：选择"标注"|"快速标注"命令。
- 工具栏：单击"标注"工具栏中的"快速标注"按钮 。

执行此命令后，命令行提示如下：

```
命令: QDIM
关联标注优先级 = 端点
选择要标注的几何图形: 找到 1 个
选择要标注的几何图形:
指定尺寸线位置或 [连续(C)/并列(S)/基线(B)/坐标(O)/半径(R)/直径(D)/基准点(P)/编辑(E)/设置(T)] <
半径>:
```

命令行提示中各选项的含义如下。

- 连续（C）：指定快速标注的方式是连续尺寸标注。

- 并列（S）：指定快速标注的方式是并列尺寸标注。
- 基线（B）：指定快速标注的方式是基线尺寸标注。
- 坐标（O）：指定快速标注的方式是坐标尺寸标注。
- 半径（R）：指定快速标注的方式是半径尺寸标注。
- 直径（D）：指定快速标注的方式是直径尺寸标注。
- 基准点（P）：指定标注的基准点，系统要求选择新的基准。
- 编辑（E）：允许用户删除或添加快速标注的尺寸点。
- 设置（T）：指定关联尺寸的优先级。

7.6　形位公差标注

形位公差在机械图形中非常重要，其重要性具体表现在：一方面，如果形位公差不能完全配合，装配件就不能正确装配；另一方面，过度吻合的形位公差又会由于额外的制造费用而产生浪费。但对大多数的建筑图形而言，形位公差是不存在的。

为方便机械设计工作，AutoCAD 提供了标注形位公差的功能。形位公差的标注形式如图 7.37 所示，包括指引线、特征符号、公差值和其附加符号以及基准代号。

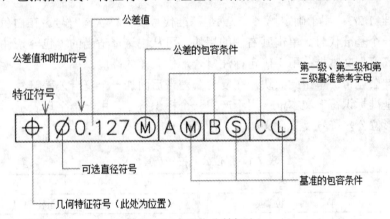

图 7.37　形位公差标注

用户可以通过以下方法执行公差命令。

- 命令行：TOLERANCE。
- 菜单栏：选择"标注"|"公差"命令。
- 工具栏：单击"标注"工具栏中的"公差"按钮。

7.6.1　标注形位公差

执行"公差"命令后，系统打开如图 7.38 所示的"形位公差"对话框，可通过此对话框对形位公差标注进行设置。对话框中各选项说明如下。

- 符号：用于设定或改变公差代号。单击下面的黑块，弹出如图 7.39 所示的"特征符号"列表框，可从中选择需要的公差代号。

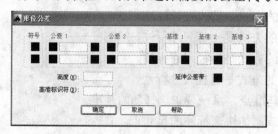

图 7.38 "形位公差"对话框

图 7.39 "特征符号"列表框

- 公差 1/2：用于产生第一/二个公差的公差值及"附加符号"。白色文本框左侧的黑块控制是否在公差值之前加一个直径符号，单击该黑块则出现一个直径符号，再单击则消失。白色文本框用于确定公差值，在其中输入一个具体数值。右侧黑块用于插入"包容条件"符号，单击该黑块，弹出如图 7.40 所示的"附加符号"列表框，用户可从中选择所需符号。

图 7.40 "附加符号"列表框

- 基准 1/2/3：用于确定第一/二/三个基准代号及材料状态符号。在白色文本框中输入一个基准代号。单击其右侧的黑块，可从中选择适当的"包容条件"符号。
- "高度"文本框：用于确定标注复合形位公差的高度。
- 延伸公差带：单击此黑块，在复合公差带后面加一个复合公差符号。
- "基准标识符"文本框：用于产生一个标识符号，用一个字母表示。

其中，形位公差符号及其含义如表 7.1 所示。

表 7.1 形位公差符号及其含义

符 号	含 义	符 号	含 义
⊕	位置度	⌒	面轮廓度
◎	同轴度	⌒	线轮廓度
═	对称度	↗	圆跳动
//	平行度	↗↗	全跳动
⊥	垂直度	∅	直径
∠	倾斜度	Ⓜ	最大包容条件（MMC）
⌀	圆柱度	Ⓛ	最小包容条件（LMC）
▱	平面度	Ⓢ	不考虑特征尺寸（RFS）
○	圆度	Ⓟ	投影公差
─	直线度		

表 7.1 中各个组成部分的含义如下。

- 几何特征：用于表明位置、同心度或共轴性、对称性、平行性、垂直性、角度、圆柱度、平面度、圆度、直线度、面剖、线剖、环形偏心度及总体偏心度等。

- 直径：用于指定一个图形的公差带，并放于公差值前。
- 公差值：用于指定特征的整体公差的数值。
- 包容条件：用于大小可变的几何特征，有Ⓜ、Ⓛ、Ⓢ和空白等选项。其中，Ⓜ表示最大包容条件，几何特征包含规定极限尺寸内的最大包容量，在Ⓜ中，孔应具有最小直径，而轴应具有最大直径；Ⓛ表示最小包容条件，几何特征包含规定极限尺寸内的最小包容量，在Ⓛ中，孔应具有最大直径，而轴应具有最小直径；Ⓢ表示不考虑特征尺寸，这时几何特征可以是规定极限尺寸内的任意大小。
- 基准：特征控制框中的公差值，最多可以跟随 3 个可选的基准参考字母及其修饰符号。基准是用来测量和验证标注在理论上精确的点、轴或平面。通常两个或三个相互垂直的平面效果最佳，它们共同称为基准参考边框。
- 投影公差带：除指定位置公差外，还可以指定投影公差以使公差更加明确。

7.6.2 混合公差

混合公差为某个特征的相同几何特征或为有不同基准需求的特征指定两个公差。一个公差与特征组相关，另一个公差与组中的每个特征相关。单个特征公差比特征组公差具有更多的限制。

如图 7.41 所示，基准 A 和 B 相交的点称为基准轴，从这个点开始计算图案的位置。混合公差可以指定孔组的分布直径和每个单独孔的直径。

把混合公差添加到图形中时，首先指定特征控制框的第一行，然后为第二行选择相同的几何特征符号。几何符号框格将被延伸覆盖每行，然后可以创建第二行公差符号。

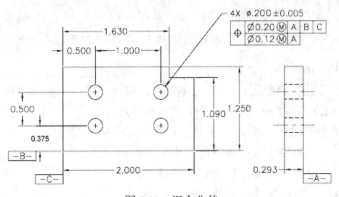

图 7.41　混合公差

7.7　编辑标注对象

AutoCAD 允许对已经创建好的尺寸标注进行编辑修改，包括修改尺寸文本的内容、改变其位置、使尺寸文本倾斜一定的角度等，还可以对尺寸延伸线进行编辑。

7.7.1　编辑标注及尺寸文字的位置

1. 编辑标注

用户可以利用 DIMEDIT 命令来编辑标注的尺寸文字内容、放置位置和旋转文字，还可以对尺寸延伸线进行修改。DIMEDIT 命令可以同时对多个尺寸标注进行编辑。执行该命令后，命令行提示如下：

命令: DIMEDIT
输入标注编辑类型 [默认(H)/新建(N)/旋转(R)/倾斜(O)] <默认>:
找到 1 个

命令行提示中各个选项的含义如下。
- 默认（H）：按尺寸标注样式中设置的默认位置和方向放置尺寸文字。
- 新建（N）：选择此选项，系统会弹出"文字格式"对话框，可以利用此对话框对文字进行修改。
- 旋转（R）：用来改变尺寸文字的倾斜角度，尺寸文字的中心点不变。
- 倾斜（O）：调整线性标注延伸线的倾斜角度。

2. 编辑尺寸文字的位置

利用 DIMTEDIT 命令可以改变尺寸文本的位置，使其位于尺寸线上的左端、右端或中间，而且可以使文本倾斜一定的角度。

执行该命令后，命令行提示如下：

命令: DIMTEDIT
选择标注:
为标注文字指定新位置或 [左对齐(L)/右对齐(R)/居中(C)/默认(H)/角度(A)]:

命令行提示中各选项含义如下。
- 为标注文字指定新位置：更新尺寸文本的位置，用鼠标把文本拖曳到新的位置。
- 左对齐（L）/右对齐（R）：使尺寸文本沿尺寸线向左（右）对齐，如图 7.42 所示。此选项只对长度型、半径型、直径型尺寸标注起作用。
- 居中（C）：把尺寸文本放在尺寸线上的中间位置。
- 默认（H）：把尺寸文本按默认位置放置。
- 角度（A）：改变尺寸文本行的倾斜角度。

图 7.42　编辑标注文本

7.7.2　实战——旋转标注文字

在 AutoCAD 2014 中，用户可以通过 DIMEDIT 命令编辑标注文字。

旋转标注文字的操作步骤如下：

（1）启动 AutoCAD 2014 后，打开素材文件 7.43，如图 7.43 所示。

（2）执行 DIMEDIT 命令后，根据命令行提示，输入 R（旋转），按 Enter 键确认后，指定标注文字的角度为 90°，按 Enter 键确认，根据命令行提示选择标注对象，按 Enter 键确认后完成操作，效果如图 7.44 所示。

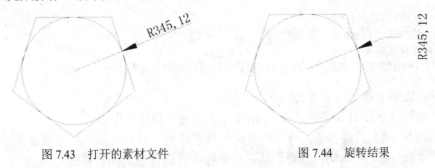

　　　　图 7.43　打开的素材文件　　　　　　　　　　　　图 7.44　旋转结果

技术点拨：在尺寸界线内调整标注文本

具有足够空间时，标注文字和箭头通常显示在尺寸界线之间。当空间有限时，可以指定这些元素的放置方式。

诸多因素（如尺寸界线间距和箭头尺寸的大小）会影响标注文字和箭头在尺寸界线内的调整方式。通常会应用最佳效果（如果指定了可用空间）。如果可能，将在尺寸界线之间放置文字和箭头，而不考虑所选的调整选项。

创建新的标注时，可以选择通过输入坐标或使用定点设备放置文字，称为用户定义的文字位置。此外，程序也可以计算文字位置。自动调整文字和箭头的选项列在"标注样式管理器"的"调整"选项卡上。例如，可以指定文字和箭头在一起。这种情况下，如果在尺寸界线之间容纳不下两者，会将它们置于尺寸界线之外。可以指定如果尺寸界线之间仅能容纳文字或箭头，则在尺寸界线之间只放置文字或箭头。

如图 7.45 所示，说明了程序如何为箭头和文字应用最佳效果。

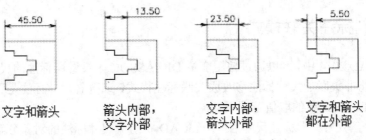

图 7.45　在尺寸界线内调整标注文本

7.7.3　更新标注

在 AutoCAD 2014 中，使用"更新"命令可以对已有的尺寸标注进行更新。用户可以通过以下方法更新标注。

- 命令行：-DIMSTYLE。
- 菜单栏：选择"标注"|"更新"命令。
- 工具栏：单击"标注"工具栏中的"标注更新"按钮。

执行此命令后，命令行提示如下：

```
命令: -DIMSTYLE
当前标注样式: Standard    注释性: 否
输入标注样式选项
[注释性(AN)/保存(S)/恢复(R)/状态(ST)/变量(V)/应用(A)/?] <恢复>:
```

命令行提示中各个选项含义如下。

- 注释性（AN）：为当前尺寸标注样式添加注释性并保存。
- 保存（S）：将当前尺寸系统变量的设置作为一种尺寸标注样式来命名保存。
- 恢复（R）：将用户保存的某一尺寸标注样式恢复为当前样式。
- 状态（ST）：系统将切换到命令行窗口，并详细显示当前标注标注样式变量设置情况。
- 变量（V）：输入或指定一个标注样式后，系统会立即切换到命令行文本窗口，并详细显示当前标注样式的变量设置情况。
- 应用（A）：选择对象后，系统将该对象的标注样式应用为当前标注样式。
- ?：显示当前图形中命名的尺寸标注样式。

7.8　关联与重新关联尺寸标注

尺寸关联指的是所标注的尺寸与被标注对象的关联关系。如果标注的尺寸值是按自动测量值标注，且尺寸标注是按尺寸关联模式标注的，那么改变被标注对象的大小后，相应的标注尺寸也将发生改变，即尺寸界线、尺寸线的位置都将改变到相应的新位置，尺寸值也变成新的测量值。反之，若改变尺寸界线的起始点位置，尺寸值将不发生变化。

7.8.1　控制标注关联模式

在 AutoCAD 2014 中，可以通过使用变量 DIMASSOC 来设置所标注的尺寸是否为关联标注，也可以将非关联的尺寸标注修改成关联标注模式，或查看尺寸标注是否为关联标注。其中，变量 DIMASSOC 的取值范围及功能如下。

- 0：分解尺寸。即标注尺寸后，AutoCAD 将组成尺寸标注的对象分解成单个对象，使它们不再是一个整体。相当于对尺寸标注执行"分解"命令。

- 1：非尺寸关联。即尺寸与被标注对象无关联关系。
- 2：尺寸关联。即尺寸与被标注对象有关联关系。

7.8.2　实战——重新关联尺寸标注

在 AutoCAD 2014 中，使用"重新关联标注"命令，可以对非关联标注的尺寸标注进行关联。

重新关联尺寸标注的操作步骤如下：

（1）启动 AutoCAD 2014 后，打开素材文件 7.46，如图 7.46 所示。

（2）选择"标注"|"重新关联标注"命令，根据命令行提示，选择原标注尺寸，按 Enter 键确认操作，如图 7.47 所示。

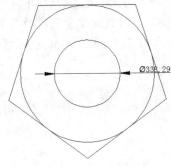

图 7.46　打开的素材文件

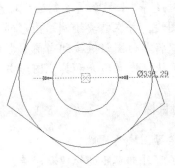

图 7.47　选择原尺寸

（3）根据命令行提示，选择需要标注的圆或圆弧，结果如图 7.48 所示。

（4）完成后可以通过"特性"选项板上的"关联"特性值来查看尺寸标注是否为关联标注，如图 7.49 所示。

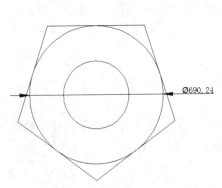

图 7.48　重新关联标注结果

图 7.49　查看尺寸的关联关系

第8章 使用块、外部参照、查询和 AutoCAD 设计中心

 **内容摘要**

在工程制图过程中，经常会遇到一些相同或相似的图形对象，如机械图中的螺栓、螺母表面粗糙度等，如果重复绘制这些对象很浪费时间和人力。在 AutoCAD 中可以把这些图形定义成图块，并在需要绘制该图形的地方将图块插入，以达到重复利用的目的。使用外部参照可以将其他图形链接到当前图形中，此外，用户也可以通过 AutoCAD 设计中心来组织对图形、块、图案填充和其他图形内容的访问。

学习目标

- 学习图块的属性。
- 了解外部参照的管理和附着。
- 熟练掌握插入图块的操作。
- 了解设计中心的作用。

8.1 使 用 块

块是由一组图形对象组成的集合，一组对象一旦被定义为块，它们将成为一个整体，选中块中任意一个图形对象即可选中构成块的所有对象。AutoCAD 把一个块作为一个对象进行编辑修改等操作，用户可根据绘图需要把块插入到图中指定的位置，在插入时还可以指定不同的缩放比例和旋转角度。如果需要对组成块的单个图形对象进行修改，还可以利用"分解"命令把块炸开，分解成若干个对象。块还可以重新定义，一旦被重新定义，整个图中基于该块的对象都将随之改变。

8.1.1 块的特点

在 AutoCAD 2014 中，使用块可以提高绘图速度、节省存储空间、便于修改图形并能够为其添加属性。总的来说，AutoCAD 中的块具有以下特点。

1. 提高绘图效率

在 AutoCAD 中绘图时，常常要绘制一些重复出现的图形。如果把这些图形做成块保存

起来，绘制时就可以用插入块的方法来实现，即把绘图变成了拼图，从而避免了大量的重复性工作，提高了绘图效率。

2．节省存储空间

AutoCAD 要保存图中每一个对象的相关信息，如对象的类型、位置、图层、线型及颜色等，这些信息要占用存储空间。如果一幅图中包含有大量相同的图形，就会占据较大的磁盘空间。但如果把相同的图形事先定义成一个块，绘制时就可以直接把块插入到图中各个相应的位置。这样既满足了绘图要求，又可以节省磁盘空间。虽然在块的定义中包含了图形的全部对象，但系统只需要一次这样的定义。对于块的每次插入，AutoCAD 仅需要记住这个块对象的有关信息（如块名、插入点坐标及插入比例等）即可。对于复杂但需要多次绘制的图形，这一优点更为明显。

3．便于修改图形

一张工程图纸往往需要多次修改。如在建筑设计中，旧的国家标准用虚线表示建筑剖面，新的国家标准则用细实线表示。如果对旧图纸上的每一处按国家新标准修改，既费时又不方便。但如果原来剖面图是通过块的方法绘制的，那么只要简单地对块进行再定义，就可以对图中的所有剖面进行修改。

4．添加属性

许多块还要求有文字信息来进一步解释其用途。AutoCAD 允许用户为块创建这些文字属性，并可以在插入的块中指定是否显示这些属性。此外，还可以从图中提取信息并将它们传送到数据库中。

8.1.2　实战——创建块

用户可以通过以下方法创建块。
- 命令行：BLOCK。
- 菜单栏：选择"绘图"|"块"|"创建"命令。
- 工具栏：单击工具栏中的"创建块"按钮 。

创建块的操作步骤如下：

（1）打开素材文件 8.1。单击工具栏中的"创建块"按钮 ，弹出"块定义"对话框，如图 8.1 所示。

（2）在"名称"文本框中输入块名称"基准"；在"基点"选项组中单击"拾取点"按钮，返回绘图窗口，拾取基准符号中的 A 点，如图 8.2 所示，确定基点位置。

（3）在"对象"选项组中选中"转换为块"单选按钮，单击"选择对象"按钮，进入绘图窗口选择基准符号，然后按 Enter 键返回对话框。

（4）其他选项使用默认设置，设置结果如图 8.3 所示，单击"确定"按钮返回绘图窗口，创建块的实战操作步骤完毕。

图 8.1 "块定义"对话框   图 8.2 拾取基准符号中的 A 点

图 8.3 "块定义"对话框设置

"块定义"对话框中各选项含义介绍如下。

（1）"名称"下拉列表框：用于输入块的名称。块名最长可达 255 个字符，包含字母、数字、空格和一些特殊字符。单击右侧的三角形按钮，将列出当前图形中所有的块名称。

（2）"基点"选项组：用于指定块的基点。块的基准点是以后插入块时的插入点，同时也是块被插入时旋转或缩放的基点。单击"拾取点"按钮，将暂时关闭对话框而返回到绘图窗口，这时用户可以拾取插入基点。也可以直接在 X、Y、Z 文本框中直接输入坐标值。

（3）"对象"选项组：用于指定新块中要包含的对象，以及创建块后如何处理这些对象。

● "在屏幕上指定"复选框：选中该复选框，关闭对话框时，将提示用户选择对象。

● "选择对象"按钮：单击该按钮将关闭对话框返回到绘图窗口，允许用户选择块对象。选择完成后，按 Enter 键将重新弹出"块定义"对话框。

● "快速选择"按钮：单击此按钮将弹出"快速选择"对话框。可以利用此对话框进行快速筛选满足指定条件的对象。

● "保留"单选按钮：选中该单选按钮时，创建块后，将选定的对象保留在图形中。

● "转换为块"单选按钮：选中该单选按钮时，创建块后，将选定的对象转换为图形中的块实例。

● "删除"单选按钮：选中该单选按钮时，创建块后，将选定的对象从图形中删除。

（4）"方式"选项组：用于指定块的方式。

● "注释性"复选框：选中该复选框时，创建的块将具有注释性。

● "使块方向与布局匹配"复选框：用于指定在图纸空间视口中的块参照方向是否

与布局方向匹配。只有在选中"注释性"复选框时，该复选框才可用。

● "按统一比例缩放"复选框：指定是否阻止块参照不按统一比例缩放。

● "允许分解"复选框：选中该复选框时，插入的块将被分解。

（5）"设置"选项组：用于指定块的单位和超链接。当单击"超链接"按钮时，可以弹出"插入超链接"对话框，可以通过该对话框将某个超链接与块定义相关联。

（6）"在块编辑器中打开"复选框：选中该复选框后，单击"确定"按钮，将在块编辑器中打开当前的块定义。

8.1.3 实战——插入块

创建块后，在绘图过程中可以在需要时直接将块插入到图形中，在插入时用户可以改变块的缩放比例和旋转角度。

用户可以通过以下方法插入块。

● 命令行：INSERT。

● 菜单栏：选择"插入"|"块"命令。

● 工具栏：单击工具栏中的"插入块"按钮 。

插入块的操作步骤如下：

（1）选择"插入"|"块"命令，弹出如图 8.4 所示的"插入"对话框。

（2）在"名称"下拉列表框中，从块定义列表中选择名称。

（3）需要使用定点设备指定插入点、比例和旋转角度，需选中"在屏幕上指定"复选框。否则，请在"插入点"、"比例"和"旋转"选项组的文本框中分别输入值。

（4）如果要将块中的对象作为单独的对象而不是单个块插入，需选中"分解"复选框。

（5）单击"确定"按钮，完成插入块的操作。

"插入"对话框中各个选项的功能介绍如下。

● "名称"下拉列表框：输入要插入的块名，或者选择当前图形中已经创建的块名称。单击"浏览"按钮，将弹出"选择图形文件"对话框，如图 8.5 所示，从中可以选择要插入的块或图形文件。

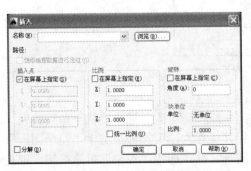

图 8.4 "插入"对话框

图 8.5 "选择图形文件"对话框

- "插入点"选项组：用于指定插入块时的基点。当选中"在屏幕上指定"复选框时，可以在绘图窗口指定插入点，否则，在 X、Y、Z 文本框中输入插入点的坐标值。
- "比例"选项组：指定插入块的缩放比例，块被插入到当前图形时，可以按任意比例放大或缩小。可以直接在 X、Y、Z 文本框中输入插入块在 3 个坐标轴方向的比例，也可以选中"在屏幕上指定"复选框而通过绘图窗口指定比例。当输入的比例值为负值时，将插入块的镜像图形。
- "旋转"选项组：用于指定插入块时的旋转角度，可以在"角度"文本框中输入角度或在屏幕上指定设置插入块的旋转角度。
- "块单位"选项组：用于显示插入块的单位和比例。
- "分解"复选框：选中此复选框后，插入块时将分解块。

设置完对话框后，单击"确定"按钮，即可插入对应的块。如果要插入块的矩形阵列，可以用 MINSERT 命令进行插入。

8.1.4 写块

利用 BLOCK 命令定义的块保存在其所属的图形当中，该块只能在该图形中插入，而不能插入到其他图形中。但是有些块在许多图形中要经常用到，这时可以用 WBLOCK 命令把块以图形文件的形式（后缀为.dwg）写入磁盘。图形文件可以在任意图形中用 INSERT 命令插入。

用户可以通过以下方法写块。

命令行：WBLOCK。

执行上述命令后，系统弹出"写块"对话框，如图 8.6 所示，利用此对话框可把图形对象保存为图形文件或把块转换成图形文件。

图 8.6 "写块"对话框

"写块"对话框中各个选项的功能介绍如下。

- "源"选项组：确定要保存为图形文件的块或图形对象。选中"块"单选按钮，在其右侧的下拉列表框中选择一个块，将其保存为图形文件；选中"整个图形"单选按钮，则把当前的整个图形保存为图形文件；选中"对象"单选按钮，则把不属于块的图形对象保存为图形文件。对象的选择通过"对象"选项组来完成。

- ● "目标"选项组：用于指定图形文件的名称、保存路径和插入单位。

8.2　编辑和管理块属性

块属性是将数据附着在块上的标签或标记，是块的组成部分。用户在插入块时可以根据具体情况，通过属性来为块设置不同的标签。

属性是属于块的非图形信息，是块的组成部份。属性有以下特点：

- ● 属性由属性标记名和属性值两部分组成。例如，可以把 NAME 定义为属性标记名，而具体的名称，如螺栓、螺母、轴承则是属性值，即其属性。
- ● 定义块前，应先定义该块的每个属性，即规定每个属性的标记名、属性提示、属性默认值、属性的显示格式（可见或不可见）、属性在图中的位置等。定义属性后，该属性以其标记名在图中显示出来，并保存有关的信息。
- ● 定义块前，用户可以修改属性定义。
- ● 插入块时，AutoCAD 通过提示要求用户输入属性值。插入块后，属性用它的值表示。因此同一个块在不同点插入时，可以有不同的属性值。如果属性值在属性定义时规定为常量，AutoCAD 则不询问它的属性值。
- ● 插入块后，用户可以改变属性的显示与可见性；对属性进行修改；把属性单独提取出来写入文件，以供统计、制表时使用；还可以与其他高级语言（如 Basic、Fortran、C 语言）或数据库（如 Dbase、FoxBase、Foxpro 等）进行数据通信。

8.2.1　创建带属性的块

用户可以通过以下方法创建带属性的块。

- ● 命令行：ATTDEF。
- ● 菜单栏：选择"绘图"|"块"|"定义属性"命令。

执行此命令后，弹出"属性定义"对话框，如图 8.7 所示。

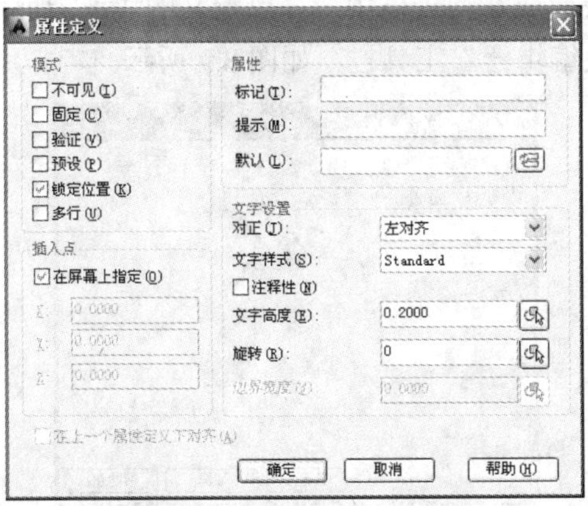

图 8.7　"属性定义"对话框

"属性定义"对话框中各个选项的功能介绍如下。

（1）"模式"选项组：用于设置块属性的模式。

● "不可见"复选框：设置插入块后是否显示属性值。

● "固定"复选框：设置属性是否为常数。

● "验证"复选框：指定插入块时提示验证属性值是否正确。

● "预设"复选框：确定是否将属性值设置为默认值。

● "锁定位置"复选框：确定是否锁定块参照中属性的位置。

● "多行"复选框：用于指定属性值是否可以包含多行文字。

（2）"插入点"选项组：用于指定属性的插入位置，可以在屏幕上指定，也可以通过X、Y、Z坐标值来确定。

（3）"属性"选项组：用来设置属性标记、属性提示和属性默认值。属性标记是用来标识图形中每次出现的属性；属性提示是用来显示插入带属性块时的提示。属性的这些数据都可以通过文本框来输入。

（4）"文字设置"选项组：用于设置文字的对齐方式、文字样式、注释性、文字高度、旋转角度和边界宽度等。

（5）"在上一个属性定义下对齐"复选框：选中此复选框，当定义多个属性时，表示当前属性将采用前一个属性的文字样式、字高以及旋转角度，并另起一行按上一个属性的对齐方式排列。

8.2.2　编辑块属性

用户可以通过块编辑对已定义的块进行编辑。可以通过以下方法编辑块。

● 命令行：BEDIT。

● 菜单栏：选择"工具"|"块编辑器"命令。

● 工具栏：单击工具栏中的"块编辑器"按钮。

执行上述操作后，系统打开"编辑块定义"对话框，如图 8.8 所示，在"要创建或编辑的块"文本框中输入块名或在列表框中选择已定义的块或当前图形。确认后，系统打开"块编写"选项板和"块编辑器"工具栏，如图 8.9 所示。

图8.8　"编辑块定义"对话框

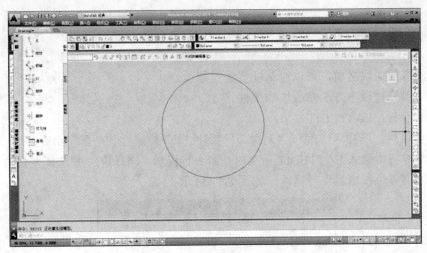

图 8.9　块编辑状态的绘图窗口

　　块编辑器是专门用于创建和编辑块属性的编写区域，系统提供了专门的选项板。该选项板包括 4 个选项卡，分别是"参数"、"动作"、"参数集"和"约束"。可以通过"块编写"选项板向动态块定义添加参数和动作。

技术点拨：使用动态块

　　动态块具有灵活性和智能性的特点。用户在操作时可以轻松地更改图形中的动态块参照，通过自定义夹点或自定义特性来操作动态块参照中的几何图形，使用户可以根据需要在位调整块，而不用搜索另一个块以插入或重定义现有的块。

　　例如，如果在图形中插入一个"车"块参照，该块参照内可能包含多个图块，其中有左视图、右视图等，可以在一个图块内查看它多个角度的状态，如图 8.10 所示。

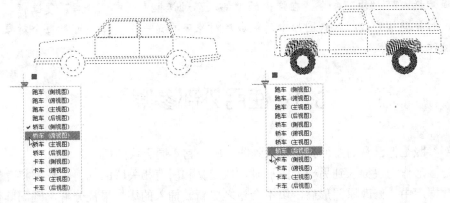

图 8.10　"车"块参照

　　可以使用块编辑器创建动态块。块编辑器是一个专门的编写区域，用于添加能够使块成为动态块的元素。用户可以创建新的块，也可以向现有的块定义中添加动态行为，还可以像在绘图窗口中一样创建几何图形。

8.2.3 块属性管理器

在还没有组成块之前，可以对属性值进行修改。

用户可以通过以下方法修改块的属性。

● 命令行：EATTEDIT。

● 菜单栏：选择"修改"|"对象"|"属性"|"块属性管理器"命令。

当在命令行中输入 EATTEDIT 命令时，命令行提示"选择块："时选择要修改的块，即可打开"增强属性编辑器"对话框，如图 8.11 所示。

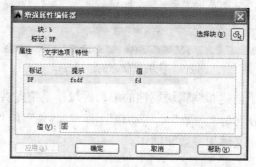

图 8.11 "增强属性编辑器"对话框

该对话框中有"属性"、"文字选项"和"特性"3 个选项卡，用户可以通过这 3 个选项卡对块属性进行修改。修改完毕后，单击"应用"按钮，在默认情况下，所作的属性修改在当前图形中应用于现有的所有块。

技术点拨：分解块

选择"插入"|"块"命令，在弹出的"插入"对话框中选中"分解"复选框，则在插入块的同时把其炸开，插入到图形中的组成块对象不再是一个整体，可对每个对象单独进行编辑操作。

8.3 使用外部参照

外部参照是把已有的图形文件插入到图形中，它不同于块的插入。

当把图形作为块插入到另一个图形时，块定义和所有相关联的几何图形都将存储在当前图形数据库中。修改原图形后，块不会随之更新。插入的块如果被分解，则同其他图形没有本质区别，相当于将一个图形文件中的图形对象复制和粘贴到另一个图形文件中。外部参照（External Reference，Xref）提供了另一种更为灵活的图形引用方法。使用外部参照可以将多个图形连接到当前图形中，并且作为外部参照的图形会随原图形的修改而更新。

当一个图形文件被作为外部参照插入到当前图形时，外部参照中的每个图形的数据仍然分别保存在各自的源图形文件中，当前图形中所保存的只是外部参照的名称和路径。因此，外部参照不会明显地增加当前图形的大小，从而可以节省磁盘空间，也利于保持系统的性能。无论一个外部参照文件多么复杂，AutoCAD 都会把它作为一个单一对象来处理，而不允许进行分解。用户可对外部参照进行比例缩放、移动、复制、镜像或旋转等操作，还可以控制外部参照的显示状态，但这些操作都不会影响到原图文件。

8.3.1　附着外部参照

用户可以通过以下方法插入外部参照。

● 菜单栏：选择"插入"|"外部参照"命令。

● 工具栏：单击"参照"工具栏中的"外部参照"按钮。

执行命令后，系统打开"外部参照"选项板。单击上方"附着"按钮的下拉箭头，可以选择要附着的文件类型，如图 8.12 所示。

图 8.12　"外部参照"选项板的"附着"下拉列表

在"外部参照"选项板中单击"附着"按钮的下拉箭头，显示可附着的文件包括 DWG、DWF、DGN、PDF、图像文件和点云文件。

可以将 DWG、DWF、DGN 或 PDF 文件作为参考底图附着到图形文件。在图形文件中参照和放置参考底图文件的方式与参照和放置光栅图像文件相同；它们实际上不属于图形文件。与光栅文件类似，参考底图通过路径名链接到图形文件。可随时更改或删除该文件的路径。通过附着参考底图的方式，可在不显著增大图形文件大小的情况下在图形中使用文件。仅可在二维线框视觉样式中查看 DWF 和 PDF 参考底图。可以按任何视觉样式查看 DGN 参考底图。

选择附着文件类型后，将打开"选择参照文件"对话框，如图 8.13 所示，在对话框中通过浏览文件夹选择参照文件后，单击"打开"按钮，将弹出一个"附着……"对话框，通过选择不同文件类型的参考底图，打开的对话框名称也有所不同，但各对话框中的选项功能大致相同。如图 8.14 所示为打开一个 DWG 文件的"附着外部参照"对话框。

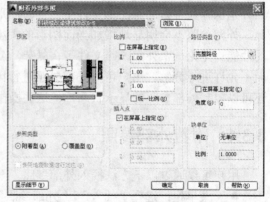

图 8.13 "选择参照文件"对话框　　　　图 8.14 "附着外部参照"对话框

"附着外部参照"对话框中主要选项的含义如下。

- "比例"选项组：指定外部参照插入时的缩放比例。
- "名称"下拉列表框：显示附着外部参照的文件名，用户还可以单击其右侧的"浏览"按钮，返回到"选择参照文件"对话框，重新选择外部参照文件。
- "插入点"选项组：指定外部参照的插入点。
- "路径类型"下拉列表框：指定外部参照的路径类型，有"完整路径"、"相对路径"和"无路径"3 个选项。
- "旋转"选项组：指定外部参照插入时的旋转角度。

💡 提示：虽然参考底图文件是其源图形的副本，但是它们不如图形文件精确。在精度上，参考底图可能显示出细微的差异。

8.3.2　外部参照操作

1. 拆离外部参照

当插入一个外部参照后，如果需要删除该外部参照，可以将其拆离。

拆离外部参照的操作步骤如下：

（1）启动 AutoCAD 2014 后，插入一个外部参照图形，如图 8.15 所示。

（2）单击"参照"工具栏中的"外部参照"按钮🖾，确认"外部参照"选项板处于开启状态。在"文件参照"列表框中需要拆离的文件上右击，在弹出的快捷菜单中选择"拆离"命令，即可将该外部参照拆离，如图 8.16 所示。

2. 重载外部参照

当已插入一个外部参照而外部参照的原文件有变动时，在"外部参照"选项板的"文件参照"列表框中选中已插入的外部参照文件并右击，在弹出的快捷菜单中选择"重载"命令，则可以对指定的外部参照进行更新。

在打开一个附着有外部参照的图形文件时，将自动重载所有附着的外部参照，但是在编辑该文件的过程中则不能实时地反映原图形文件的改变。因此，利用重载功能可以随时从外部参照进行卸载。同样可以一次选择多个外部参照文件，同时进行卸载。

3. 卸载外部参照

当已插入一个外部参照时，在"外部参照"选项板的"文件参照"列表框中选择已插入的外部参照文件并右击，然后在弹出的快捷菜单中选择"卸载"命令，则可以对指定的外部参照进行卸载。

卸载与拆离不同，该操作并不删除外部参照的定义，而仅仅取消外部参照的图形显示（包括其所有副本）。

4. 绑定外部参照

使用绑定可以断开指定的外部参照与原图形文件的链接，并转换为块对象，成为当前图形的永久组成部分。

当已插入一个外部参照时，在"外部参照"选项板的"文件参照"列表框中选中已插入的外部参照文件并右击，然后在弹出的快捷菜单中选择"绑定"命令，弹出"绑定外部参照"对话框，如图 8.17 所示。

图 8.15　素材图形　　图 8.16　"外部参照"选项板　　图 8.17　"绑定外部参照"对话框

"绑定外部参照"对话框中主要选项的含义介绍如下。

- "绑定"单选按钮：选中该单选按钮，则在绑定时，AutoCAD 将外部参照的已命名对象的符号加入到当前图形中。具体方式是保留其前缀，但将"|"符号变为"n"。其中，n 是由 0 开始的数字，在命名对象的名称出现重复时可以改变 n 的取值，以确保命名对象名称的唯一性。
- "插入"单选按钮：选中该单选按钮，则在绑定时，AutoCAD 将在外部参照的已命名对象名称中消除外部参照的名称，并将多个重命名的命名对象合并在一起。如果原内部文件中的命名对象具有与其相同的名称，则将绑定的外部参照中相应的命名对象与其合并，并采用内部命名对象定义的属性。例如，如果外部参照具有名为 SAMPLE|EXAMPLE 的图层，则在绑定时直接转换为 EXAMPLE。

5. 剪裁外部参照

剪裁命令用于定义外部参照的剪裁边界、设置前后剪裁面，这样就可以只显示剪裁范围以内的外部参照对象（即将剪裁范围以外的外部参照从当前显示图形中裁掉）。

剪裁外部参照的操作步骤如下：

（1）启动 AutoCAD 2014 后，插入如图 8.18 所示的外部参照图形。

（2）单击"参照"工具栏中的"剪裁外部参照"按钮 ，根据命令行提示，在绘图窗口选择需要剪裁的外部参照对象，按 Enter 键确认后，再次按 Enter 键确认，根据命令行提示，输入 P（多边形），按 Enter 键确认后，在绘图区绘制一个新的多边形，如图 8.19 所示。

（3）按 Enter 键确认后，在剪裁范围外的外部参照对象将不再显示，如图 8.20 所示。

图 8.18　外部参照图形

图 8.19　绘制新边界

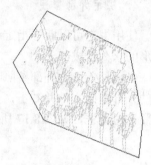
图 8.20　剪裁后的效果

技术点拨：剪裁外部参照

剪裁外部参照和块可以将剪裁边界指定为显示外部参照图形或块参照的有限部分。

用户可以剪裁外部参照，如 DGN、DWF、IMAGE、PDF 参考底图或块参照。通过剪裁边界，可以通过以下方法确定希望显示的外部参照或块参照部分，如图 8.21 所示，隐藏边界内部或外部的参照的冗余部分。

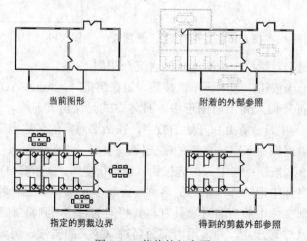

当前图形　　　　　　　附着的外部参照

指定的剪裁边界　　　　得到的剪裁外部参照

图 8.21　剪裁外部参照

剪裁边界可以是多段线、矩形，也可以是顶点在图像边界内的多边形。可以更改剪裁图像的边界。剪裁边界时，不会改变外部参照或块中的对象，而只会改变其显示方式。

通过 XCLIP、DGNCLIP、DWFCLIP、PDFCLIP 和 IMAGECLIP 命令，可以控制以下查看选项。

- 控制外部参照或块参照的剪裁区域的可见性：剪裁关闭时，如果对象所在的图层处于打开且已解冻状态，将不显示边界，此时整个外部参照是可见的。可以使用剪裁命令打开或关闭剪裁结果。这控制剪裁区域是隐藏还是显示。

- 控制剪裁边界的可见性：可以通过剪裁边框控制剪裁边界的显示。XREF、PDF、DGN、DWG 和 IMAGE 参考底图的剪裁系统变量分别为 XCLIPFRAME、PDFFRAME、DGNFRAME、DWGFRAME 和 IMAGEFRAME。

- 在剪裁边界的内部和外部反转要隐藏的区域：希望显示剪裁参照的隐藏部分，或隐藏其显示部分时，可以使用夹点改变外部参照或块的显示，如图 8.22 所示。通过位于剪裁边界的第一条边上中点处的夹点，可以反转边界内部或外部的剪裁参照的显示。夹点是可见的，且当剪裁系统变量处于打开状态，选中参照并进行剪裁的情况下可以使用。

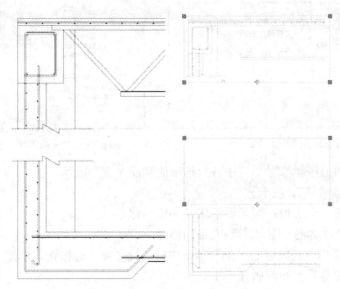

图 8.22 夹点改变外部参照的显示

经过剪裁的外部参照或块可以像未剪裁过的外部参照或块一样进行移动、复制或旋转。剪裁边界将与参照一起移动。如果外部参照包含嵌套的剪裁外部参照，它们将在图形中显示剪裁效果。如果上级外部参照是经过剪裁的，嵌套外部参照同样被剪裁。

如果要更改外部参照和块参照的剪裁边界的形状或大小，可以使用夹点编辑顶点，就像使用夹点编辑任何其他对象一样。进行矩形夹点编辑时，可以保留矩形剪裁边界的闭合矩形或方形，因为矩形剪裁边界同一条边的两个顶点会同时进行编辑。需要注意的是，对边界进行剪裁后，自交的多边形边界将无法显示。将显示错误消息，边界将恢复到上一个边界。

剪裁外部参照图形或块时，需注意以下限制：

- 在三维空间的任何位置都能指定剪裁边界，但通常平行于当前 UCS。
- 如果选择了多段线，剪裁边界将应用于该多段线所在的平面。
- 始终在参照的矩形范围内剪裁外部参照或块中的图像。在将多边形剪裁用于外部参照图形中的图像时，剪裁边界应用于多边形边界的矩形范围内，而不是用在多边形自身范围内。

8.3.3 参照管理器

用户可以使用外部引用编辑功能向指定的工作集添加或删除对象。

在 AutoCAD 2014 的"草图与注释"工作模式下，单击"插入"选项卡的"参照"面板的"编辑参照"按钮 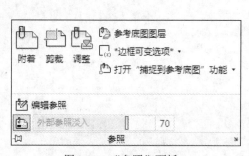，如图 8.23 所示，在绘图窗口选择参照或者块，系统打开"参照编辑"对话框，如图 8.24 所示。

| 图 8.23 "参照"面板 | 图 8.24 "参照编辑"对话框 |

下面介绍"参照编辑"对话框中各个选项的功能。

（1）"标识参照"选项卡。

- "参照名"列表框：显示要编辑的参照名称。
- "路径"文本行：显示参照文件的路径。
- "自动选择所有嵌套的对象"单选按钮：选中此单选按钮，选定参照中所有对象将自动包括在参照编辑任务中。
- "提示选择嵌套的对象"单选按钮：选中此单选按钮，系统将关闭对话框，返回绘图窗口进行参照编辑，将提示用户在要编辑的参照中选择嵌套的对象。

（2）"设置"选项卡：用于设置为编辑参照提供选项，如图 8.25 所示。

- "创建唯一图层、样式和块名"复选框：控制从参照中提取的图层和其他命名对象是否唯一可修改。
- "显示属性定义以供编辑"：控制编辑参照期间是否提取和显示块参照中所有可变的属性定义。
- "锁定不在工作集中的对象"：锁定所有不在工作集中的对象。从而避免用户在参照编辑状态时意外地选择和编辑宿主图形中的对象。

设置完毕后，单击"确定"按钮。绘图窗口中选定的对象将成为工作集。在默认情况下，所有其他对象都将锁定和褪色。在参照中选择要编辑的对象，即可进行编辑。

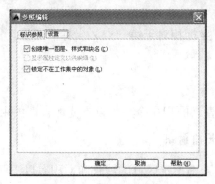

图 8.25 "设置"选项卡

8.4 查 询

在制图过程中，查询是一项很重要的功能，它能计算对象之间的距离和角度，还能计算复杂图形的面积，这对于从某个对象或者某组对象获取信息是很有帮助的。

8.4.1 距离查询

查询距离有以下几种方法。

● 命令行：DIST。

● 菜单栏：选择"工具"|"查询"|"距离"命令。

距离查询的操作步骤如下：

（1）启动 AutoCAD 2014 后，打开素材文件 8.26，如图 8.26 所示。

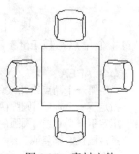

（2）选择"工具"|"查询"|"距离"命令，根据命令行提示，指定素材图形的最高点和最低点，AutoCAD 即可计算出两点间的距离为 530，此时命令行提示信息如下：

图 8.26 素材文件

```
命令: _MEASUREGEOM
输入选项 [距离(D)/半径(R)/角度(A)/面积(AR)/体积(V)] <距离>: _distance
指定第一点:
指定第二个点或 [多个点(M)]:
距离 = 530.0000, XY 平面中的倾角 = 270,  与 XY 平面的夹角 = 0
X 增量 = 0.0000,   Y 增量 = -530.0000,   Z 增量 = 0.0000
```

调用 DIST 命令后，根据提示分别指定第一点和第二点，命令行中的各选项含义如下。

● 距离：两点之间的三维距离。

● XY 平面中的倾角：两点之间连线在 XY 平面上的投影与 X 轴的夹角。

- 与 XY 平面的夹角：两点之间连线与 XY 平面的夹角。
- X 增量：第二点 X 坐标相对于第一点 X 坐标的增量。
- Y 增量：第二点 Y 坐标相对于第一点 Y 坐标的增量。
- Z 增量：第二点 Z 坐标相对于第一点 Z 坐标的增量。

8.4.2 查询面积

使用 AutoCAD 提供的查询面积命令，可以方便地查询由用户指定区域的面积。

1. 查询指定区域的周长和面积

在 AutoCAD 2014 中，查询指定区域的周长和面积有以下两种方法。

- 命令行：AREA。
- 菜单栏：选择"工具"|"查询"|"面积"命令。

查询指定区域的周长和面积的操作步骤如下：

（1）启动 AutoCAD 2014 后，打开素材文件 8.27，如图 8.27 所示。

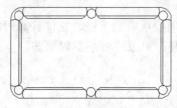

图 8.27　素材文件

（2）选择"工具"|"查询"|"面积"命令，根据命令行提示，依次单击素材图形外围的 4 个角点，按 Enter 键确认，此时命令提示行如下：

```
命令: AREA
指定第一个角点或 [对象(O)/增加面积(A)/减少面积(S)] <对象(O)>:  //单击素材图形角点
指定下一个点或 [圆弧(A)/长度(L)/放弃(U)]:
指定下一个点或 [圆弧(A)/长度(L)/放弃(U)]: A
指定圆弧的端点或
[角度(A)/圆心(CE)/闭合(CL)/方向(D)/直线(L)/半径(R)/第二个点(S)/放弃(U)]:
指定圆弧的端点或
[角度(A)/圆心(CE)/闭合(CL)/方向(D)/直线(L)/半径(R)/第二个点(S)/放弃(U)]: L
指定下一个点或 [圆弧(A)/长度(L)/放弃(U)/总计(T)] <总计>:
指定下一个点或 [圆弧(A)/长度(L)/放弃(U)/总计(T)] <总计>: A
指定圆弧的端点或
[角度(A)/圆心(CE)/闭合(CL)/方向(D)/直线(L)/半径(R)/第二个点(S)/放弃(U)]:
指定圆弧的端点或
[角度(A)/圆心(CE)/闭合(CL)/方向(D)/直线(L)/半径(R)/第二个点(S)/放弃(U)]: L
指定下一个点或 [圆弧(A)/长度(L)/放弃(U)/总计(T)] <总计>:
指定下一个点或 [圆弧(A)/长度(L)/放弃(U)/总计(T)] <总计>: _u
指定下一个点或 [圆弧(A)/长度(L)/放弃(U)/总计(T)] <总计>: _u
指定圆弧的端点或
```

[角度(A)/圆心(CE)/闭合(CL)/方向(D)/直线(L)/半径(R)/第二个点(S)/放弃(U)]:
指定圆弧的端点或
[角度(A)/圆心(CE)/闭合(CL)/方向(D)/直线(L)/半径(R)/第二个点(S)/放弃(U)]: L
指定下一个点或 [圆弧(A)/长度(L)/放弃(U)/总计(T)] <总计>:
指定下一个点或 [圆弧(A)/长度(L)/放弃(U)/总计(T)] <总计>: A
指定圆弧的端点或
[角度(A)/圆心(CE)/闭合(CL)/方向(D)/直线(L)/半径(R)/第二个点(S)/放弃(U)]:
指定圆弧的端点或
[角度(A)/圆心(CE)/闭合(CL)/方向(D)/直线(L)/半径(R)/第二个点(S)/放弃(U)]: L
指定下一个点或 [圆弧(A)/长度(L)/放弃(U)/总计(T)] <总计>:
指定下一个点或 [圆弧(A)/长度(L)/放弃(U)/总计(T)] <总计>: A
指定圆弧的端点或
[角度(A)/圆心(CE)/闭合(CL)/方向(D)/直线(L)/半径(R)/第二个点(S)/放弃(U)]:
指定圆弧的端点或
[角度(A)/圆心(CE)/闭合(CL)/方向(D)/直线(L)/半径(R)/第二个点(S)/放弃(U)]:
区域 = 42419.8172，周长 = 836.3321

2. 图形面积的加运算

在使用 AREA 命令进行面积查询时，可以对绘图区中的两个或两个以上图形的面积进行求和。

图形面积的加运算的实战操作步骤如下：

（1）启动 AutoCAD 2014 后，打开素材文件 8.28，如图 8.28 所示。

（2）选择"工具"|"查询"|"面积"命令，根据命令行提示，输入 A（加），然后依次单击素材图形顶层矩形外围的 4 个角点（a、b、c、d），按 Enter 键确认后，命令行提示区域= 16472.1369，周长= 523.6158，总面积= 16472.1369。

（3）根据命令行提示，依次单击 e、f、g、h、i、j 点，按 Enter 键确认后，命令行提示区域= 30897.8662，周长= 722.4723，总面积= 47370.0031。

3. 图形面积的减运算

使用面积减运算时，系统除了报告该面积和周长的计算结果以外，还在总面积中减去该面积。

图形面积的减运算的实战操作步骤如下：

（1）启动 AutoCAD 2014 后，在绘图窗口绘制一个圆和一个正多边形，如图 8.29 所示。

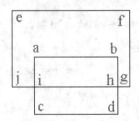

图 8.28　素材文件

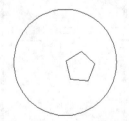

图 8.29　绘制图形

（2）选择"工具"|"查询"|"面积"命令，根据命令行提示，输入 S（减少），按

Enter 键确认后，再输入 O（对象），在绘图区单击圆，此时命令行提示区域=15276.4147，圆周长=438.1428，总面积=-15276.4147。

（3）按 Enter 键确认，根据命令行提示，在绘图区依次单击正多边形的角点，此时可以计算出圆面积与正多边形面积之差，此时命令行提示区域=1033.6386，周长=122.5547，总面积=-16310.0534。

8.4.3 查询点坐标和时间信息

使用 AutoCAD 2014 的查询功能，还可以精确地查询某一点的坐标以及时间信息。

1. 查询点坐标

AutoCAD 提供的查询点的坐标命令，可以方便用户查询指定点的坐标。用于查询指定的点的坐标值的命令是 ID。

查询点坐标的操作步骤如下：

（1）启动 AutoCAD 2014 后，打开素材文件 8.30，如图 8.30 所示。

（2）选择"工具"|"查询"|"点坐标"命令，根据命令行提示，选取中点 a，此时命令行提示 X = 392.9811，Y = 162.9209，Z = 0.0000。

2. 查询时间信息

在 AutoCAD 系统中，调用 TIME 命令可以在文本窗口显示关于图形的日期和时间的统计信息，如当前时间、图形的创建时间等。该命令使用系统时针来完成时间功能，用 24 小时时间格式可以精确显示到毫秒。

查询时间信息的操作步骤如下：

启动 AutoCAD 2014 后，选择"工具"|"查询"|"时间"命令，弹出信息窗口，如图 8.31 所示。

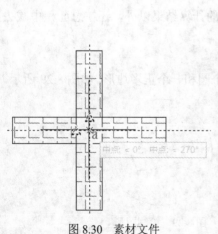

图 8.30 素材文件

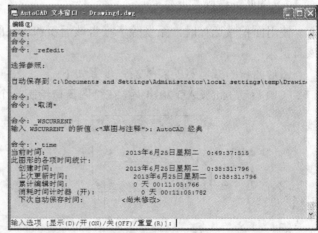

图 8.31 信息窗口

8.4.4 查询实体特征参数和图形文件的特征信息

AutoCAD 提供的查询实体特征参数的命令，可以方便用户查询所选实体的类型、所属的图层和空间等特性参数。有时还需要查询当前图形的基本信息，如当前图形范围、各种图形模式等。

1. 查询实体特征参数

用于查询实体特征参数的命令是 LIST。

查询实体特征参数的操作步骤如下：

（1）启动 AutoCAD 2014 后，打开素材文件 8.32，如图 8.32 所示。

（2）选择"工具"|"查询"|"列表"命令，根据命令行提示，在绘图窗口选择所有对象，按 Enter 键确认，弹出信息窗口，如图 8.33 所示。

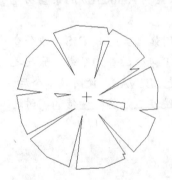

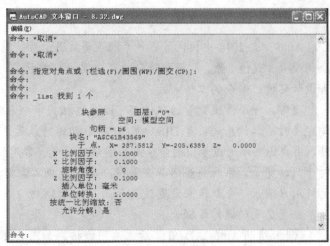

图 8.32 打开的素材文件   图 8.33 信息窗口

💡 提示：使用 LIST 命令可以显示所选对象的实体类别、所属图层、颜色、实体在当前坐标系中的位置以及对象的面积、周长等特性参数。

2. 查询图形文件的特征信息

用户可以在 AutoCAD 中使用 STATUS 命令查询当前图形的基本信息，如当前图形范围、各种图形模式等。

查询图形文件的特征信息的操作步骤如下：

（1）启动 AutoCAD 2014 后，打开素材文件 8.34，如图 8.34 所示。

（2）选择"工具"|"查询""状态"命令，弹出信息窗口，如图 8.35 所示。

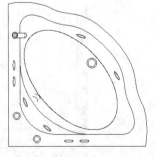

图 8.34 打开的素材文件

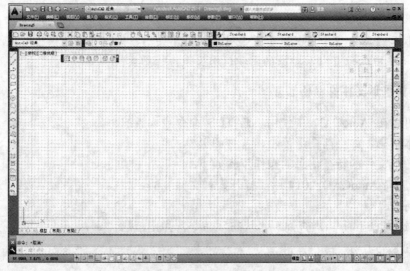

图 8.35　信息窗口

技术点拨：系统变量

AutoCAD 2014 中提供了各种系统变量，用于存储操作环境的设置、图形信息和一些命令的设置（或值）等。利用系统变量可以显示当前状态，也可以控制 AutoCAD 的某些功能和设计环境、命令的工作方式。

通常，一个系统变量的取值都可以通过相关命令来改变。例如，当使用 DIST 命令查询距离时，只读系统变量 DISTANCE 将自动保持最后一个 DIST 命令的查询结果。除此之外，用户还可以通过专门的命令来查看系统变量。常用的命令是 SETVAR，使用该命令后，对于只读变量，系统将显示其变量值。而对于非只读变量，系统在显示其变量值的同时还允许用户输入一个新值来设置该变量。

设置变量的操作步骤如下：

（1）启动 AutoCAD 2014 后，启用栅格，如图 8.36 所示。

图 8.36　显示栅格

（2）执行 GRIDMODE 命令，根据命令行提示设置 GRIDMODE 新值为 0，按 Enter 键确认后，即可将栅格隐藏。

8.5　使用 AutoCAD 设计中心

AutoCAD 设计中心为用户提供了一种管理图形的有效手段，帮助用户方便地实现图形的重复使用和共享。

AutoCAD 设计中心的功能主要有如下几个方面：

- 浏览不同的图形文件，包括用户计算机、网络驱动器和 Web 页上的图形文件。
- 查看图形文件中的对象（如块和图层）的定义，将定义插入、附着、复制和粘贴到当前图形中。
- 创建指向常用的图形、文件夹和 Internet 地址的快捷方式。
- 在本地和网络驱动器上查找图形内容。
- 在新窗口中打开图形文件。
- 向图形中添加内容，如外部参照、块和填充等。
- 将图形、块和填充拖曳到工具选项板上以便于访问。

8.5.1　使用设计中心查找内容

用户可以通过以下方法启动设计中心。

- 命令行：ADCENTER。
- 菜单栏：选择"工具"|"选项板"|"设计中心"命令。
- 工具栏：单击"参照"工具栏中的"外部参照"按钮。

执行此命令后，系统弹出"设计中心"选项板，如图 8.37 所示。该选项板最上面的工具栏用于浏览控制，此外还包含"文件夹"、"打开的图形"和"历史记录"3 个选项卡。

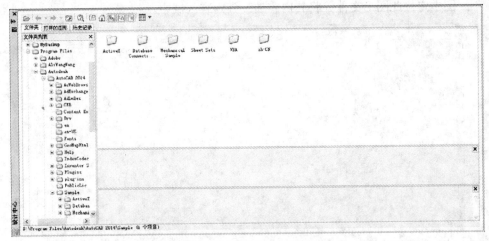

图 8.37　"设计中心"选项板

在 AutoCAD 设计中心中，可以通过"选项卡"和"工具栏"两种方式显示图形信息，现分别简要介绍如下。

1. 选项卡

AutoCAD 设计中心的 3 个选项卡功能如下。

- "文件夹"选项卡：用于显示设计中心的资源。该选项卡与 Windows 资源管理器类似。该选项卡显示导航图标的层次结构，包括网络和计算机、Web 地址（URL）、计算机驱动器、文件夹、图形和相关的支持文件、外部参照、布局、填充样式和命名对象，包括图形中的块、图层、线型、文字样式、标注样式和打印样式。
- "打开的图形"选项卡：显示在当前环境中打开的所有图形，其中包括最小化的图形，如图 8.38 所示。此时选择某个文件，就可以在右侧的显示框中显示该图形的有关设置，如标注样式、布局块和图层外部参照等。

图 8.38 "打开的图形"选项卡

- "历史记录"选项卡：显示用户最近访问过的文件，包括这些文件的具体路径，如图 8.39 所示。双击列表中的某个图形文件，可以在"文件夹"选项卡的树状视图中定位此图形文件并将其内容加载到内容区域中。

图 8.39 "历史记录"选项卡

2．工具栏

"设计中心"选项板顶部有一系列工具栏，包括"加载"、"上一页"（"下一页"或"上一级"）、"搜索"、"收藏夹"、"主页"、"树状图切换"、"预览"、"说明"和"视图"按钮。

- "加载"按钮 ：加载对象。单击该按钮，弹出"加载"对话框，用户可以利用该对话框从 Windows 桌面、收藏夹或 Internet 网页中加载文件。
- "搜索"按钮 ：查找对象。单击该按钮，弹出"搜索"对话框，如图 8.40 所示。

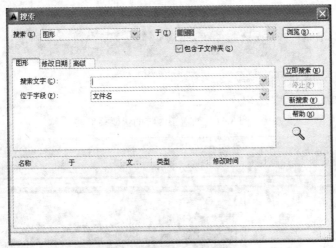

图 8.40　"搜索"对话框

- "收藏夹"按钮 ：在"文件夹列表"中显示 Favorites\Autodesk 文件夹中的内容，用户可以通过收藏夹标记存放在本地磁盘、网络驱动器或 Internet 网页中的内容。
- "主页"按钮 ：快速定位到设计中心文件夹中，该文件夹位于\AutoCAD\sample 下。

8.5.2　使用设计中心打开图形

使用 AutoCAD 设计中心可以向图形中插入各种对象。

1．插入图形文件中的对象

在"设计中心"选项板的树状列表中选择要添加的对象类型，面板右边的内容窗格将显示该类型对象列表，选择要插入的对象并右击，在弹出的快捷菜单中选择插入相关的选项，不同类型的对象的快捷菜单不同。也可以在设计中心的内容窗格中选择一个要插入的对象，将其直接拖曳到当前图形中也可以实现插入操作。如图 8.41 所示为插入一个图像时的快捷菜单。

2．插入图形文件

使用 AutoCAD 设计中心可以将已有的图形插入到当前图形中，在"设计中心"选项板的树状列表中找到图形，然后将其直接拖曳到 AutoCAD 绘图窗口中即可实现插入。在插入的过程中需要确定插入点、插入比例和旋转角度。如图 8.42 所示为插入一个 GIF 格式的图片过程。

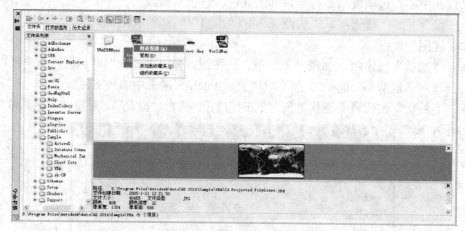

图 8.41　插入图像时的快捷菜单

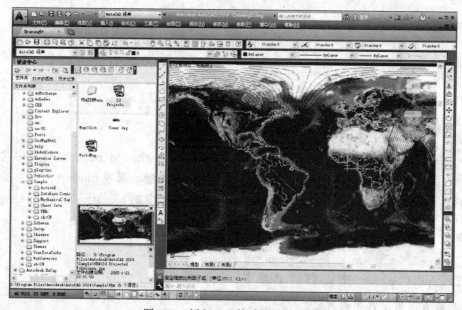

图 8.42　插入 GIF 格式图片的过程

3. 插入外部参照

与块的外部参照类似，在 AutoCAD 中附加的外部参照可以作为单个的对象显示，也可以将其根据指定的坐标、比例和旋转角度等附加到图形中。

提示：在 AutoCAD 设计中心中，可以管理的内容很多，包括图形、块参照、外部参照、图形中的内容（如图层定义、线型、布局和文字样式等）、光栅图像以及由第三方应用程序创建的自定义内容等。用户都可以通过拖曳或快捷菜单将其添加到绘图中。

第 9 章　三维绘图基础

内容摘要

在工程绘图中，二维图形的直观性比较差，有时无法观察产品的设计效果。在工程设计和生产中，往往需要通过三维图形来表达图形的效果，AutoCAD 为用户提供了强大的三维绘图功能，利用它可以绘制出形象逼真的立体图形。

本章主要介绍三维绘图的一些基础知识，为绘制复杂的三维图形打下坚实的基础。

学习目标

- 了解三维模型的分类。
- 学习视图的显示设置和观察模式。
- 熟练掌握三维点、面和三维曲面的绘制。

9.1　三维坐标系

AutoCAD 2014 使用的是笛卡儿坐标系。其使用的直角坐标系有两种类型，一种是世界坐标系（WCS），另一种是用户坐标系（UCS）。绘制二维图形时，常用的坐标系是世界坐标系（WCS），由系统默认提供。世界坐标系又称通用坐标系或绝对坐标系，对于二维绘图来说，世界坐标系足以满足要求。为了方便创建三维模型，AutoCAD 2014 允许用户根据自己的需要设定坐标系，即用户坐标系（UCS），合理创建 UCS，可以方便地创建三维模型。系统中专门提供了用于三维绘图的三维建模工作空间。用户可以通过选择"工具" | "工作空间" | "三维建模"命令来进入三维建模空间。

9.1.1　世界坐标系

三维中的坐标与二维坐标相似，也有世界坐标系（WCS）和用户坐标系（UCS），AutoCAD 将世界坐标系设置为默认坐标系，世界坐标系是不能改变的。在三维透视图下，坐标系显示如图 9.1 所示。

图 9.1　世界坐标系

9.1.2　用户坐标系

用户坐标系可以将坐标原点放在绘图窗口的指定位置，也可以指定任何方向为 X 轴的

正方向。用户坐标系的方向符合右手定则。如图 9.2 所示为长方体一个角点为原点的用户
坐标系。

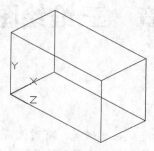

图 9.2　用户坐标系

用户可以通过以下方法创建坐标系。

- 命令行：UCS。
- 菜单栏：选择"工具"|"新建 UCS"命令。
- 工具栏：单击 UCS 工具栏中的任一按钮。

命令行提示与操作如下：

```
命令: _ucs
当前 UCS 名称: *世界*
指定 UCS 的原点或 [面(F)/命名(NA)/对象(OB)/上一个(P)/视图(V)/世界(W)/X/Y/Z/Z 轴(ZA)] <世界>:
```

命令行提示中主要选项说明如下。

- 指定 UCS 的原点：使用一点、两点或三点定义一个新的 UCS。如果指定单个点 1，
  当前 UCS 的原点将会移动而不会更改 X、Y 和 Z 轴的方向。
- 面（F）：将 UCS 与三维实体的选定面对齐。要选择一个面，请在面的边界内或
  面的边上单击，被选中的面将亮显，如图 9.3 所示，UCS 的 X 轴将与找到的第一
  个面上最近的边对齐。
- 对象（OB）：根据选定三维对象定义新的坐标系，如图 9.4 所示。新建 UCS 的拉
  伸方向（Z 轴正方向）与选定对象的拉伸方向相同。

对于大多数对象，新 UCS 的原点位于离选定对象最近的顶点处，并且 X 轴与一条边
对齐或相切。对于平面对象，UCS 的 XY 平面与该对象所在的平面对齐。对于复杂对象，
将重新定位原点，但是轴的当前方向保持不变。

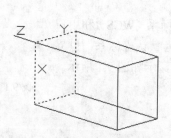

图 9.3　选定面确定坐标系

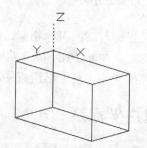

图 9.4　选定对象确定坐标系

- 视图（V）：以垂直于观察方向（平行于屏幕）的平面为 XY 平面，创建新的坐标系。UCS 原点保存不变。
- 世界（W）：将当前用户坐标系设置为世界坐标系。WCS 是所有用户坐标系的基准，不能被重新定义。

提示：“世界（W）”选项不能用于下列对象：三维多段线、三维网格和构造线。

- X、Y、Z：绕指定轴旋转当前 UCS。
- Z 轴（ZA）：利用指定的 Z 轴正半轴定义 UCS。

技术点拨：控制用户坐标系的显示及可见性

定义完用户坐标系后，用户可以控制坐标系图标的显示及位置。

用户可以通过以下方法控制坐标系图标的显示。

- 命令行：UCSICON。
- 菜单栏：选择“视图”|“显示”|“UCS 图标”|“开”或“原点”、“特性”命令。

命令行提示与操作如下：

命令: UCSICON
输入选项 [开(ON)/关(OFF)/全部(A)/非原点(N)/原点(OR)/特性(P)] <开>:

命令行提示中各个选项功能如下。

- 开（ON）：选择此选项，将显示坐标系图标。
- 关（OFF）：选择此选项，将不显示坐标系图标。
- 全部（A）：改变所有视窗中的 UCS 图标的显示状况，否则只对当前视窗起作用。
- 非原点（N）：UCS 图标将位于视窗的左下角，与 UCS 的原点无关。
- 原点（OR）：使图标显示在当前 UCS 原点，如果图标显示不全，则改在视窗左下角显示。
- 特性（P）：选择此选项，将打开“UCS 图标”对话框，用户可以通过该对话框设置坐标系图标的显示模式，如图 9.5 所示。

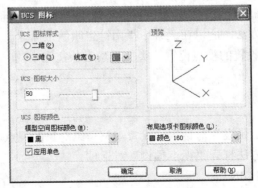

图 9.5　“UCS 图标”对话框

9.2 观察三维图形

AutoCAD 2014 大大增强了图形的观察功能,在增强原有动态观察功能和相机功能的前提下,又增加了漫游和飞行以及运动路径动画的功能。

9.2.1 设置视点

在三维绘图中,往往需要从不同的角度方向观察模型,这就要进行视点设置。设置三维视点就是设置观察三维图形的方向的点。

1. 创建三维视点

用户可以通过以下方法创建三维视点。

● 命令行:VPOINT。

● 菜单栏:选择"视图"|"三维视图"|"视点"命令。

命令行提示与操作如下:

```
命令: VPOINT
*** 切换至 WCS ***
当前视图方向:  VIEWDIR=10635.1315,10635.1315,-4490.7138
指定视点或 [旋转(R)] <显示指南针和三轴架>:
```

命令行提示中选项的功能如下。

● 指定视点:通过用户指定一点作为视点方向。

● 旋转（R）:选择该选项后,将根据两个角度来设置视点,命令行继续提示如下:

```
输入 XY 平面中与 X 轴的夹角 <45>: 120
输入与 XY 平面的夹角 <-17>: 60
*** 返回 UCS ***
正在重生成模型。
```

直接按 Enter 键后将执行该选项,绘图窗口将显示指南针和三轴架,如图 9.6 所示。指南针是球体的二维表示方法,所以在三维中指南针也叫做坐标球。

使用 VPOINT 命令设置的视点位置,类似观察者从空间中的一个视点向原点（0,0,0）方向观察。

2. 视点预设

用户可以通过"视点预设"对话框来设置观察三维对象的视点,如图 9.7 所示。

用户可以通过以下方法打开"视点预设"对话框。

● 命令行:DDVPOINT。

● 菜单栏:选择"视图"|"三维视图"|"视点预设"命令。

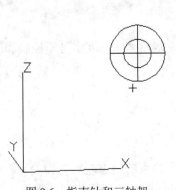

图 9.6 指南针和三轴架　　　　　　　图 9.7 "视点预设"对话框

在"设置观察角度"选项组中，"绝对于 WCS"和"相对于 UCS"单选按钮分别为相对于 WCS 设置查看方向和相对于 UCS 设置查看方向。

对话框中的左图用于设置原点和视点之间的连线在 XY 平面的投影与 X 轴正方向的夹角，右图的半圆形图用于设置该连线与投影线之间的夹角，用户可以直接在图上拾取。也可以通过"自：X 轴"和"自：XY 平面"两个文本框来输入相应的角度值。

在图上拾取时，黑针表示新角度，灰针指示当前角度。通过选择圆或半圆的内部区域来指定一个角度。如果选择了边界外边的区域，那么就舍入到该区域显示的角度值。

单击"设置为平面视图"按钮可以将坐标系设置为平面视图。

3. 使用系统预设的视点

AutoCAD 系统提供了 10 个特殊视点，分别是俯视、仰视、左视、右视、前视、后视、东南等轴测、东北等轴测、西南等轴测和西北等轴测。用户可以通过选择"视图"|"三维视图"命令来选择视点。表 9.1 列出了 10 个视图对应的视点坐标。

表 9.1 特殊位置点捕捉

视　　图	对 应 坐 标
俯视	(0,0,1)
仰视	(0,0,-1)
左视	(-1,0,0)
右视	(1,0,0)
前视	(0,-1,0)
后视	(0,1,0)
东南等轴测	(1,-1,1)
东北等轴测	(1,1,1)
西南等轴测	(-1,-1,1)
西北等轴测	(-1,1,1)

9.2.2 动态观察

AutoCAD 提供了具有交互控制功能的三维动态观察器，可以实时地控制和改变当前视图中创建的三维视图，以达到用户期望的效果。

1. 受约束的动态观察

启动受约束的动态观察有以下方法。

- 命令行：3DORBIT。
- 菜单栏：选择"视图"|"动态观察"|"受约束的动态观察"命令。

执行此命令后，当 3DORBIT 处于活动状态时，视图的目标将保持静止，而视点将围绕目标移动，如图 9.8 所示。用户可以此方式指定模型的任意视图。

在绘图窗口将显示三维动态观察光标图标。如果水平拖曳光标，相机将平行于世界坐标系（WCS）的 XY 平面移动。如果垂直拖曳光标，相机将沿 Z 轴移动。

2. 自由动态观察

启动自由动态观察有以下方法。

- 命令行：3DFORBIT。
- 菜单栏：选择"视图"|"动态观察"|"自由动态观察"命令。

执行 3DFORBIT 命令，三维动态观察视图将显示一个导航球，它被更小的圆分成 4 个区域。利用此导航球可以在任意方向上观察图形。目标点在导航球的中心，视点绕目标点移动，如图 9.9 所示。

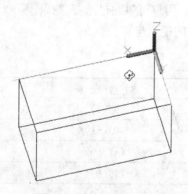
图 9.8 受约束的动态观察

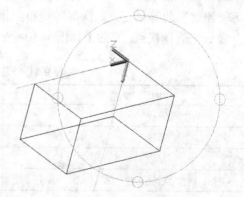
图 9.9 自由动态观察

当光标移动到导航球的不同部分时，会呈现不同的形状，如图 9.10 所示。

图 9.10 自由动态观察下光标的不同形状

3. 连续观察

启动连续观察有以下方法。

● 命令行：3DCORBIT。
● 菜单栏：选择"视图"|"动态观察"|"连续观察"命令。

启动命令之前，可以查看整个图形，或者选择一个或多个对象，执行该命令后，可以使对象连续运动以便进行观察，此时光标显示为两条直线环绕的球形。

在绘图窗口中单击并沿任意方向拖曳鼠标，来使对象沿正在拖曳的方向开始移动，释放鼠标后，对象在指定的方向上继续进行轨迹运动，以便通过再次单击并拖曳来改变连续动态观察的显示，如图 9.11 所示。

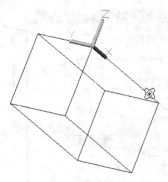

图 9.11　连续观察

💡提示：动态观察命令处于活动状态时，无法编辑对象。

9.2.3　使用 ViewCube

ViewCube 工具是在二维模型空间或三维视觉样式中处理图形时显示的导航工具。使用 ViewCube 工具，可以在标准视图和等轴测视图间切换。

ViewCube 工具是一种可单击、可拖曳的常驻界面，用户可以用它在模型的标准视图和等轴测视图之间进行切换。ViewCube 工具显示后，将在窗口一角以不活动状态显示在模型上方。ViewCube 工具在视图发生更改时可提供有关模型当前视点的直观反映。将光标放置在 ViewCube 工具上后，ViewCube 将变为活动状态，如图 9.12 所示。可以拖动或单击 ViewCube 来切换到可用预设视图之一、滚动当前视图或更改为模型的主视图。

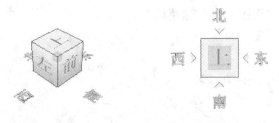

图 9.12　ViewCube 导航工具

在当前视口中显示或隐藏 ViewCube 工具，用户可在命令行中输入 OPTIONS，然后按 Enter 键，弹出"选项"对话框，在"三维建模"选项卡中选中或取消选中"显示 ViewCube"中的复选框，显示"确定"按钮即可显示或隐藏 ViewCube 工具，如图 9.13 所示。

用户也可以控制 ViewCube 工具不活动时的不透明度，方法是在"ViewCube 设置"对话框中进行设置，如图 9.14 所示。用户可以在命令行中输入 NAVVCUBE，也可以在 ViewCube 工具上右击，在弹出的快捷菜单中选择"ViewCube 设置"命令打开"ViewCube 设置"对话框。还可以在该对话框设置 ViewCube 工具的位置，可以选择 ViewCube 工具的位置是在绘图窗口的右上方、右下方、左上方还是左下方。

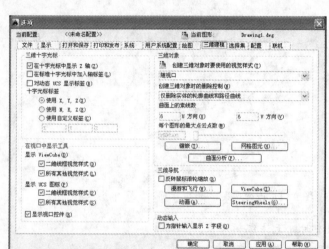

图 9.13 "选项"对话框

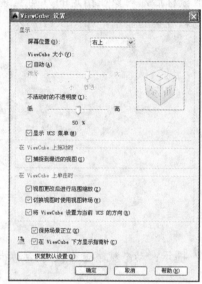

图 9.14 "ViewCube 设置"对话框

9.2.4 使用相机

用户可以通过使用相机来改变观察位置和方向，可以在图形中打开或关闭相机并使用夹点来编辑相机的位置、目标或焦距。可以通过位置 XYZ 坐标、目标 XYZ 坐标和视野/焦距（用于确定倍率或缩放比例）定义相机。还可以定义剪裁平面，以建立关联视图的前后边界。

创建相机可以通过以下方法实现。

● 命令行：CAMERA。
● 菜单栏：选择"视图"|"创建相机"命令。

执行命令后，命令行提示如下：

```
命令: _camera
当前相机设置: 高度=0 焦距=50 毫米
指定相机位置:
指定目标位置:
输入选项 [?/名称(N)/位置(LO)/高度(H)/坐标(T)/镜头(LE)/剪裁(C)/视图(V)/退出(X)] <退出>:
```

命令行提示中各选项的功能说明如下。

- ?：用于列出当前已定义的相机列表。
- 名称（N）：用于输入新相机名称。
- 位置（LO）：用于指定相机位置。
- 高度（H）：用于更改相机高度。
- 坐标（T）：用于指定相机的目标。
- 镜头（LE）：用于更改相机的焦距。
- 剪裁（C）：用于定义前后裁剪平面并设置它们的值。
- 视图（V）：设置当前视图以匹配相机设置。
- 退出（X）：取消该命令。

用户在定义完相机后，可以通过选择"工具"|"选项板"|"特性"命令，打开"特性"选项板，再选中绘图窗口中的相机，通过此选项板可以更改相机的特性。

在 AutoCAD 2014 中，使用相机观察图形的方法如下。

- 调整视距：使用"调整视距"命令可以使对象看起来更近或更远。可以通过在命令行中输入 3DDISTANCE 或选择"视图"|"相机"|"调整视距"命令进行操作。执行此命令后，光标更改为具有上箭头和下箭头的直线。单击并向屏幕顶部垂直拖曳光标使相机靠近对象，从而使对象显示得更大。单击并向屏幕底部垂直拖曳光标使相机远离对象，从而使对象显示得更小。
- 回旋：执行"回旋"命令可以通过在命令行中输入 3DSWIVEL，或选择"视图"|"相机"|"回旋"命令。该命令将在拖动方向上模拟平移相机或视点，查看的目标将更改。水平向左拖曳鼠标回旋的结果如图 9.15 所示。

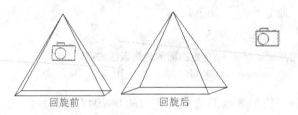

图 9.15　相机回旋

9.2.5　实战——消隐图形

消隐是为了隐藏视图中视线看不到的线框，对于单个三维模型，可以隐藏不可见的轮廓线，对于多个三维模型，可以隐藏所有被遮挡的轮廓线。

用户可以通过以下方法执行消隐图形的命令。

- 命令行：HIDE。
- 菜单栏：选择"视图"|"消隐"命令。
- 工具栏：单击"渲染"工具栏的"隐藏"按钮 。

消隐图形的实战操作步骤如下：

打开素材文件 9.16，如图 9.16 所示。选择"视图"|"消隐"命令，或者选择"视图"|

"视觉样式"|"消隐"命令，用户无须进行目标选择，AutoCAD 系统会将当前窗口中的所有对象自动进行消隐。消隐所需的时间与图形的复杂程度有关，图形越复杂，消隐所消耗的时间就越长。如图 9.17 所示为素材图像消隐后的效果。

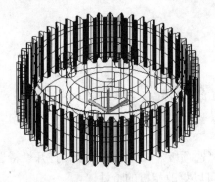

图 9.16 素材图像

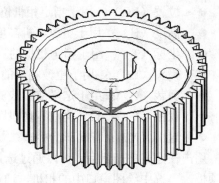

图 9.17 消隐效果

9.2.6 控制三维模型显示

在 AutoCAD 2014 中，可以通过多种命令来控制三维图形的显示，如改变模型的轮廓素线、线框显示模型、改变模型的平滑度和观赏样式等。

1. 改变三维图形的曲面轮廓素线

用户可以通过以下方法改变三维图形的曲面轮廓素线。

命令行：ISOLINES。

执行以上命令，命令行提示如下：

```
命令: ISOLINES
输入 ISOLINES 的新值 <5>: //指定曲面的轮廓素线数目
自动保存到 C:\Users\Beata\appdata\local\temp\9.16_1_1_3574.sv$ ...
```

其中，有效的曲面轮廓素线的数目设置为从 0~2047 的整数。

💡 提示：创建基于样板的新图形时，初始值可能会有所不同。

2. 以线框形式显示实体轮廓

线框模型是使用直线和曲线的真实三维对象的边缘或骨架表示。

用户可以指定线框视觉样式，以帮助查看三维对象（如实体、曲面和网格等）的整体结构。在较旧的图形中，可能还会遇到使用传统方法创建的线框模型，如图 9.18 所示为线框模型。用户可以选择"视图"|"视觉样式"|"线框"命令创建以线框形式显示的实体轮廓。

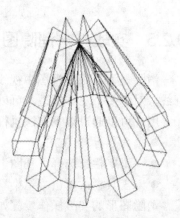

图 9.18 线框模型

3. 改变实体表面的平滑度

用户可以通过以下方法改变实体表面的平滑度。

命令行：FACETRES。

执行以上命令，命令行提示如下：

```
命令: FACETRES
输入 FACETRES 的新值 <0.5000>:   //输入平滑新值
```

其中有效值为 0.01~10.0。

✐ 技巧：ISOLINES 命令可控制用于显示线框的曲线部分的镶嵌数。FACETRES 命令可
调整着色和隐藏线对象的平滑度。

4. 改变模型的视觉样式

AutoCAD 2014 为用户提供了 10 种视觉样式，如图 9.19 所示为 AutoCAD 2014 提供的
其中 4 种视觉样式效果。用户可以通过使用视觉样式来控制三维对象边和着色的显示效果。
可以通过依次选择"视图"|"视觉样式"命令的下拉菜单中各样式实现操作，如图 9.20 所
示为"视觉样式"命令的下拉菜单。

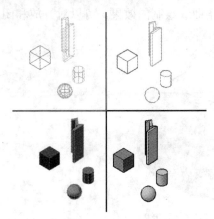

图 9.19 视觉样式效果   图 9.20 "视觉样式"命令的下拉菜单

其中各样式说明如下。

- 二维线框：通过使用直线和曲线表示边界的方式显示对象。光栅和 OLE 对象、
  线型和线宽均可见。
- 线框：通过使用直线和曲线表示边界的方式显示对象。
- 消隐：使用线框表示法显示对象，而隐藏表示背面的线。
- 真实：使用平滑着色和材质显示对象。
- 概念：使用平滑着色和古氏面样式显示对象。古氏面样式在冷暖颜色，而非明暗
  效果之间转换。效果缺乏真实感，但是可以更方便地查看模型的细节。
- 着色：使用平滑着色显示对象。
- 带边缘着色：使用平滑着色和可见边显示对象。

● 灰度：使用平滑着色和单色灰度显示对象。

● 勾画：使用线延伸和抖动边修改器显示手绘效果的对象。

● X 射线：以局部透明度显示对象。

在着色视觉样式中，当移动模型时，面由跟随视点的两个平行光源照亮。该默认光源被设计为照亮模型中的所有面，以便从视觉上可以辨别这些面。仅在其他光源（包括阳光）关闭时，才能使用默认光源。

用户可以随时选择一种视觉样式并更改其设置。这些更改反映在应用该视觉样式的绘图窗口中。用户可以选择"视图"|"视觉样式"|"视觉样式管理器"命令，打开"视觉样式管理器"面板进行视觉样式的更改设置。

9.3　绘制三维曲线

1. 绘制三维样条曲线

在 AutoCAD 2014 中，样条曲线是经过或接近一系列给定点的光滑曲线。绘制三维样条曲线时同样使用 SPLINE 命令。样条曲线是创建 NURBS 曲面以进行三维建模的一种关键工具，如图 9.21 所示为三维建模中使用样条曲线绘制的效果。可以对开放和闭合的样条曲线进行旋转、放样、扫掠和拉伸来创建曲面对象。

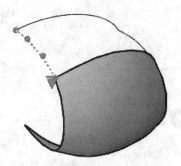

图 9.21　绘制三维样条曲线

2. 绘制三维多段线

三维多段线是作为单个对象创建的直线段相互连接而成的序列。三维多段线可以不共面，但是不能包括圆弧段。使用 3DPOLY 命令，可以创建能够产生 POLYLINE 对象类型的非平面多段线。用于三维多段线的选项较少。

用户可以通过以下方法执行绘制三维多段线的命令。

● 命令行：3DPOLY。

● 菜单栏：选择"绘图"|"三维多段线"命令。

执行该命令，命令行提示如下：

```
命令: 3DPOLY
指定多段线的起点:
```

指定直线的端点或 [放弃(U)]:
指定直线的端点或 [放弃(U)]:
指定直线的端点或 [闭合(C)/放弃(U)]:

命令行提示中各选项说明如下。

● 指定直线的端点：从前一点到新指定的点绘制一条直线。将重复显示提示，直到按 Enter 键结束命令为止，如图 9.22 所示。

● 放弃（U）：删除创建的上一线段。可以继续从前一点绘图。

● 闭合（C）：从最后一点至第一个点绘制一条闭合线，然后结束命令。要闭合的三维多段线必须至少有两条线段，如图 9.23 所示。

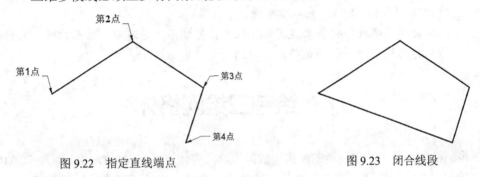

图 9.22　指定直线端点　　　　　　　　图 9.23　闭合线段

3. 绘制螺旋线

螺旋就是开口的二维或三维螺旋。可以通过 SWEEP 命令将螺旋用作路径。例如，可以沿着螺旋路径来扫掠圆，以创建弹簧实体模型。

用户可以用以下方法执行绘制螺旋线的命令。

● 命令行：HELIX。

● 菜单栏：选择"绘图"|"螺旋"命令。

● 工具栏：单击"建模"工具栏中的"螺旋"按钮 。

绘制螺旋线的操作步骤如下：

（1）在命令行中输入 HELIX，指定螺旋底面的中心点为任意一点，指定底面半径值为 5，顶面半径值为 2。

（2）在命令行提示"指定螺旋高度或 [轴端点(A)/圈数(T)/圈高(H)/扭曲(W)] <5.0000>:"下输入 T，指定螺旋圈数为 5，按 Enter 键结束操作。绘制螺旋线效果如图 9.24 所示。

命令行提示中各选项分别介绍如下。

● 轴端点（A）：指定螺旋轴端点的位置，绘制出的螺旋可以不是垂直角度。

● 圈数（T）：指定螺旋的圈数。

● 圈高（H）：指定螺旋精确的圈高值。

● 扭曲（W）：选择该项，命令行将继续提示"输入螺旋的扭曲方向 [顺时针(CW)/逆时针(CCW)] <CW>:"供选择螺旋旋转的方向，分别为"顺时针"和"逆时针"旋转方向，旋转效果如图 9.25 所示。

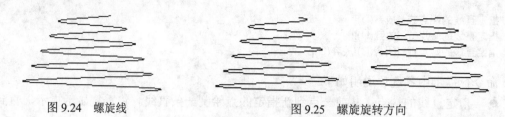

图 9.24　螺旋线　　　　　　　　　图 9.25　螺旋旋转方向

💡提示：指定一个值来同时作为底面半径和顶面半径，将创建圆柱形螺旋。默认情况下，为顶面半径和底面半径设定的值相同。不能指定 0 来同时作为底面半径和顶面半径。如果指定不同的值来作为顶面半径和底面半径，将创建圆锥形螺旋。指定的高度值为 0，则将创建扁平的二维螺旋。

螺旋是真实螺旋的样条曲线近似。长度值可能不十分准确。然而，当使用螺旋作为扫掠路径时，得到的值将是准确的（忽略近似值）。

9.4　绘制三维网格体

三维网格体是指由一定数量的网格组成的框架几何体。在 AutoCAD 2014 中，使用 MESH 命令可绘制出长方网格体、楔型网格体、棱锥面网格体、圆锥面网格体、球面网格体和圆环面网格体等。

9.4.1　实战——绘制长方体表面

网格长方体的底面将绘制为与当前 UCS 的 XY 平面（工作平面）平行。用户可以在"三维建模"工作空间中，单击"网格"选项卡"图元"面板中的"网格长方体"按钮🔲，执行网格长方体命令。

绘制长方体表面的实战操作步骤如下：

在命令行中输入 MESH，然后输入 B，选择"长方体（B）"选项，根据命令提示，指定（0,0）为第一个角点，指定其他角点为（10,10），指定高度为 5，绘制长方体表面效果如图 9.26 所示。

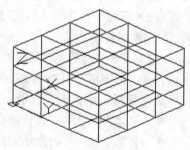

图 9.26　长方体表面

MESH 命令的"长方体"选项提供了多种用于确定创建的网格长方体的大小和旋转的方法。

- 创建立方体：可以使用"立方体"选项创建等边网格长方体。

- 指定旋转：如果要在 XY 平面内设定长方体的旋转，可以使用"立方体"或"长度"选项。

- 从中心点开始创建：可以使用"中心点"选项创建使用指定中心点的长方体。

9.4.2　实战——绘制楔体表面

将楔体的底面绘制为与当前 UCS 的 XY 平面平行，斜面正对第一个角点，楔体的高度与 Z 轴平行。用户可以在"网格图元选项"对话框中为新网格楔体的每个标注设定细分数，也可以在创建网格对象时修改这些设置和平滑度。

单击"网格"选项卡"图元"面板中的"网格长方体"按钮　，在弹出的菜单中可以选择"网格楔体"选项，如图 9.27 所示。

绘制楔体表面的实战操作步骤如下：

在命令行中输入 MESH，然后输入 W，选择"楔体（W）"选项，根据命令行提示，指定（0,0）为第一个角点，指定其他角点为（20,15），指定高度为 10。绘制楔体表面效果如图 9.28 所示。

图 9.27　下拉菜单

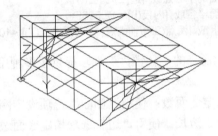

图 9.28　楔体表面

MESH 命令的"楔体"选项提供了多种用于确定创建的网格楔体的大小和旋转的方法。

● 创建等边楔体：使用"立方体"选项。
● 指定旋转：如果要在 XY 平面内设定网格楔体的旋转，可以使用"立方体"或"长度"选项。
● 从中心点开始创建：使用"中心点"选项。

9.4.3　绘制棱锥面

在 AutoCAD 2014 中创建最多具有 32 个侧面的网格棱锥体。用户可以创建倾斜至一个点的棱锥体，如图 9.29 所示，也可以创建从底面倾斜至平面的棱台。可以在"网格图元选项"对话框中为新网格棱锥体的每个标注设定细分数，也可以在创建网格对象时修改这些设置和平滑度。

单击"网格"选项卡"图元"面板中的"网格长方体"按钮　，在弹出的菜单中可以选择"网格棱锥体"选项。

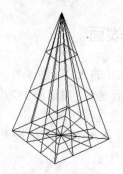

图 9.29　棱锥面

在命令行中输入 MESH，命令行提示如下：

```
命令: MESH
当前平滑度设置为: 0
输入选项 [长方体(B)/圆锥体(C)/圆柱体(CY)/棱锥体(P)/球体(S)/楔体(W)/圆环体(T)/设置(SE)] <楔体>: //
 4 个侧面  外切
指定底面的中心点或 [边(E)/侧面(S)]: //
指定底面半径或 [内接(I)] <12.3965>: //
指定高度或 [两点(2P)/轴端点(A)/顶面半径(T)] <10.0000>: //
```

MESH 命令的"棱锥体"选项提供了多种用于确定创建的网格棱锥体的大小和旋转的方法。

● 　设定侧面数：使用"侧面"选项设定网格棱锥体的侧面数。
● 　设定边长：使用"边"选项指定底面边的尺寸。
● 　创建棱台：使用"顶面半径"选项创建倾斜至平面的棱台。平截面与底面平行，
　　边数与底面边数相等。

9.4.4　绘制圆锥面

圆锥面为底面是圆形或椭圆形的尖头网格圆锥体或网格圆台，如图 9.30 所示。默认情况下，网格圆锥体的底面位于当前 UCS 的 X 平面上，圆锥体的高度与 Z 轴平行。单击"网格"选项卡"图元"面板中的"网格长方体"按钮，在弹出的菜单中可以选择"网格圆锥体"选项。

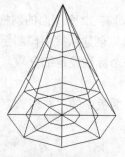

图 9.30　圆锥面

在命令行中输入 MESH，命令行提示如下：

```
命令: MESH
当前平滑度设置为: 0
输入选项 [长方体(B)/圆锥体(C)/圆柱体(CY)/棱锥体(P)/球体(S)/楔体(W)/圆环体(T)/设置(SE)] <圆锥体>:
指定底面的中心点或 [三点(3P)/两点(2P)/切点、切点、半径(T)/椭圆(E)]:
指定底面半径或 [直径(D)] <21.5311>:
指定高度或 [两点(2P)/轴端点(A)/顶面半径(T)] <51.7070>:
```

MESH 命令的"圆锥体"选项提供了多种用于确定创建的网格圆锥体的大小和旋转的方法。

- 设定高度和方向：如果要通过将顶端或轴端点置于三维空间中的任意位置来重新定向圆锥体，可以使用"轴端点"选项。
- 创建圆台：使用"顶面半径"选项来创建倾斜至椭圆面或平面的圆台。
- 指定圆周和底面："三点"选项可在三维空间内的任意位置处定义圆锥体底面的大小和所在平面。
- 创建椭圆形底面：使用"椭圆"选项可创建轴长不相等的圆锥体底面。
- 将位置设定为与两个对象相切：使用"相切、相切、半径"选项定义两个对象上的点。新圆锥体位于尽可能接近指定的切点的位置，这取决于半径距离。可以设置与圆、圆弧、直线和某些三维对象相切的切线。切点投影在当前 UCS 上。切线的外观受当前平滑度影响。

9.4.5 实战——绘制球面

在 AutoCAD 2014 中可以使用多种方法创建网格球体。如果从圆心开始创建，网格球体的中心轴将与当前用户坐标系（UCS）的 Z 轴平行。单击"网格"选项卡"图元"面板中的"网格长方体"按钮，在弹出的菜单中可以选择"网格球体"选项。

绘制球面的实战操作步骤如下：

在命令行中输入 MESH，然后输入 S，选择"球体（S）"选项，根据命令行提示，指定（0,0）为中心点，指定半径为 10，绘制球面效果如图 9.31 所示。

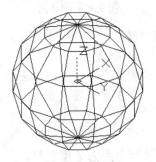

图 9.31　球面

MESH 命令的"球体"选项提供了多种用于确定创建的网格球体的大小和旋转的方法。

- 指定 3 个点以设定圆周或半径的大小和所在平面：使用"三点"选项在三维空间

中的任意位置定义球体的大小。这 3 个点还可定义圆周所在平面。

● 指定两个点以设定圆周或半径：使用"两点"选项在三维空间中的任意位置定义
  球体的大小。圆周所在平面与第一个点的 Z 值相符。

● 将位置设定为与两个对象相切：使用"相切、相切、半径"选项定义两个对象上
  的点。球体位于尽可能接近指定的切点的位置，这取决于半径距离。可以设置与
  圆、圆弧、直线和某些三维对象相切的切线。切点投影在当前 UCS 上。切线的外
  观受当前平滑度影响。

9.4.6　实战——绘制圆环面

创建类似于轮胎内胎的环形实体。网格圆环体具有两个半径值：一个值定义圆管；另
一个值定义路径，该路径相当于从圆环体的圆心到圆管的圆心之间的距离。默认情况下，
圆环体将绘制为与当前 UCS 的 XY 平面平行，且被该平面平分。

可以在"网格图元选项"对话框中为新网格圆环体的每个标注设定细分数，也可以在
创建网格对象时修改这些设置和平滑度。

网格圆环体可以自交。自交的网格圆环体没有中心孔，因为圆管半径大于圆环体半径。

单击"网格"选项卡"图元"面板中的"网格长方体"按钮 ，在弹出的菜单中可以
选择"网格圆环体"选项，

绘制圆环面的实战操作步骤如下：

在命令行中输入 MESH，然后输入 T，选择"圆环体（T）"选项，根据命令行提示，
指定半径为 5，圆管半径为 1，绘制圆环面效果如图 9.32 所示。

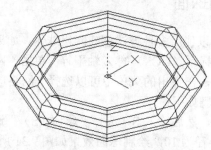

图 9.32　圆环面

MESH 命令的"圆环体"选项提供了多种用于确定创建的网格圆环体的大小和旋转的
方法。

● 设定圆周或半径的大小和所在平面：使用"三点"选项在三维空间中的任意位置
  定义网格圆环体的大小。这 3 个点还可定义圆周所在平面。使用此选项可在创建
  网格圆环体时进行旋转。

● 设定圆周或半径：使用"两点"选项在三维空间中的任意位置定义网格圆环体的
  大小。圆周所在平面与第一个点的 Z 值相符。

● 将位置设定为与两个对象相切：使用"相切、相切、半径"选项定义两个对象上
  的点。圆环体的路径位于尽可能接近指定的切点的位置，这取决于指定的半径距
  离。可以设置与圆、圆弧、直线和某些三维对象相切的切线。切点投影在当前 UCS

上。切线的外观受当前平滑度影响。

9.5 三维网格

AutoCAD 可以通过在二维图形的各个点之间进行填充来创建网格。而在 AutoCAD 2014 中，还可以通过三维网格命令直接创建具有三维效果的网格对象，如绘制三维网格、三维面等。此外，AutoCAD 2014 还可以通过二维对象来生成三维网格对象，它涉及的命令有旋转网格、平移网格、直纹网格等。也可以继续创建传统的多面网格和多边形网格类型，通过转换为较新的网格对象类型来获得更理想的结果。

9.5.1 绘制三维面

三维面可以组成复杂的三维曲面。

用户可以通过以下方法执行绘制三维面的命令。

- 命令行：3DFACE。
- 菜单栏：选择"绘图"|"建模"|"网格"|"三维面"命令。

命令行提示与操作如下：

```
命令: 3DFACE
指定第一点或 [不可见(I)]:  //指定某一点或输入 I
```

命令行提示中各选项说明如下。

- 指定第一点：输入某一点的坐标或用鼠标确定某一点，以定义三维面的起点。在输入第一点后，可按顺时针或逆时针方向输入其余的点，以创建普通三维面。如果在输入 4 点后按 Enter 键，则以指定第 4 点生成一个空间的三维平面。如果在提示下继续输入第二个平面上的第 3 点或第 4 点坐标，则生成第二个平面。该平面以第一个平面的第 3 点和第 4 点作为第二个平面的第 1 点和第 2 点，创建第二个三维平面。继续输入点可以创建用户要创建的平面，按 Enter 键结束。
- 不可见（I）：控制三维面各边的可见性，以便创建有孔对象的正确模型。如果在输入某一边之前输入 I，则可以使该边不可见，效果如图 9.33 所示。

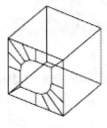
可见边

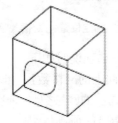
不可见边

图 9.33 可见边与不可见边

9.5.2　绘制三维网格

使用 3DMESH 命令可以在 M 和 N 方向（类似于 XY 平面的 X 轴和 Y 轴）上创建开放多边形网格，如图 9.34 所示。

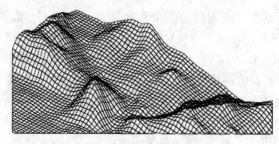

图 9.34　三维网格表面

网格密度控制镶嵌面的数目，它由包含 M×N 个顶点的矩阵定义，类似于由行和列组成的栅格。3DMESH 是创建网格的传统方法，主要针对程序控制下的非手动输入的操作而设计。创建网格时，需指定网格在 M 和 N 方向上的大小。为网格指定的总顶点数等于 M 乘以 N 的值。

用户可以通过以下方法执行绘制三维网格的命令。

命令行：3DMESH。

命令行提示与操作如下：

```
命令: 3DMESH
输入 M 方向上的网格数量:          //输入 2~256 之间的值
输入 N 方向上的网格数量:          //输入 2~256 之间的值
为顶点 (0, 0) 指定位置:          //输入第一行第一列的顶点坐标
为顶点 (0, 1) 指定位置:          //输入第一行第二列的顶点坐标
为顶点 (0, 2) 指定位置:          //输入第一行第三列的顶点坐标
......
为顶点 (0, N-1) 指定位置:        //输入第一行第 N 列的顶点坐标
为顶点 (1, 0) 指定位置:          //输入第二行第一列的顶点坐标
为顶点 (1, 1) 指定位置:          //输入第二行第二列的顶点坐标
......
为顶点（1,N-1）指定位置:         //输入第二行第 N 列的顶点坐标
......
为顶点(M-1,N-1)指定位置:        //输入第 M 行第 N 列的顶点坐标
```

命令行提示中各选项说明如下。

● 输入 M 方向上的网格数量：设定 M 方向值。输入介于 2~256 之间的值。

● 输入 N 方向上的网格数量：设定 N 方向值。输入介于 2~256 之间的值。M 乘以 N 等于必须指定的顶点数。

● 顶点位置（0，0）：设定顶点的坐标位置。输入二维或三维坐标。网格中每个顶点的位置由 m 和 n（即顶点的行下标和列下标）定义。定义顶点首先从顶点（0，0）

开始。在指定行 m+1 上的顶点之前，必须先提供行 m 上的每个顶点的坐标位置。顶点之间可以是任意距离。网格的 M 和 N 方向由其顶点位置决定。

9.5.3　实战——绘制旋转网格

REVSURF 命令可通过绕指定轴旋转轮廓来创建与旋转曲面近似的网格。轮廓可以包括直线、圆、圆弧、椭圆、椭圆弧、多段线、样条曲线、闭合多段线、多边形、闭合样条曲线和圆环。

用户可以通过以下方法执行绘制旋转网格的命令。

- 命令行：REVSURF。
- 菜单栏：选择"绘图"|"建模"|"网格"|"旋转网格"命令。

绘制旋转网格的实战操作步骤如下：

（1）使用"直线"命令在绘图窗口绘制如图 9.35 所示的直线段。

（2）在命令行中输入 REVSURF，根据命令行提示，定义直线 A 为要旋转的对象，直线 B 为旋转轴，指定起点角度为 270，在命令行提示"指定包含角 (+=逆时针，-=顺时针) <360>："下直接按 Enter 键保持为默认选项，最终绘制旋转网格的效果如图 9.36 所示。

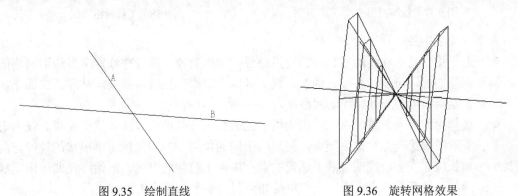

图 9.35　绘制直线　　　　　　　　　　　图 9.36　旋转网格效果

命令行提示中各选项说明如下。

- 要旋转的对象：选择直线、圆弧、圆或二维/三维多段线。
- 用于定义旋转轴的对象：选择直线或打开二维或三维多段线。轴方向不能平行于原始对象的平面。
- 起点角度：如果设定为非 0 值，将以生成路径曲线的某个偏移开始网格旋转。指定起点角度，以生成路径曲线的某个偏移开始网格旋转。
- 指定包含角：指定网格绕旋转轴延伸的距离。包含角是路径曲线绕轴旋转所扫过的角度。输入一个小于整圆的包含角可以避免生成闭合的圆。

9.5.4　实战——绘制平移网格

平移网格可创建表示常规展平曲面的网格，通常是在两条线之间创建平行的网格对象。

曲面是由直线或曲线的延长线（称为路径曲线）按照指定的方向和距离（称为方向矢量或路径）定义的。

用户可以通过以下方法执行绘制平移网格的命令。

● 命令行：TABSURF。

● 菜单栏：选择"绘图"|"建模"|"网格"|"平移网格"命令。

绘制平移网格的实战操作步骤如下：

（1）使用"直线"命令在绘图窗口绘制如图 9.37 所示的图形。

（2）在命令行中输入 TABSURF，根据命令行提示，定义直线 A 为轮廓曲线，直线 B 为方向矢量对象，最终绘制平移网格的效果如图 9.38 所示。

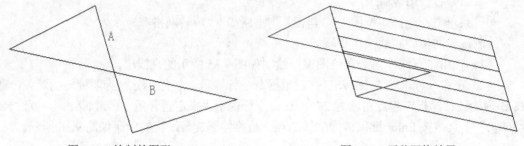

图 9.37　绘制的图形　　　　　　　图 9.38　平移网格效果

命令行提示中各选项说明如下。

● 选择用作轮廓曲线的对象：指定沿路径扫掠的对象。路径曲线定义多边形网格的近似曲面，可以是直线、圆弧、圆、椭圆、二维或三维多段线，从路径曲线上离选定点最近的点开始绘制网格。

● 选择用作方向矢量的对象：指定用于定义扫掠方向的直线或开放多段线。仅考虑多段线的第一点和最后一点，而忽略中间的顶点。方向矢量指出形状的拉伸方向和长度。在多段线或直线上选定的端点决定了拉伸的方向。原始路径曲线用宽线绘制，以帮助用户查看方向矢量是如何影响展平网格构造的。

9.5.5　实战——绘制直纹网格

直纹网格表示两条直线或曲线之间的直纹曲面的网格。与平移网格类似，但它通常是在两条线的内部创建网格对象。

用户可以通过以下方法执行绘制直纹网格的命令。

● 命令行：RULESURF。

● 菜单栏：选择"绘图"|"建模"|"网格"|"直纹网格"命令。

绘制直纹网格的实战操作步骤如下。

在命令行中输入 RULESURF，根据命令行提示，定义直线 A 为第一条定义曲线，直线 B 为第二条定义曲线，最终绘制直纹网格的效果如图 9.39 所示。

命令行提示中各选项说明如下。

● 第一条定义曲线：指定对象以及新网格对象的起点。

● 第二条定义曲线：指定对象以及新网格对象扫掠的起点。

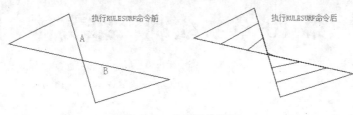

图 9.39　直纹网格效果

9.5.6　绘制边界网格

边界网格指选择 4 条用于定义网格的边。边可以是直线、圆弧、样条曲线或开放的多段线，这些边必须在端点处相交以形成一个闭合路径。边界网格可通过系统变量 SURFTAB1 和 SURFTAB2 来控制不同方面上的分段数。边界网格效果如图 9.40 所示。

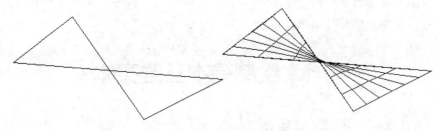

图 9.40　边界网格效果

用户可以通过以下方法执行绘制边界网格的命令。

● 命令行：EDGESURF。
● 菜单栏：选择"绘图"|"建模"|"网格"|"边界网格"命令。

命令行提示如下：

```
命令: _edgesurf
当前线框密度: SURFTAB1=6    SURFTAB2=6
选择用作曲面边界的对象 1:         //选择第一条边界线
选择用作曲面边界的对象 2:         //选择第二条边界线
选择用作曲面边界的对象 3:         //选择第三条边界线
选择用作曲面边界的对象 4:         //选择第四条边界线
```

依次单击各条直线，按 Enter 键即可将选择的闭合直线形成一个网格实体。

系统变量 SURFTAB1 和 SURFTAB2 分别控制 M、N 方向的网格分段数。可通过在命令行中输入 SURFTAB1 来改变 M 方向的默认值，输入 SURFTAB2 来改变 N 方向的默认值。

第 10 章　绘制三维实体

内容摘要

实体模型是能够完整描述对象的 3D 模型，比三维线框、三维曲面更能表达实物。利用三维实体模型，可以分析实体的质量特性，如体积、惯量和重心等。本章主要介绍基本三维实体的创建、二维图形生成三维实体、三维实体的布尔运算等知识。

学习目标

📖　了解基本三维实体的创建方法。
📖　学习三维实体的特征操作。

10.1　绘制基本三维实体

10.1.1　实战——绘制多段体

绘制多段体与绘制多段线的方法相似。在默认情况下，多段体始终带有一个矩形轮廓，用户可以指定轮廓的高度和宽度。通过 POLYSOLID 命令，用户可以将现有直线、二维多段线、圆弧或圆转换为具有矩形轮廓的实体。多段体可以包含曲线线段，但是在默认情况下轮廓始终为矩形。

用户可以通过以下方法执行绘制多段体的命令。
- 命令行：POLYSOLID。
- 菜单栏：选择"绘图"|"建模"|"多段体"命令。
- 工具栏：单击"建模"工具栏中的"多段体"按钮 。

绘制多段体的实战操作步骤如下：

（1）在命令行中输入 POLYSOLID，在命令行提示"指定起点或 [对象(O)/高度(H)/宽度(W)/对正(J)] <对象>:"下输入 H，指定高度为 50。

（2）输入 W，指定宽度为 8。在命令行提示"指定起点或 [对象(O)/高度(H)/宽度(W)/对正(J)] <对象>:"下，在绘图窗口任意指定一点为多段体起点，在命令行提示"指定下一个点或 [圆弧(A)/放弃(U)]:"下输入 A，指定圆弧端点，如图 10.1 所示。

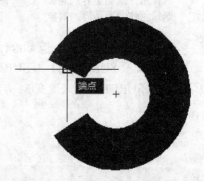

图 10.1　指定多段体圆弧段的端点

（3）指定"下一个点"，如图 10.2 所示，并按 Enter 键结束绘制多段体的操作。多段体最终绘制效果如图 10.3 所示。

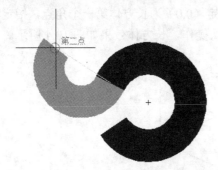

图 10.2　指定多段体圆弧段的第二个点

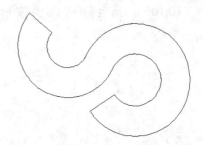

图 10.3　多段体效果

命令行提示中各选项说明如下。

- 对象（O）：指定要转换为实体的对象，可以转换的对象有直线、圆弧、圆和二维多段线。
- 高度（H）：指定实体的高度，高度的默认值是由变量 PSOLHEIGHT 设置的。用户可以通过更改变量 PSOLHEIGHT 的值来重新设置高度。
- 宽度（W）：指定实体的宽度。宽度的默认值是由变量 PSOLWIDTH 设置的。用户可以通过更改变量 PSOLWIDTH 的值来重新设置宽度。
- 对正（J）：选择实体的高度和宽度的对正方式，可以设置为左对正、右对正或居中，对正方式由轮廓的第一条线段的起始方向决定。
- 圆弧（A）：将弧线段添加到实体中，圆弧的默认起始方向与上次绘制的线段相切。可以使用"方向"选项指定不同的起始方向。选择此选项后命令行继续提示如"指定圆弧的端点或 [方向(D)/直线(L)/第二点(S)/放弃(U)]:"，其中，闭合（C），通过从指定的实体的上一点到起点创建直线段或弧线段来闭合实体，必须至少指定两个点才能使用该选项；方向（D），指定弧线段的起始方向；直线（L），退出"圆弧"选项并返回到初始的 POLYSOLID 命令；第二点（S）：指定三点弧线段的第二个点和端点；放弃（U），删除最后添加到实体的弧线段。
- 闭合（C）：通过从指定的实体的上一点到起点创建直线段或弧线段来闭合实体。必须至少指定 3 个点才能使用该选项。
- 放弃（U）：删除最后添加到实体的弧线段。

10.1.2　实战——绘制长方体

创建长方体时，长方体的底面始终与当前的 UCS 的 XY 平面平行，长方体的各边分别与当前 UCS 的 X 轴、Y 轴和 Z 轴平行。

用户可以通过以下方法执行绘制长方体的命令。

- 命令行：BOX。
- 菜单栏：选择"绘图"|"建模"|"长方体"命令。

● 工具栏：单击"建模"工具栏中的"长方体"按钮 □。

绘制长方体的实战操作步骤如下：

在命令行中输入 BOX，根据命令行提示，指定（0,0）为长方体第一个角点，指定其他角点为（10,10），指定高度为 5 并按 Enter 键确认操作，长方体效果如图 10.4 所示。

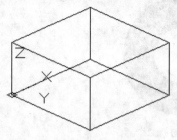

图 10.4   长方体效果

如果长方体的另一个角点指定的 Z 值与第一个角点的 Z 值不同，将不显示高度提示。命令行提示中各选项说明如下。

● 中心（C）：使用指定点的中心点来创建长方体。
● 指定其他角点：指定长方体底面的对角点来绘制长方体。
● 立方体（C）：选择该选项后将创建立方体，需要输入值或拾取点以指定 XY 平面上长方体的长度和旋转角度。
● 长度（L）：通过指定长、宽、高的值来绘制长方体。
● 两点（2P）：通过指定长方体的高度为两个指定点之间的距离。

💡 提示：在输入长、宽、高的值时，如果输入的值为正值，系统将沿 X、Y 和 Z 轴的正方向创建长方体，如果输入为负值，则系统将沿 X、Y 和 Z 轴的负方向创建长方体。

10.1.3   绘制楔体

楔体的形状类似于将长方体沿某一面的对角线切去一半。楔体的底面平行于当前 UCS 的 XY 平面，其倾斜面间断沿 Z 轴正向。

用户可以通过下方法执行绘制楔体的命令。

● 命令行：WEDGE。
● 菜单栏：选择"绘图"|"建模"|"楔体"命令。
● 工具栏：单击"建模"工具栏中的"楔体"按钮 □。

在命令行中输入 WEDGE，命令行提示如下：

```
命令: _wedge
指定第一个角点或 [中心(C)]:
指定其他角点或 [立方体(C)/长度(L)]:
指定高度或 [两点(2P)] <5.0000>:
```

如果选择"立方体"选项，将创建等边楔体。如图 10.5 所示为创建楔体的效果。

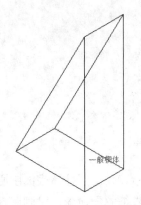
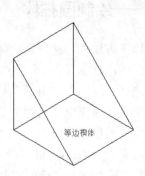

一般楔体 等边楔体

图 10.5 楔体效果

10.1.4 实战——绘制球体

三维球体是表面上的点到中心点的距离都相等的一类实体。

用户可以通过以下方法执行绘制球体的命令。

- 命令行：SPHERE。
- 菜单栏：选择"绘图"|"建模"|"球体"命令。
- 工具栏：单击"建模"工具栏中的"球体"按钮◯。

绘制球体的实战操作步骤如下：

在命令行中输入 SPHERE，根据命令行提示，指定球体中心点为（0,0），指定半径为 10，选择"视图"|"消隐"命令，绘制球体效果如图 10.6 所示。

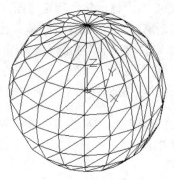

图 10.6 球体效果

命令行提示中各选项说明如下。

- 指定中心点：指定球体的中心。指定中心后，将放置球体以使其中心轴与 UCS 的 Z 轴平行。纬线与 XY 平面平行。
- 三点（3P）：通过在三维空间的任意位置指定 3 个点来定义球体的圆周。
- 两点（2P）：通过在三维空间的任意位置指定两点来定义球体的圆周。第一点的 Z 值定义圆周所在平面，圆周面垂直于 Z 轴。
- 切点、切点、半径（T）：通过指定半径定义可与两个对象相切的球体。

217

10.1.5 实战——绘制圆柱体

用户可以通过以下方法执行绘制圆柱体的命令。

- 命令行：CYLINDER。
- 菜单栏：选择"绘图"|"建模"|"圆柱体"命令。
- 工具栏：单击"建模"工具栏中的"圆柱体"按钮 ▢。

绘制圆柱体的实战操作步骤如下：

在命令行中输入 CYLINDER，根据命令行提示，指定圆柱体底面中心点为（0,0），指定底面半径为 5，指定高度为 10，选择"视图"|"消隐"命令，绘制圆柱体效果如图 10.7 所示。

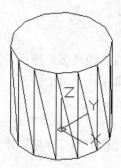

图 10.7 圆柱体效果

命令行提示中各选项说明如下。

- 中心点：先输入底面圆心的坐标，然后指定底面的半径和高度，此选项为系统的默认选项。AutoCAD 按指定的高度创建圆柱体，且圆柱体的中心线与当前坐标系的 Z 轴平行。也可以指定另一个端面的圆心来指定高度，AutoCAD 根据圆柱体两个端面的中心位置来创建圆柱体，该圆柱体的中心线就是两个端面的连线。
- 椭圆（E）：创建椭圆柱体。椭圆端面的绘制方法与平面椭圆一样。

💡 提示：对于在视觉样式为"三维线框"下的圆柱体和椭圆柱体，线框看起来过于疏松，用户可以对变量 ISOLINES 赋予新的值，从而来改变线框的疏密程度。

10.1.6 绘制圆锥体

在默认情况下，圆锥体的底面平行于当前 UCS 的 XY 平面，且对称地变细直至交于 Z 轴上的一点。圆锥体效果如图 10.8 所示。

用户可以通过以下方法执行绘制圆锥体的命令。

- 命令行：CONE。
- 菜单栏：选择"绘图"|"建模"|"圆锥体"命令。
- 工具栏：单击"建模"工具栏中的"圆锥体"按钮 △。

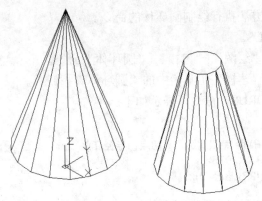

图 10.8　圆锥体效果

在命令行中输入 CONE，命令行提示如下：

命令：_cone
指定底面的中心点或 [三点(3P)/两点(2P)/切点、切点、半径(T)/椭圆(E)]：
指定底面半径或 [直径(D)]：
指定高度或 [两点(2P)/轴端点(A)/顶面半径(T)] <8.4568>：

命令行提示中部分选项说明如下。

- 三点（3P）：通过指定 3 个点来确定圆锥体底面。
- 两点（2P）：通过指定两点来指定圆锥体底面直径。
- 切点、切点、半径（T）：通过一个半径值并且与两个对象相切的圆来确定底面。
- 椭圆（E）：指定圆锥体的椭圆底面。
- 两点（2P）：指定圆锥体的高度为两个指定点之间的距离。
- 轴端点（A）：指定圆锥体轴的端点位置。轴端点是圆锥体的顶点，或圆台的顶面中心点。轴端点可以位于三维空间的任何位置。
- 顶面半径（T）：选择此选项时可以用来创建圆台，用来指定圆台的顶面半径。

10.1.7　绘制圆环体

创建的圆环实体平行于当前的 UCS 的 XY 平面，并且被 XY 平面平分。圆环体效果如图 10.9 所示。

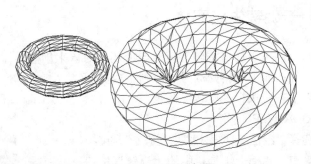

图 10.9　圆环体效果

用户可以通过以下方法执行绘制圆环体的命令。

- 命令行：TORUS。
- 菜单栏：选择"绘图"|"建模"|"圆环体"命令。
- 工具栏：单击"建模"工具栏中的"圆环体"按钮◎。

在命令行中输入 TORUS，命令行提示如下：

```
命令: _torus
指定中心点或 [三点(3P)/两点(2P)/切点、切点、半径(T)]:
指定半径或 [直径(D)] <27.2075>:
指定圆管半径或 [两点(2P)/直径(D)]:
```

命令行提示中部分选项说明如下。

- 指定中心点：指定中心点后，将放置圆环体以使其中心轴与 UCS 坐标的 Z 轴平行。圆环体与当前 UCS 的 XY 平面平行且被平面平分。
- 三点（3P）：用指定的 3 个点来定义圆环体的圆周。
- 两点（2P）：通过在三维空间的任意位置指定两个点来定义圆环体的圆周。
- 切点、切点、半径（T）：通过指定半径定义可与两个对象相切的圆环体。
- 两点（2P）：指定两个点之间的距离作为圆管的半径。

圆环体的半径和圆管的半径值决定了圆环的形状，圆环的半径值必须为非 0 正数。如果圆环体半径为负值，则系统要求圆管半径必须大于圆环体半径的绝对值。

💡 提示：实体模型具有边和面，还有在其表面内由计算机确定的质量。实体模型是最容易使用的三维模型，它的信息最完整，不会产生歧义。与线框模型和曲面模型相比，实体模型的创建方式最直接，所以在 AutoCAD 三维绘图中，实体模型应用最为广泛。

10.2　通过二维图形创建实体

在 AutoCAD 2014 中，除了可以直接用命令来绘制三维实体外，用户也可以从现有的直线和曲线经过旋转、拉伸、扫掠或放样等方法来创建实体和曲面。

10.2.1　实战——旋转生成实体

使用"旋转"命令，可以通过绕轴旋转开放或闭合对象来创建实体或曲面。如果旋转闭合对象，则生成实体；如果旋转开放对象，则生成曲面。

用户可以通过以下方法执行"旋转"命令。

- 命令行：REVOLVE。
- 菜单栏：选择"绘图"|"建模"|"旋转"命令。
- 工具栏：单击"建模"工具栏中的"旋转"按钮📄。

旋转生成实体的实战操作步骤如下：

（1）打开素材文件 10.10。在命令行中输入 REVOLVE，在命令行提示下选择要旋转的对象，在"指定轴起点或根据以下选项之一定义轴 [对象(O)/X/Y/Z] <对象>:"和"指定轴端点:"下指定轴的起点和端点，如图 10.10 所示。

（2）在命令行提示"指定旋转角度或 [起点角度(ST)/反转(R)/表达式(EX)] <360>:"下按 Enter 键默认选择旋转角度为 360°，可以看到绘图窗口旋转生成的实体效果如图 10.11 所示。

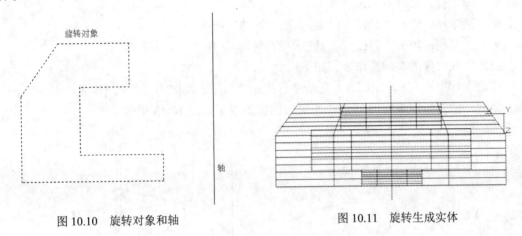

图 10.10　旋转对象和轴　　　　　　　　　图 10.11　旋转生成实体

（3）使用 ViewCube 工具，使旋转生成的实体有合适的视觉角度，如图 10.12 所示，可以清晰地看到实体中旋转效果前的旋转对象。

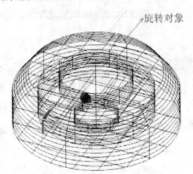

图 10.12　旋转生成实体

命令行提示中各选项说明如下。

- 指定轴起点：通过两个点来定义旋转轴。AutoCAD 将按指定的角度和旋转轴旋转二维对象。
- 对象（O）：选择已经绘制好的直线或用多段线命令绘制的直线段作为旋转轴线。
- X（Y）轴：将二维对象绕当前坐标系（UCS）的 X（Y）轴旋转。
- 模式：设定旋转是创建曲面还是实体。
- 起点角度：为旋转指定距旋转的对象所在平面的偏移。
- 反转：更改旋转方向。

221

● 表达式：输入公式或方程式来指定旋转角度。此选项仅在创建关联曲面时才可用。

10.2.2 实战——拉伸生成实体

"拉伸"命令可以将二维图形直接拉伸生成三维实体，这些图形包括圆、直线、圆弧、椭圆弧、二维多段线、二维样条曲线、宽线、面域、三维平面、平面曲面和实体上的平面等。用户可以通过以下方法执行"拉伸"命令。

● 命令行：EXTRUDE。
● 菜单栏：选择"绘图"|"建模"|"拉伸"命令。
● 工具栏：单击"建模"工具栏中的"拉伸"按钮 。

拉伸生成实体的实战操作步骤如下：

在命令行中输入 EXTRUDE，在命令行提示"选择要拉伸的对象或 [模式(MO)]:"下选择五边形，指定拉伸高度为 10，拉伸生成的实体效果如图 10.13 所示。

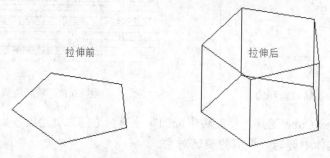

拉伸前　　　　　　　　　　拉伸后

图 10.13　拉伸生成实体

命令行提示中各选项说明如下。

● 模式：设定拉伸是创建曲面还是实体。
● 指定拉伸路径：使用"路径"选项，可以通过指定要作为拉伸的轮廓路径或形状路径的对象来创建实体或曲面。拉伸对象始于轮廓所在的平面，止于在路径端点处与路径垂直的平面。要获得最佳结果，请使用对象捕捉确保路径位于被拉伸对象的边界上或边界内。拉伸不同于扫掠。沿路径拉伸轮廓时，轮廓会按照路径的形状进行拉伸，即使路径与轮廓不相交。扫掠通常可以实现更好的控制，并能获得更出色的效果。
● 倾斜角：在定义要求成一定倾斜角的零件方面，倾斜拉伸非常有用，例如，铸造车间用来制造金属产品的铸模。
● 方向：通过"方向"选项，可以指定两个点以设定拉伸的长度和方向。
● 表达式：输入数学表达式可以约束拉伸的高度。

10.2.3 扫掠生成实体

"扫掠"命令可以通过沿开放或闭合的二维或三维路径扫掠开放或闭合的平面曲线（轮

廓）来创建新实体或曲面，扫掠效果如图 10.14 所示。

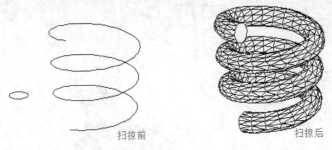

扫掠前   扫掠后

图 10.14 扫掠效果

用户可以通过以下方法执行"扫掠"命令。

● 命令行：SWEEP。
● 菜单栏：选择"绘图"|"建模"|"扫掠"命令。
● 工具栏：单击"建模"工具栏中的"扫掠"按钮⛑。

在命令行中输入 SWEEP，命令行提示如下：

```
命令: _sweep
当前线框密度：ISOLINES=4，闭合轮廓创建模式 = 实体
选择要扫掠的对象或 [模式(MO)]: _MO 闭合轮廓创建模式 [实体(SO)/曲面(SU)] <实体>: _SO
选择要扫掠的对象或 [模式(MO)]: 找到 1 个
选择要扫掠的对象或 [模式(MO)]:
选择扫掠路径或 [对齐(A)/基点(B)/比例(S)/扭曲(T)]:
```

命令行提示中各选项说明如下。

● 对齐（A）：指定是否对齐轮廓以使其作为扫掠路径切向的法向，默认情况下，轮廓是对齐的。
● 基点（B）：指定要扫掠对象的基点。如果指定的点不在选定对象所在的平面上，则该点将被投影到该平面上。
● 比例（S）：指定比例因子以进行扫掠操作。从扫掠路径的开始到结束，比例因子将统一应用到扫掠的对象上。
● 扭曲（T）：设置正被扫掠对象的扭曲角度。扭曲角度指定沿扫掠路径全部长度的旋转量。

✍ 技巧：使用"扫掠"命令，可以通过沿开放或闭合的二维或三维路径扫掠开放或闭合的平面曲线（轮廓）来创建新实体或曲面。"扫掠"命令用于沿指定路径以指定轮廓的形状（扫掠对象）创建实体或曲面。可以扫掠多个对象，但是这些对象必须在同一平面内。如果沿一条路径扫掠闭合的曲线，则生成实体。

10.2.4 放样生成实体

放样生成实体是通过指定一系列横截面来创建新的实体或曲面。横截面可以为打开或

闭合的二维对象（如圆、圆弧或样条曲线），放样效果如图 10.15 所示。

图 10.15 放样效果

用户可以通过以下方法执行放样命令。

● 命令行：LOFT。
● 菜单栏：选择"绘图"|"建模"|"放样"命令。
● 工具栏：单击"建模"工具栏中的"放样"按钮 ⓞ。

在命令行中输入 LOFT，命令行提示如下：

```
命令: _loft
当前线框密度: ISOLINES=4, 闭合轮廓创建模式 = 实体
按放样次序选择横截面或 [点(PO)/合并多条边(J)/模式(MO)]: _MO 闭合轮廓创建模式 [实体(SO)/
曲面(SU)] <实体>: _SO
按放样次序选择横截面或 [点(PO)/合并多条边(J)/模式(MO)]: 找到 1 个
按放样次序选择横截面或 [点(PO)/合并多条边(J)/模式(MO)]: 找到 1 个, 总计 2 个
按放样次序选择横截面或 [点(PO)/合并多条边(J)/模式(MO)]:
 选中了 2 个横截面
输入选项 [导向(G)/路径(P)/仅横截面(C)/设置(S)] <仅横截面>: p
```

部分选项说明如下。

● 闭合轮廓创建模式：设定放样是创建曲面还是实体。
● 横截面：选择一系列横截面轮廓以定义新三维对象的形状。创建放样对象时，可以通过指定轮廓穿过横截面的方式调整放样对象的形状（例如，尖锐或平滑的曲线）。也可以过后在"特性"选项板中修改设置。
● 路径：为放样操作指定路径，以更好地控制放样对象的形状。为获得最佳结果，路径曲线应始于第一个横截面所在的平面，止于最后一个横截面所在的平面。路径曲线必须与横截面的所有平面相交。
● 导向：指定导向曲线，以与相应横截面上的点相匹配。此方法可防止出现意外结果，如三维对象中出现皱褶。

💡 提示：每条导向曲线必须满足以下条件才能正常工作。

（1）与每个横截面相交；（2）始于第一个横截面；（3）止于最后一个横截面。可以为放样曲面或实体选择任意数量的导向曲线。

10.3　绘制组合实体

在 AutoCAD 2014 中，通过合并、减去或找出两个或两个以上三维实体、曲面或面域的相交部分来创建复合三维对象。可以使用交集、并集和差集运算来实现组合实体，分述如下。

10.3.1　通过交集运算绘制组合实体

交集运算可以从两个或两个以上重叠实体的公共部分创建复合实体。INTERSECT 命令用于删除非重叠部分，以及从公共部分创建复合实体，效果如图 10.16 所示。

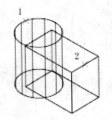

选择要相交的对象　　　　　　　结果

图 10.16　交集运算

用户可以通过以下方法执行"交集"命令。

● 命令行：INTERSECT。
● 菜单栏：选择"修改"|"实体编辑"|"交集"命令。
● 工具栏：单击"实体编辑"工具栏中的"交集"按钮◎。

选择的对象可包含位于任意多个不同平面中的面域或实体。交集运算将选择集分成多个子集，并在每个子集中测试相交部分。第一个子集包含选择集中的所有实体。第二个子集包含第一个选定的面域和所有后续共面的面域。第三个子集包含下一个与第一个面域不共面的面域和所有后续共面面域，如此直到所有的面域分属各个子集为止。

10.3.2　通过并集运算绘制组合实体

并集运算可以将两个或多个三维实体、曲面或二维面域合并为一个组合三维实体、曲面或面域，效果如图 10.17 所示。用户必须选择类型相同的对象进行合并。

用户可以通过以下方法执行"并集"命令。

● 命令行：UNION。
● 菜单栏：选择"修改"|"实体编辑"|"并集"命令。
● 工具栏：单击"实体编辑"工具栏中的"并集"按钮◎。

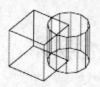

使用并集运算
之前的实体

使用并集运算
之后的实体

图 10.17　并集运算

10.3.3　通过差集运算绘制组合实体

差集运算可以从一组实体中删除与另一组实体的公共区域。差集运算效果如图 10.18 所示。

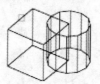 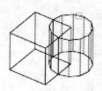

要减去对象的实体　　　　要减去的实体　　　　使用差集运算
后的实体

图 10.18　差集运算

用户可以通过以下方法执行差集命令。

- 命令行：SUBTRACT。
- 菜单栏：选择"修改"|"实体编辑"|"差集"命令。
- 工具栏：单击"实体编辑"工具栏中的"差集"按钮⑩。

📝 技巧：如果某些命令第一个字母都相同，那么对于比较常用的命令，其快捷命令取第一个字母，其他命令的快捷命令可用前面两个或 3 个字母表示。例如，A 表示 ARC、PO 表示 POINT、ST 表示 STYLE。

第 11 章　编辑和渲染三维图形

内容摘要

同二维绘图一样，在创建完三维基本实体后，还要对三维实体继续进行编辑。在三维图形的编辑中，可以对三维实体进行移动、复制、旋转、对齐和镜像等，也可以通过对三维实体进行布尔运算，绘制出更复杂的图形。另外，还可以对三维实体进行面、边、体的编辑。通过本章的学习，读者应该能够熟练地掌握三维实体的编辑。

学习目标

📖 熟练掌握实体编辑、渲染操作。
📖 了解特殊视图。

11.1　编辑三维对象

在三维操作中，用户可以像二维图形一样对三维实体进行移动、阵列、镜像、旋转和对齐等，但它们被赋予了新的含义，与二维操作过程有所不同。

11.1.1　三维移动

用户可以通过三维移动将三维实体移动到指定的位置。选择移动对象后，将在指定的基点处显示移动夹点工具，可以使用移动夹点工具将移动约束到某个确定的面上，也可以约束到某个轴上。如图 11.1 所示为执行"三维移动"命令后显示的三维移动小控件。

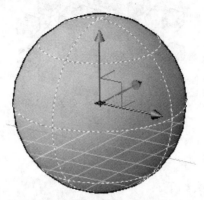

图 11.1　三维移动小控件

用户可以通过以下方法执行"三维移动"命令。

- 命令行：3DMOVE。
- 菜单栏：选择"修改" | "三维操作" | "三维移动"命令。
- 工具栏：单击"建模"工具栏中的"三维移动"按钮 ⊕。

在命令行中输入 3DMOVE，命令行提示如下：

```
命令: 3DMOVE
选择对象: 找到 1 个
选择对象:
指定基点或 [位移(D)] <位移>:   指定第二个点或 <使用第一个点作为位移>:
```

3DMOVE 命令与在平面使用移动命令类似，区别在于 3DMOVE 可以在三维空间中进行移动，通常需要通过 XYZ 轴的数值或捕捉才能精确移动对象。

11.1.2 实战——三维阵列

三维阵列以矩形或环形方式创建对象的三维矩阵。对于三维矩形阵列，除行数和列数外，用户还可以指定 Z 方向的层数。对于三维环形阵列，用户可以通过空间中的任意两点指定旋转轴。

用户可以通过以下方法执行"三维阵列"命令。

- 命令行：3DARRAY。
- 菜单栏：选择"修改" | "三维操作" | "三维阵列"命令。
- 工具栏：单击"建模"工具栏中的"三维阵列"按钮 ⊞。

三维阵列的实战操作步骤如下：

（1）打开素材文件 11.2。在命令行中输入 3DARRAY，选择要阵列的对象，选中素材图像。在命令行提示"输入阵列类型 [矩形(R)/环形(P)] <矩形>:"下输入 R，选择矩形阵列。

（2）指定行数为 3，列数为 4，层数为 3，行间距、列间距和层间距分别为 50，三维阵列的效果如图 11.2 所示。

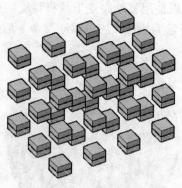

图 11.2 三维阵列

命令行提示中各选项含义如下。

- 矩形阵列：在行（X 轴）、列（Y 轴）和层（Z 轴）矩形阵列中复制对象。一个阵列必须具有至少两个行、列或层。如果只指定一行，就需指定多列，反之亦然。只指定一层则创建二维阵列。输入正值将沿 X、Y、Z 轴的正向生成阵列。输入负值将沿 X、Y、Z 轴的负向生成阵列。

● 环形阵列：绕旋转轴复制对象。指定的角度用于确定对象距旋转轴的距离。正数值表示沿逆时针方向旋转。负数值表示沿顺时针方向旋转。输入 y 或按 Enter 键旋转每个阵列元素。三维环形阵列效果如图 11.3 所示。

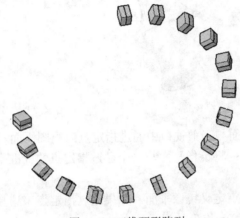

图 11.3　三维环形阵列

11.1.3　实战——三维镜像

使用三维镜像创建镜像平面上选定对象的镜像副本。三维镜像可以通过指定镜像平面来镜像对象。镜像平面可以是以下平面：

● 平面对象所在的平面。
● 通过指定点且与当前 UCS 的 XY、YZ 或 XZ 平面平行的平面。
● 由 3 个指定点（2、3 和 4）定义的平面。

用户可以通过以下方法执行"三维镜像"命令。

● 命令行：MIRROR3D。
● 菜单栏：选择"修改"|"三维操作"|"三维镜像"命令。

三维镜像的实战操作步骤如下：

（1）打开素材文件 11.4。在命令行中输入 MIRROR3D，选择要镜像的对象，选中素材图像。在命令行提示"指定镜像平面 (三点) 的第一个点或[对象(O)/最近的(L)/Z 轴(Z)/视图(V)/XY 平面(XY)/YZ 平面(YZ)/ZX 平面(ZX)/三点(3)] <三点>:"下输入 XY，选择在 XY 平面上镜像。

（2）指定 XY 平面上的点为（0，0，0），选择不删除源对象，三维镜像最终效果如图 11.4 所示。

命令行提示中各选项含义如下。

● 对象：使用选定平面对象的平面作为镜像平面。
● 删除源对象：如果输入 y，反映的对象将置于图形中并删除原始对象。如果输入 n

或按 Enter 键，反映的对象将置于图形中并保留原始对象。

- 最近的：相对于最后定义的镜像平面对选定的对象进行镜像处理。
- Z 轴：根据平面上的一个点和平面法线上的一个点定义镜像平面。Z 轴定义三维镜像效果如图 11.5 所示。

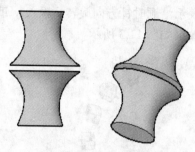

图 11.4　三维镜像

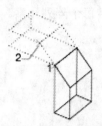

图 11.5　Z 轴定义三维镜像

- 视图：将镜像平面与当前视口中通过指定点的视图平面对齐。
- XY/YZ/ZX 平面：将镜像平面与一个通过指定点的标准平面（XY、YZ 或 ZX）对齐。
- 三点：通过 3 个点定义镜像平面。如果通过指定点来选择此选项，将不显示"在镜像平面上指定第一点"的提示。

11.1.4　三维旋转

使用三维旋转，在三维视图中，显示三维旋转小控件以协助绕基点旋转三维对象。使用三维旋转小控件，用户可以自由旋转选定的对象和子对象，或将旋转约束到轴。如果在视觉样式设定为二维线框的视口中绘图，则在命令执行期间，3DROTATE 会将视觉样式暂时更改为三维线框。默认情况下，三维旋转小控件显示在选定对象的中心。可以通过使用快捷菜单更改小控件的位置来调整旋转轴。如图 11.6 所示为三维旋转小控件。

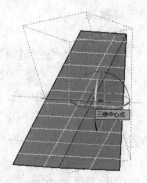

图 11.6　三维旋转小控件

用户可以通过以下方法执行"三维旋转"命令。

- 命令行：3DROTATE。
- 菜单栏：选择"修改"|"三维操作"|"三维旋转"命令。

- 工具栏：单击"建模"工具栏中的"三维旋转"按钮⊙。

在命令行中输入 3DROTATE，命令行提示如下：

```
命令: _3drotate
UCS 当前的正角方向：ANGDIR=逆时针  ANGBASE=0
选择对象：找到 1 个
选择对象：
指定基点：
指定旋转角度，或 [复制(C)/参照(R)] <0>:
```

各选项含义如下。

- 选择对象：指定要旋转的对象。
- 指定基点：设定旋转的中心点。
- 拾取旋转轴：在三维缩放小控件上指定旋转轴。移动鼠标直至要选择的轴轨迹变为黄色，然后单击以选择此轨迹。
- 指定角度起点或输入角度：设定旋转的相对起点。也可以输入角度值。
- 指定角度端点：绕指定轴旋转对象。单击结束旋转。

技术点拨："三维旋转小控件"快捷菜单

"三维旋转小控件"快捷菜单显示选项以设定三维对象的约束、切换小控件、移动或对齐小控件。访问"三维旋转小控件"快捷菜单的方法是在三维旋转小控件上右击，打开如图 11.7 所示的"三维旋转小控件"快捷菜单。

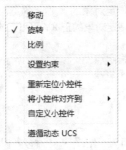

图 11.7 "三维旋转小控件"快捷菜单

"三维旋转小控件"快捷菜单各选项含义如下。

- 移动：激活三维移动小控件。
- 旋转：激活三维旋转小控件。
- 缩放：激活三维缩放小控件。
- 设置约束：设定是否将更改约束到特定轴。
- 重新定位小控件：将小控件移动到指定点。
- 将小控件对齐到：为更改设定对齐方式。
- 自定义小控件：允许用户通过指定一个、两个或三个点，或一个对象来定义当前小控件。

● 遵循动态 UCS：重定位小控件时，随着光标的移动，可将 UCS 的 XY 平面临时
与面或边对齐。

11.1.5　三维对齐

三维对齐在二维和三维空间中将对象与其他对象对齐，效果如图 11.8 所示。

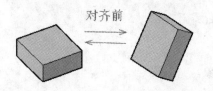

对齐前　　　　　　　　　　　对齐后

图 11.8　三维对齐

用户可以通过以下方法执行"三维对齐"命令。

● 命令行：3DALIGN。
● 菜单栏：选择"修改"|"三维操作"|"三维对齐"命令。
● 工具栏：单击"建模"工具栏中的"三维对齐"按钮⬛。

在命令行中输入 3DALIGN，命令行提示如下：

```
命令: 3DALIGN
选择对象: 找到 1 个
选择对象:  //选择要对齐的对象或按 Enter 键
指定源平面和方向 ...
指定基点或 [复制(C)]:           //指定点或输入 C 以创建副本
指定第二个点或 [继续(C)] <C>: //指定对象的 X 轴上的点，或按 Enter 键向前跳到指定目标点
指定第三个点或 [继续(C)] <C>: //指定对象的正 XY 平面上的点，或按 Enter 键向前跳到指定目标点
指定目标平面和方向 ...
指定第一个目标点:           //指定点
指定第二个目标点或 [退出(X)] <X>:
指定第三个目标点或 [退出(X)] <X>:
```

各选项含义如下。

● "选择对象:指定源平面和方向..."：将移动和旋转选定的对象，使三维空间中的
源和目标的基点、X 轴和 Y 轴对齐。3DALIGN 命令用于动态 UCS（DUCS），因
此可以动态地拖动选定对象并使其与实体对象的面对齐。
● "指定基点或 [复制(C)]:"：源对象的基点将被移动到目标的基点。
● "指定第二个点或 [继续(C)] <C>:"：第二个点在平行于当前 UCS 的 XY 平面的
平面内指定新的 X 轴方向。如果按 Enter 键而没有指定第二个点，将假设 X 轴和
Y 轴平行于当前 UCS 的 X 和 Y 轴。
● "指定第三个点或 [继续(C)] <C>:"：第三个点将完全指定源对象的 X 轴和 Y 轴
的方向，这两个方向将与目标平面对齐。
● "指定目标平面和方向... 指定第一个目标点:"：该点定义了源对象基点的目标。
● "指定第二个目标点或 [退出(X)] <X>:"：指定目标的 X 轴的点或按 Enter 键。

第二个点在平行于当前 UCS 的 XY 平面的平面内为目标指定新的 X 轴方向。如果按 Enter 键而没有指定第二个点，将假设目标的 X 轴和 Y 轴平行于当前 UCS 的 X 轴和 Y 轴。

- "指定第三个目标点或 [退出(X)] <X>: "：指定目标的正 XY 平面的点，或按 Enter 键。第三个点将完全指定目标平面的 X 轴和 Y 轴的方向。

💡 提示：如果目标是现有实体对象上的平面，则可以通过打开动态 UCS 来使用单个点定义目标平面。

11.2 编辑三维实体

在三维操作中，用户可以对三维实体的部分进行编辑，主要包括清除、分割、抽壳和检查等。

11.2.1 清除实体

清除就是删除共享边以及在边或顶点具有相同表面或曲线定义的顶点，删除所有多余的边、顶点以及不使用的几何图形。如图 11.9 所示为清除实体的效果。

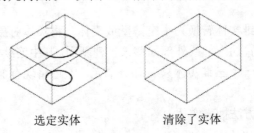

选定实体　　　　清除了实体

图 11.9　清除实体

用户可以通过以下方法清除实体。

- 命令行：输入 SOLIDEDIT 命令，选择"体"|"清除"选项。
- 菜单栏：选择"修改"|"实体编辑"|"清除"命令。

在命令行中输入 SOLIDEDIT，选择"体"|"清除"选项，命令行提示如下：

```
命令: SOLIDEDIT
实体编辑自动检查: SOLIDCHECK=1
输入实体编辑选项 [面(F)/边(E)/体(B)/放弃(U)/退出(X)] <退出>: B
输入体编辑选项
[压印(I)/分割实体(P)/抽壳(S)/清除(L)/检查(C)/放弃(U)/退出(X)] <退出>: L
选择三维实体:  //
```

清除共享边和多余的曲面后，系统将检查实体对象上的体、面或边，并且合并共享同一曲面的相邻边。

11.2.2　分割实体

分割是将不相连的三维实体对象分割为几个独立的三维实体对象。

用户可以通过以下方法分割实体。

● 命令行：输入 SOLIDEDIT 命令，选择"体"|"分割实体"选项。

● 菜单栏：选择"修改"|"实体编辑"|"分割"命令。

在命令行中输入 SOLIDEDIT，选择"体"|"分割实体"选项，命令行提示如下：

```
命令: SOLIDEDIT
实体编辑自动检查:　SOLIDCHECK=1
输入实体编辑选项  [面(F)/边(E)/体(B)/放弃(U)/退出(X)] <退出>: B
输入体编辑选项
[压印(I)/分割实体(P)/抽壳(S)/清除(L)/检查(C)/放弃(U)/退出(X)] <退出>: P
选择三维实体:
```

要进行分割，复合对象不能重叠或共用公共的面积或体积。选择要分割的实体后，即可实现分割。将三维实体分割后，独立的实体将保留原来的图层和颜色。所有嵌套的三维实体对象都将被分割成为最简单的结构。

11.2.3　实战——抽壳实体

抽壳实体可以将三维实体转换为中空薄壁或壳体。将实体对象转换为壳体时，可以通过将现有面朝其原始位置的内部或外部偏移来创建新面。其中连续相切面处于偏移状态时，可以将其看作一个面。一个三维实体只能有一个壳，通过将现有面偏移出其原位置来创建新的面。

用户可以通过以下方法抽壳实体。

● 命令行：输入 SOLIDEDIT 命令，选择"体"|"抽壳"选项。

● 菜单栏：选择"修改"|"实体编辑"|"抽壳"命令。

抽壳实体的操作步骤如下：

打开素材文件 11.10。在命令行中输入 SOLIDEDIT 命令，选择"体(B)"|"抽壳(S)"选项，选中打开的素材图像，在命令行提示"删除面或 [放弃(U)/添加(A)/全部(ALL)]:"下输入 A，选择添加选项，直接按 Enter 键确认操作，输入抽壳偏移距离为 5，最终抽壳实体效果如图 11.10 所示。

图 11.10　抽壳实体

抽壳偏移距离为正值时，将沿对象的内部抽壳；为负值时，将沿实体对象的外部抽壳。

11.2.4 检查实体

检查实体就是验证三维实体对象是否为有效的 ShapeManager 实体。

用户可以通过以下方法检查实体。

- 命令行：输入 SOLIDEDIT 命令，选择"体" | "检查"选项。
- 菜单栏：选择"修改" | "实体编辑" | "检查"命令。

在命令行中输入 SOLIDEDIT，选择"体" | "检查"选项，命令行提示如下：

```
命令: SOLIDEDIT
实体编辑自动检查:  SOLIDCHECK=1
输入实体编辑选项 [面(F)/边(E)/体(B)/放弃(U)/退出(X)] <退出>: B
输入体编辑选项
[压印(I)/分割实体(P)/抽壳(S)/清除(L)/检查(C)/放弃(U)/退出(X)] <退出>: C
选择三维实体: //此对象是有效的 ShapeManager 实体
```

11.3 编辑三维实体的边

在三维操作中，用户可以修改复合三维对象的整体形状，也可以修改组成复合三维对象的原始形状。

11.3.1 倒角边

用户在对三维实体进行倒角时，如果选定的是三维实体的一条边，那么必须指定与此边相邻的两个表面中的一个为基准表面。倒角边效果如图 11.11 所示。

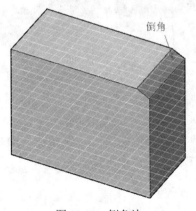

图 11.11 倒角边

用户可以通过以下方法倒角边。

- 命令行：CHAMFEREDGE。

● 菜单栏：选择"修改"|"实体编辑"|"倒角边"命令。

在命令行中输入 CHAMFEREDGE，命令行提示如下：

```
命令: CHAMFEREDGE
距离 1 = 1.0000，距离 2 = 1.0000
选择一条边或 [环(L)/距离(D)]:
选择属于同一个面的边或 [环(L)/距离(D)]: D
指定距离 1 或 [表达式(E)] <1.0000>: 2
指定距离 2 或 [表达式(E)] <1.0000>: 4
选择属于同一个面的边或 [环(L)/距离(D)]:
按 Enter 键接受倒角或 [距离(D)]:
```

各选项含义如下。

● 选择一条边：选择要建立倒角的一条实体边或曲面边。
● 距离 1：设定第一条倒角边与选定边的距离。默认值为 1。
● 距离 2：设定第二条倒角边与选定边的距离。默认值为 1。
● 环：对一个面上的所有边建立倒角。
● 表达式：使用数学表达式控制倒角距离。有关允许的运算符和函数列表，请参见
  使用参数管理器控制几何图形。

11.3.2　圆角边

为实体对象边建立圆角，圆角边效果如图 11.12 所示。

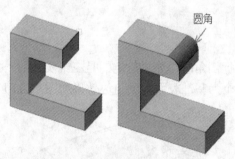

图 11.12　圆角边

用户可以通过以下方法执行"圆角边"命令。

● 命令行：FILLETEDGE。
● 菜单栏：选择"修改"|"实体编辑"|"圆角边"命令。

在命令行中输入 FILLETEDGE，命令行提示如下：

```
命令: FILLETEDGE
半径 = 1.0000
选择边或 [链(C)/半径(R)]:
选择边或 [链(C)/半径(R)]: R
输入圆角半径或 [表达式(E)] <1.0000>: 5
选择边或 [链(C)/半径(R)]: 10
```

选择边或 [链(C)/半径(R)]:
已选定 1 个边用于圆角。
按 Enter 键接受圆角或 [半径(R)]:

各选项含义如下:

- 选择边:指定要建立圆角的边。按 Enter 键后,可以拖动圆角夹点来指定半径,也可以使用"半径"选项。
- 半径:指定半径值。
- 链:选中一系列相切的边。

11.3.3　压印边

使用"压印边"命令,可以通过压印与选定的面重叠的共面对象向三维实体添加新的面。压印提供可进行修改以重塑实体对象的形状的其他边。压印时可以删除或保留原始对象。可以在三维实体上压印的对象包括圆弧、圆、直线、二维和三维多段线、椭圆、样条曲线、面域、体及其他三维实体。压印边效果如图 11.13 所示。

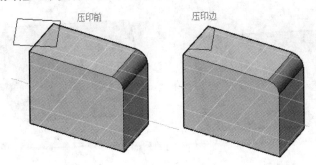

图 11.13　压印边

用户可以通过以下方法压印边。

- 命令行:IMPRINT。
- 菜单栏:选择"修改"|"实体编辑"|"压印边"命令。

在命令行中输入 IMPRINT,命令行提示如下:

命令: imprint
选择三维实体或曲面:
选择要压印的对象:
是否删除源对象 [是(Y)/否(N)] <N>: Y

技术点拨:编辑压印的对象

可以使用与编辑其他面时的相同方式编辑压印的对象和子对象。例如,可以按住 Ctrl 键并单击以选择新边,然后进行拖动以更改其位置。以下限制适用于压印的对象:

- 只能在面所在的平面内移动压印面的边。
- 可能无法移动、旋转或缩放某些子对象。

- 移动、旋转或缩放某些子对象时可能会丢失压印的边和面。

其中具有编辑限制的子对象包括：

- 具有压印边或压印面的面。
- 包含压印边或压印面的相邻面的边或顶点。

11.4　编辑三维实体的面

在三维操作中，用户可以对实体面进行编辑，包括拉伸面、移动面、复制面、删除面、旋转面、倾斜面、着色面和偏移面。

11.4.1　拉伸面

拉伸面是在 X、Y 或 Z 方向上延伸三维实体面，可以通过移动面来更改对象的形状。拉伸面效果如图 11.14 所示。

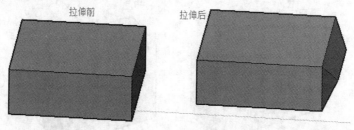

图 11.14　拉伸面

用户可以通过以下方法拉伸面。

- 命令行：输入 SOLIDEDIT 命令，选择"面"|"拉伸"选项。
- 菜单栏：选择"修改"|"实体编辑"|"拉伸面"命令。

在命令行中输入 SOLIDEDIT，选择"面"|"拉伸"选项，命令行提示如下：

```
命令: SOLIDEDIT
实体编辑自动检查:　SOLIDCHECK=1
输入实体编辑选项　[面(F)/边(E)/体(B)/放弃(U)/退出(X)] <退出>: F
输入面编辑选项
[拉伸(E)/移动(M)/旋转(R)/偏移(O)/倾斜(T)/删除(D)/复制(C)/颜色(L)/材质(A)/放弃(U)/退出(X)] <退出>: E
选择面或　[放弃(U)/删除(R)]: 找到一个面。
选择面或　[放弃(U)/删除(R)/全部(ALL)]:
指定拉伸高度或　[路径(P)]: 40
指定拉伸的倾斜角度　<0>: 60
已开始实体校验。
已完成实体校验。
```

命令行提示中部分选项功能如下。

- 全部：选择所有面并将它们添加到选择集中。

- 指定拉伸高度：设置拉伸的方向和距离。如果输入正值，则沿面的法向拉伸；如果输入负值，则沿面的反法向拉伸。
- 指定拉伸的倾斜角度：指定-90°～90°之间的角度。正角度将向里倾斜选定的面，负角度将向外倾斜面。默认角度为 0，可以垂直于平面拉伸面。选择集中所有选定的面将倾斜相同的角度。如果指定了较大的倾斜角或高度，则在达到拉伸高度前，面可能会汇聚到一点。
- 路径：以指定的直线或曲线来设置拉伸路径。所有选定面的轮廓将沿此路径拉伸。拉伸路径可以是直线、圆、圆弧、椭圆、椭圆弧、多段线或样条曲线。拉伸路径不能与面处于同一平面，也不能具有高曲率的部分。

💡 提示：拉伸面始于轮廓所在平面，止于在路径端点处与路径垂直的平面。路径的一个端点应在轮廓所在平面上；如果不在，会将路径移动到轮廓的中心。

如果路径是样条曲线，则路径应垂直于轮廓所在平面且位于其中一个端点处。如果路径不垂直于轮廓所在平面，会将轮廓旋转以与样条曲线路径垂直。如果样条曲线的一个端点位于该面的平面上，则将围绕该点旋转该面；否则，会将样条曲线路径移动到轮廓的中心，然后围绕其中心旋转轮廓。如果路径包含不相切的线段，那么将沿每条线段拉伸对象，然后沿线段形成的角平分面斜接接头。如果路径是闭合的，则轮廓位于斜接面。这允许实体的起点截面和端点截面相互匹配。如果轮廓不在斜接面上，将旋转路径直至轮廓位于斜接面上。

11.4.2　移动面

移动面即沿指定的高度或距离移动选定的三维实体对象的面，一次可以选择多个面。移动面效果如图 11.15 所示。

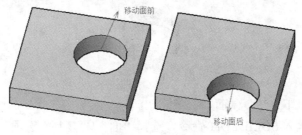

图 11.15　移动面

用户可以通过以下方法移动面。

- 命令行：输入 SOLIDEDIT 命令，选择"面"|"移动"选项。
- 菜单栏：选择"修改"|"实体编辑"|"移动面"命令。

在命令行中输入 SOLIDEDIT，选择"面"|"移动"选项，命令行提示如下：

```
命令: SOLIDEDIT
实体编辑自动检查:  SOLIDCHECK=1
输入实体编辑选项 [面(F)/边(E)/体(B)/放弃(U)/退出(X)] <退出>: F
```

输入面编辑选项
[拉伸(E)/移动(M)/旋转(R)/偏移(O)/倾斜(T)/删除(D)/复制(C)/颜色(L)/材质(A)/放弃(U)/退出(X)] <退出>: M
选择面或 [放弃(U)/删除(R)]: 找到一个面。
选择面或 [放弃(U)/删除(R)/全部(ALL)]:
指定基点或位移:
指定位移的第二点:
已开始实体校验。
已完成实体校验。

命令行提示中部分选项功能如下。

● 选择面：指定要移动的面。
● 指定基点或位移：设置用于移动的基点。如果指定一个点（通常输入为坐标），然后按 Enter 键，则将使用此坐标作为新位置。
● 指定位移的第二点：设置用于指示选定面移动的距离和方向的位移矢量。

11.4.3　复制面

将面复制为面域或体。如果指定两个点，复制面将使用第一个点作为基点，并相对于基点放置一个副本。如果指定一个点（通常输入为坐标），然后按 Enter 键，复制面将使用此坐标作为新位置。复制面效果如图 11.16 所示。

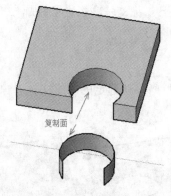

复制面

图 11.16　复制面

用户可以通过以下方法复制面。

● 命令行：输入 SOLIDEDIT 命令，选择"面" | "复制"选项。
● 菜单栏：选择"修改" | "实体编辑" | "复制面"命令。

在命令行中输入 SOLIDEDIT，选择"面" | "复制"选项，命令行提示如下：

命令: SOLIDEDIT
实体编辑自动检查:　SOLIDCHECK=1
输入实体编辑选项 [面(F)/边(E)/体(B)/放弃(U)/退出(X)] <退出>: F
输入面编辑选项
[拉伸(E)/移动(M)/旋转(R)/偏移(O)/倾斜(T)/删除(D)/复制(C)/颜色(L)/材质(A)/放弃(U)/退出(X)] <退出>: C
选择面或 [放弃(U)/删除(R)]: 找到一个面。
选择面或 [放弃(U)/删除(R)/全部(ALL)]:

指定基点或位移:
指定位移的第二点:

命令行提示中部分选项功能如下。

- 选择面：指定要复制的面。
- 放弃：取消最近选定的面的选择。
- 指定基点或位移：设置用于确定复制的面的放置距离和方向（位移）的第一个点。
- 指定位移的第二点：设置第二个位移点。

11.4.4 删除面

删除面包括圆角和倒角。可删除圆角和倒角边，并在稍后进行修改。如果更改生成无效的三维实体，将不删除面。删除面效果如图 11.17 所示。

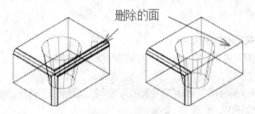

删除的面

图 11.17 删除面

用户可以通过以下方法删除面。

- 命令行：输入 SOLIDEDIT 命令，选择"面"|"删除"选项。
- 菜单栏：选择"修改"|"实体编辑"|"删除面"命令。

在命令行中输入 SOLIDEDIT，选择"面"|"删除"选项，命令行提示如下：

```
命令: SOLIDEDIT
实体编辑自动检查：  SOLIDCHECK=1
输入实体编辑选项 [面(F)/边(E)/体(B)/放弃(U)/退出(X)] <退出>: F
输入面编辑选项
[拉伸(E)/移动(M)/旋转(R)/偏移(O)/倾斜(T)/删除(D)/复制(C)/颜色(L)/材质(A)/放弃(U)/退出(X)] <退出>: D
选择面或 [放弃(U)/删除(R)]: 找到一个面。
选择面或 [放弃(U)/删除(R)/全部(ALL)]:
已开始实体校验。
已完成实体校验。
```

命令行提示中部分选项功能如下。

- 放弃：取消最近选定的面的选择。
- 选择面：指定要删除的面。该面必须位于可以在删除后通过周围的面进行填充的位置处。

11.4.5 旋转面

旋转面是指绕指定的轴旋转一个或多个面或实体的某些部分，旋转面效果如图 11.18

所示。

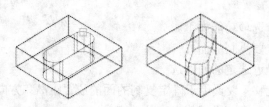

图 11.18　旋转面前后效果

用户可以通过以下方法旋转面。

● 命令行：输入 SOLIDEDIT 命令，选择"面"|"旋转"选项。

● 菜单栏：选择"修改"|"实体编辑"|"旋转面"命令。

在命令行中输入 SOLIDEDIT，选择"面"|"旋转"选项，命令行提示如下：

命令: SOLIDEDIT
实体编辑自动检查:　SOLIDCHECK=1
输入实体编辑选项 [面(F)/边(E)/体(B)/放弃(U)/退出(X)] <退出>: F
输入面编辑选项
[拉伸(E)/移动(M)/旋转(R)/偏移(O)/倾斜(T)/删除(D)/复制(C)/颜色(L)/材质(A)/放弃(U)/退出(X)] <退出>: R
选择面或 [放弃(U)/删除(R)]: 找到 2 个面。
选择面或 [放弃(U)/删除(R)/全部(ALL)]:
指定轴点或 [经过对象的轴(A)/视图(V)/X 轴(X)/Y 轴(Y)/Z 轴(Z)] <两点>:
在旋转轴上指定第二个点:
指定旋转角度或 [参照(R)]: 60
已开始实体校验。
已完成实体校验。

命令行提示中部分选项功能如下。

● 经过对象的轴：将旋转轴与现有对象对齐。可选择直线、圆、圆弧、椭圆、二维多段线、三维多段线和样条曲线等对象。

● 视图：将旋转轴与当前通过选定点的视口的观察方向对齐。

● X 轴(X)/Y 轴(Y)/Z 轴(Z)：将旋转轴与通过选定点的轴（X、Y 或 Z 轴）对齐。

● 在旋转轴上指定第二个点：设置轴上的第二个点。

● 指定旋转角度：从当前位置起，使对象绕选定的轴旋转指定的角度。

● 参照：指定参照角度和新角度。参照角度为设置角度的起点。端点角度为设置角度的端点。起点角度和端点角度之间的差值即为计算的旋转角度。

11.4.6　倾斜面

倾斜面是指以指定的角度倾斜三维实体上的面。倾斜角的旋转方向由选择基点和第二点（沿选定矢量）的顺序决定。倾斜面效果如图 11.19 所示。

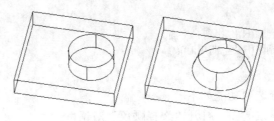

图 11.19 倾斜 20°的面

用户可以通过以下方法倾斜面。

● 命令行：输入 SOLIDEDIT 命令，选择"面"|"倾斜"选项。

● 菜单栏：选择"修改"|"实体编辑"|"倾斜面"命令。

在命令行中输入 SOLIDEDIT，选择"面"|"倾斜"选项，命令行提示如下：

```
命令: SOLIDEDIT
实体编辑自动检查:  SOLIDCHECK=1
输入实体编辑选项 [面(F)/边(E)/体(B)/放弃(U)/退出(X)] <退出>: F
输入面编辑选项
[拉伸(E)/移动(M)/旋转(R)/偏移(O)/倾斜(T)/删除(D)/复制(C)/颜色(L)/材质(A)/放弃(U)/退出(X)] <退出>: T
选择面或 [放弃(U)/删除(R)]: 找到一个面。
选择面或 [放弃(U)/删除(R)/全部(ALL)]:
指定基点:
指定沿倾斜轴的另一个点:
指定倾斜角度: 20
已开始实体校验。
已完成实体校验。
```

命令行提示中部分选项功能如下。

● 选择面：指定要倾斜的面，然后设置倾斜度。

● 指定基点：设置用于确定平面的第一个点。

● 指定沿倾斜轴的另一个点：设置用于确定倾斜方向的轴的方向。

● 指定倾斜角度：指定-90°~+90°之间的角度以设置与轴之间的倾斜度。

11.4.7 着色面

着色面可用于亮显复杂三维实体模型内的细节。

用户可以通过以下方法着色面。

● 命令行：输入 SOLIDEDIT 命令，选择"面"|"颜色"选项。

● 菜单栏：选择"修改"|"实体编辑"|"着色面"命令。

选择"着色面"命令后，命令行提示如下：

```
命令: _solidedit
实体编辑自动检查:  SOLIDCHECK=1
输入实体编辑选项 [面(F)/边(E)/体(B)/放弃(U)/退出(X)] <退出>: _face
输入面编辑选项
[拉伸(E)/移动(M)/旋转(R)/偏移(O)/倾斜(T)/删除(D)/复制(C)/颜色(L)/材质(A)/放弃(U)/退出(X)] <退出
```

>: _color
选择面或 [放弃(U)/删除(R)]: 找到一个面。
选择面或 [放弃(U)/删除(R)/全部(ALL)]:
已完成实体校验。

命令行提示中部分选项功能如下。

选择面：指定要修改的面，打开"选择颜色"对话框。

11.4.8　偏移面

按指定的距离或通过指定的点，将面均匀地偏移。正值会增大实体的大小或体积，负值会减小实体的大小或体积。偏移面效果如图 11.20 所示。

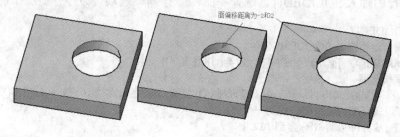

图 11.20　偏移面

用户可以通过以下方法偏移面。

● 命令行：输入 SOLIDEDIT 命令，选择"面"|"偏移"选项。
● 菜单栏：选择"修改"|"实体编辑"|"偏移面"命令。

在命令行中输入 SOLIDEDIT，选择"面"|"偏移"选项，命令行提示如下：

命令: _solidedit
实体编辑自动检查:　SOLIDCHECK=1
输入实体编辑选项 [面(F)/边(E)/体(B)/放弃(U)/退出(X)] <退出>: F
输入面编辑选项
[拉伸(E)/移动(M)/旋转(R)/偏移(O)/倾斜(T)/删除(D)/复制(C)/颜色(L)/材质(A)/放弃(U)/退出(X)] <退出>: O
选择面或 [放弃(U)/删除(R)]: 找到一个面。
选择面或 [放弃(U)/删除(R)/全部(ALL)]:
指定偏移距离: 2
已开始实体校验。
已完成实体校验。

命令行中部分选项功能如下。

指定偏移距离：设置正值增加实体大小，或设置负值减小实体大小。

11.5　渲染对象

绘制三维实体后，通过渲染设置、材质、光源使模型表面显示出明暗色彩和材质效果，使其更真实地反映实体。

11.5.1　实战——在渲染窗口中快速渲染对象

在 AutoCAD 2014 中，渲染代替了传统的建筑、机械和工程图形使用水彩、有色蜡笔和油墨等生成最终演示的渲染效果图。渲染图形的过程一般分为以下 4 步：

（1）准备渲染模型，包括遵从正确的绘图技术，删除消隐面，创建光源的着色网格和设置视图的分辨率。

（2）创建和放置光源以及创建阴影。

（3）定义材质并建立材质与可见表面间的联系。

（4）进行渲染，包括检验渲染对象的准备、照明和颜色的中间步骤。

渲染是对三维模型进行光源设置、渲染环境、加入材质等细致的处理，使其显示更为逼真。

用户可以通过以下方法快速渲染对象。

● 命令行：RENDER。

● 菜单栏：选择"视图"|"渲染"|"渲染"命令。

快速渲染对象的操作步骤如下：

（1）打开素材文件 11.21。选择"视图"|"渲染"|"渲染"命令，系统弹出"渲染"窗口，如图 11.21 所示。用户可以在其中看到相关渲染信息。

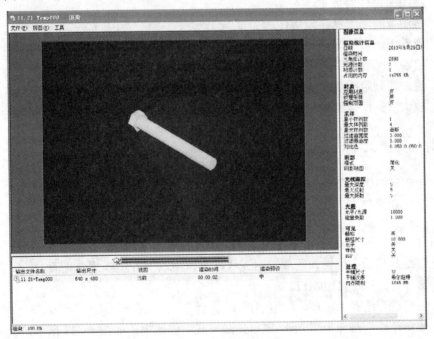

图 11.21　"渲染"窗口

（2）选择"文件"|"保存"命令，弹出"渲染输出文件"对话框，如图 11.22 所示，在其中输入文件名，保存至合适位置，快速渲染对象的实战操作步骤完毕。

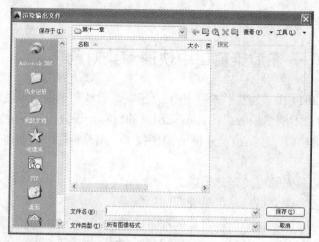

图 11.22　"渲染输出文件"对话框

在"渲染"窗口中，用户可以看到以下文件信息。

● "图像文件"界面：用于显示渲染的图像。

● "图像信息"界面：位于窗口右侧，显示当前用于渲染的当前设置。

● "历史记录"界面：位于底部，提供当前模型的渲染图像的近期历史记录以及进度条以显示渲染进度。

用户可以通过窗口的工具栏或者右击历史记录窗口中的渲染记录进行以下操作：

● 将图像保存为文件。

● 将图像的副本保存为文件。

● 查看用于当前渲染的设置。

● 追踪模型的渲染历史记录。

● 清理、删除或清理并删除渲染历史记录中的图像。

● 放大渲染图像的某个部分，平移图像，然后再将其缩小。

11.5.2　设置光源

光源控制着三维对象色彩的明暗和光照效果。AutoCAD 2014 提供的光源形式分别为点光源、聚光灯和平行光。

1.　点光源

点光源是从其所在位置向四周发射光线，可以用以下方法新建点光源。

● 命令行：POINTLIGHT。

● 菜单栏：选择"视图"|"渲染"|"光源"|"新建点光源"命令。

执行此命令后，将弹出"光源-视口光源模式"提示框，如图 11.23 所示。此提示框用来询问关闭默认光源成是使用默认光源保持打开状态。如果打开默认光源，将无法在视口中显示日光和来自点光源、聚光灯和平行光的光。用户可以单击"关闭默认光源（建议）"按钮，继续创建点光源。如图 11.24 所示为点光源效果。

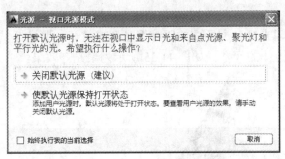

图 11.23　"光源-视口光源模式"提示框　　　　图 11.24　点光源效果

在该命令中系统变量 LIGHTINGUNITS 用来控制光源使用常规光源或是使用光度控制光源，并指示当前的光学单位。当此系统变量设置为 1 或 2 时，启用光度控制光源；否则使用标准（常规）光源。

如果将 LIGHTINGUNITS 系统变量设置为 0，则命令行提示如下：

命令: LIGHTINGUNITS
输入 LIGHTINGUNITS 的新值 <2>: 0
命令: POINTLIGHT
指定源位置 <0,0,0>:
输入要更改的选项 [名称(N)/强度(I)/状态(S)/阴影(W)/衰减(A)/颜色(C)/退出(X)] <退出>:

如果将 LIGHTINGUNITS 系统变量设置为 1 或 2 时，则命令行提示如下：

命令: POINTLIGHT
指定源位置 <0,0,0>:
输入要更改的选项 [名称(N)/强度因子(I)/状态(S)/光度(P)/阴影(W)/衰减(A)/过滤颜色(C)/退出(X)] <退出>:

在将 LIGHTINGUNITS 系统变量设置为 1 或 2 时，命令行提示中多了"光度"和"过滤颜色"选项。命令行提示中各主要选项有如下功能。

- 名称（N）：指定光源名，名称中可以使用大小写字母、数字、空格、连字符（-）和下划线（_），最大长度为 256 个字符。
- 强度（I）/强度因子（I）：输入以烛光表示的强度值、以光通量值表示的可感知能量或入射到表面上的总光通量的照度值。设置光源的强度或亮度，取值范围为 0.00 到系统支持的最大值。
- 状态（S）：打开和关闭光源，如果图形中没有启用光源，则该设置没有影响。
- 光度（P）：指可见光源的照度值。在光学中，照度是指对光源沿特定方向发出的单位面积的光方面量值，光通量是指光源输出的光能量，一盏灯的总光通量为发射的能量。
- 阴影（W）：使光源投射阴影。
- 衰减（A）：控制光线如何衰减及设置衰减界限。
- 颜色（C）/过滤颜色（C）：控制光源的颜色。

2. 聚光灯

聚光灯用来投射一个聚焦光束，如闪光灯、剧场中的跟踪聚光灯或前灯。聚光灯发射定向锥形光，可以控制光源的方向和圆锥体的尺寸。如图 11.25 所示为聚光灯效果。

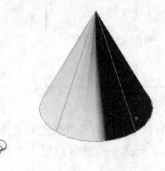

图 11.25　聚光灯效果

用户可以通过以下方法创建聚光灯。

- 命令行：SPOTLIGHT。
- 菜单栏：选择"视图"|"渲染"|"光源"|"新建聚光灯"命令。

和创建点光源一样，系统变量 LIGHTINGUNITS 用来控制光源使用常规光源还是使用光度控制光源，并指示当前的光学单位。当系统变量 LIGHTINGUNITS 的值设置为 1 或 2 时，将显示"光度"选项；设置为 0 时将不显示"光度"选项。

当系统变量 LIGHTINGUNITS 的值为 1 时，SPOTLIGHT 命令行提示如下：

```
命令: SPOTLIGHT
指定源位置 <0,0,0>:
指定目标位置 <0,0,-10>:
输入要更改的选项 [名称(N)/强度因子(I)/状态(S)/光度(P)/聚光角(H)/照射角(F)/阴影(W)/衰减(A)/过
滤颜色(C)/退出(X)] <退出>:
```

命令行提示选项与创建点光源时同名选项功能相同，其他选项含义如下。

- 聚光角（H）：指定定义最亮光锥的角度，也称为光束角。聚光角的取值范围为 0°~160°。
- 照射角（F）：指定定义完整光锥的角度，也称为现场角。照射角的取值范围为 0°~160°。默认值为 50°，照射角角度必须大于或等于聚光角角度。

3. 平行光

照亮对象或作为背景时，平行光十分有用。平行光仅向一个方向发射统一的平行光光线。可以在视口中的任意位置指定 FROM 点和 TO 点，以定义光线的方向。使用不同的光线轮廓表示每个聚光灯和点光源。在图形中，不会用轮廓表示平行光，因为它们没有离散的位置并且也不会影响到整个场景。平行光的强度并不随着距离的增加而衰减；对于每个照射的面，平行光的亮度都与其在光源处相同。统一照亮对象或照亮背景时，平行光十分有用。如图 11.26 所示为创建平行光效果。

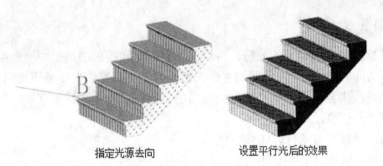

指定光源去向　　　　　　设置平行光后的效果

图 11.26　创建平行光效果

用户可以通过以下方法创建平行光。

● 命令行：DISTANTLIGHT。

● 菜单栏：选择"视图"|"渲染"|"光源"|"新建平行光"命令。

命令行选项与创建点光源时同名选项功能相同，此处不再赘述。

4．控制光源特性

"模型中的光源"选项板中按照名称和类型列出了每个添加到图形中的光源，其中不包括阳光、默认光源以及块和外部参照中的光源，如图 11.27 所示。

用户可以通过以下方法控制光源特性。

菜单栏：选择"视图"|"渲染"|"光源"|"光源列表"命令。

执行此命令后，可以打开"模型中的光源"选项板。"类型"列中的图标指示光源类型：点光源、聚光灯或平行光，并指示它们是处于打开还是关闭状态。用户可以选择列表中的光源以在图形中选择它。选定一个或多个光源后，右击，在弹出的快捷菜单中选择"删除光源"命令以从图形中删除光源，也可以按 Enter 键。选择某个光源后，单击鼠标右键，在弹出的快捷菜单中选择"特性"命令，将弹出"特性"选项板，如图 11.28 所示。在图形中选定一个光源时，可以使用夹点工具来移动或旋转该光源，并更改光源的其他某些特性（例如，聚光灯中的聚光锥角和衰减锥角）。更改光源特性后，可以在模型上看到更改的效果。

图 11.27　"模型中的光源"选项板

图 11.28　"特性"选项板

5. 阳光特性

太阳是模拟太阳光源效果的光源，可以用于显示结构投射的阴影如何影响周围区域。阳光与天光是 AutoCAD 中自然照明的主要来源。但是，阳光的光线是平行的且为淡黄色，而大气投射的光线来自所有方向且颜色为明显的蓝色。阳光的光线相互平行，并且在任何距离处都具有相同强度。

用户可以通过以下方法打开阳光特性。

● 命令行：SUNPROPERTIES。

● 菜单栏：选择"视图"|"渲染"|"光源"|"阳光特性"命令。

执行此命令后，将打开"阳光特性"选项板，如图 11.29 所示，可用于指定阳光和天光设置及控件。

图 11.29 "阳光特性"选项板

"阳光特性"选项板中各选项组功能如下。

● 常规：设置阳光的常规特性。状态：打开和关闭阳光，如果未在图形中使用光源，则此设置没有影响；强度因子：设置阳光的强度或亮度，取值范围为 0（无光源）到最大值，数值越大，光源越亮；颜色：控制光源的颜色；阴影：打开或关闭阳光阴影的显示和计算，关闭阴影可以提高性能。

● 天光特性：设置自然光常规特性。状态：确定渲染时是否计算自然光照明，此选项对视口照明或视口背景没有影响，仅使自然光可作为渲染时的收集光源；强度因子：提供放大天光的一个方法；雾化：确定大气中散射效果的幅值。

● 地平线：此特性类别适用于地平面的外观和位置。高度：确定相对于世界 0 海拔的地平面的绝对位置，此参数表示世界坐标空间长度并且应以当前长度单位对其进行格式设置；模糊：确定地平面和天空之间的模糊量；地面颜色：确定地平面的颜色。

● 高级：此特性类别适用于多种艺术效果。夜间颜色：指定夜空的颜色；鸟瞰透视：指定是否应用鸟瞰透视，值为打开/关闭；可见距离：指定 10%雾化阳光度情况下的可视距离，值为 0.0 至最大。

- 太阳圆盘外观：此特性类别仅适合背景。它们控制太阳圆盘的外观。圆盘比例：指定太阳圆盘的比例（正确尺寸为 1.0）；光晕强度：指定太阳光晕的强度，值为 0.0~25.0；圆盘强度；指定太阳圆盘的强度，值为 0.0~25.0。

- 太阳角度计算器：设置阳光的角度。日期：显示当前日期设置；时间：显示当前时间设置；夏令时：显示当前夏令时时间设置；方位角：显示从正北方向顺时针到阳光（沿地平线）的角度；仰角：显示从地平线到阳光（在地平线上方）的角度，最大值为 90°或垂直；源矢量：显示阳光方向的坐标。

- 渲染阴影细节：指定阴影的特性。类型：显示阴影类型的设置，阴影显示处于关闭状态时，该设置是只读的，选择"锐化"、"柔和（已映射）"显示"贴图尺寸"选项，选择"柔和（面积）"显示"样例"选项，"柔和（面积）"是阳光在光度控制流程（LIGHTINGUNITS = 1 或 2）中的唯一选项；贴图尺寸：显示阴影贴图的尺寸，阴影显示处于关闭状态时，该设置是只读的，值为 0~1000。样例：指定将具有日面的样例数量，阴影显示处于关闭状态时，值为 0~1000；柔和度：显示阴影边缘外观的设置，阴影显示处于关闭状态时，该设置是只读的，值为 1~10。

- 地理位置：显示当前地理位置设置。此信息是只读的，如果存储某个城市时未包含纬度和经度，则列表中不会显示该城市。

11.5.3　设置材质

1. 材质浏览器与创建材质

Autodesk 库中包含 700 多种材质和 1000 多种纹理。可以将 Autodesk 材质复制到图形中，编辑后保存到用户自己的库。

Autodesk 有 3 种类型的库，分别介绍如下。

- Autodesk 库：包含 Autodesk 提供的预定义材质，可用于支持材质的所有应用程序。该库包含与材质相关的资源，如纹理、缩略图等。无法编辑 Autodesk 库。所有用户定义的或修改的材质都将被放置到用户库中。

- 用户库：包含要在图形之间共享的所有材质，但 Autodesk 库中的材质除外。可以复制、移动、重命名或删除用户库。

- 嵌入库：包含在图形中使用或定义的一组材质，且仅适用于此图形。当安装了使用 Autodesk 材质的首个 Autodesk 应用程序后，将自动创建该库。无法重命名此类型的库。它将存储在图形中。

使用"材质浏览器"选项板可以访问和打开本地创建或在网络上创建的现有用户库，并将其添加到"材质浏览器"选项板中。使用"材质浏览器"选项板中的"管理"下拉列表框添加、重命名或删除库，还可以在"材质浏览器"选项板中添加类别并重组库材质。用户无法编辑锁定的库，仅可删除解除锁定的库。"材质浏览器"选项板如图 11.30 所示，材质贴图效果如图 11.31 所示。在材质浏览器的浏览器工具栏中，在"创建材质"下拉列表框

创建材质 ▼中可以创建用户自定义材质。

图 11.30　"材质浏览器"选项板　　　　　　　图 11.31　材质贴图效果

用户可以通过以下方法打开"材质浏览器"选项板。

- 命令行：MATBROWSEROPEN。
- 菜单栏：选择"视图"|"渲染"|"材质浏览器"命令。

浏览器包含下列主要选项。

- 浏览器工具栏：包含"显示或隐藏库树"按钮和搜索框。
- 文档中的材质：显示当前图形中所有已保存的材质，可以按名称、类型、样例形状和颜色对材质排序。
- 材质库树：显示 Autodesk 库（包含预定义的 Autodesk 材质）和其他库（包含用户定义的材质）。
- 库详细信息：显示选定类别中材质的预览。
- 浏览器底部栏：包含"管理"菜单，用于添加、删除和编辑库和库类别。此菜单还包含一个按钮，用于控制库详细信息的显示选项。

💡 提示：从材质浏览器中删除一个库后，该库文件仍然保留在硬盘上。因此，要回收硬盘空间，必须手动删除该库文件。

2. 材质编辑器

将材质添加到图形后，可以在"材质编辑器"选项板中进行修改，如图 11.32 所示。

用户可以通过以下方法打开"材质编辑器"选项板。

- 命令行：MATEDITOROPEN。
- 菜单栏：选择"视图"|"渲染"|"材质编辑器"命令。

图 11.32　"材质编辑器"选项板

　　图形中可用的材质样例将显示在"材质浏览器"选项板中的"此文档中的材质"部分，双击某材质样例后，该材质特性将在"材质编辑器"选项板的各部分处于活动状态。修改设置时，设置将与材质一起保存，所做更改将显示在材质样例预览中。通过单击样例预览窗口下方的按钮，一组弹出型按钮将显示材质预览的不同几何图形选项。

　　在"材质编辑器"选项板中，各选项卡说明如下。

- 外观：定义材质的外观。各个材质具有唯一的外观特性。使用"纹理编辑器"可编辑指定给材质的纹理贴图或程序贴图。也可以对材质重命名。
- 信息：定义或显示与给定材质相关联的关键字和描述。

"常规"材质类型具有用于优化材质的以下特性。

- 颜色：可为材质指定颜色或自定义纹理（可以是图像，也可以是程序纹理）。对象上材质的颜色在该对象的不同区域各不相同。例如，如果观察红色球体，它并不显现出统一的红色。远离光源的面显现出的红色比正对光源的面显现出的红色暗。反射高光区域显示最浅的红色。事实上，如果红色球体非常有光泽，其高光区域可能显现出白色。
- 图像：控制材质的基本漫射颜色贴图。漫射颜色是对象在被直射日光或人造光照射时所反射的颜色。
- 图像褪色：控制基础颜色和漫射图像之间的混合。仅当使用图像时才可编辑图像褪色特性。
- 光泽度：材质的反射质量定义了光泽度或消光度。若要模拟有光泽的曲面，材质将具有较小的高光区域，且其高光颜色较浅，甚至可能是白色。光泽度较低的材质将具有较大的高光区域，且高光区域的颜色更接近材质的主色。
- 高光：此特性控制材质的反射高光的获取方式。金属高光以各向异性方式发散光线。各向异性指的是依赖于方向的材质特性。金属高光是材质的颜色，而非金属高光是光线接触材质时所显现出的颜色。

其他特性可用于创建特定的效果。

- 反射率："直接"和"倾斜"滑块控制表面上的反射级别及反射高光的强度。
- 透明度：该复选框控制材质的透明度级别。完全透明的对象允许光从中穿过。透明度值是一个百分比值：值 1.0 表示材质完全透明；较低的值表示材质部分半透明；值0.0 表示材质完全不透明。"半透明度"和"折射率"特性仅当"透明度"值大于 0 时才是可编辑的。半透明对象（如磨砂玻璃）使一部分光线从中穿过，一部分光线在对象内发散。半透明度值是一个百分比值：值 0.0 表示材质不透明；值 1.0 表示材质完全半透明。"折射率"控制光线穿过材质时的弯曲度，因此可在对象的另一侧看到对象被扭曲。例如，折射率为 1.0 时，透明对象后面的对象不会失真。折射率为 1.5 时，对象将严重失真，就像通过玻璃球看对象一样。
- 剪切："剪切"复选框用于根据纹理灰度解释控制材质的穿孔效果。贴图的较浅区域渲染为不透明，较深区域渲染为透明。
- 自发光：使对象看起来正在自发光。例如，要在不使用光源的情况下模拟霓虹灯，可以将自发光值设置为大于 0。没有光线投射到其他对象上。"自发光"复选框可用于推断变化的值。此特性可控制材质的过滤颜色、亮度和色温。"过滤颜色"可在照亮的表面上创建颜色过滤器的效果。"度"可使材质模拟在光度控制光源中被照亮的效果。在光度控制单位中，发射光线的多少是选定的值。没有光线投射到其他对象上。色温可用于设置自发光的颜色。
- 凹凸：该复选框用于打开或关闭使用材质的浮雕图案。对象看起来具有凹凸的或不规则的表面。使用凹凸贴图材质渲染对象时，贴图的较浅区域看起来升高，而较深区域看起来降低。"凹凸度"用于调整凹凸的高度。较高的值渲染时凸出得越高，较低的值渲染时凸出得越低。灰度图像生成有效的凹凸贴图。

11.5.4 设置贴图

材质被映射后，用户可以调整材质以适应对象的形状，将合适的材质贴图类型应用到对象，可以使之更加适合对象。如图 11.33 所示为将对象设置贴图后的渲染效果。

用户可以通过以下方法设置贴图。

- 命令行：MATERIALMAP。
- 菜单栏：选择"视图"|"渲染"|"贴图"|子命令。

执行此命令后，命令行提示如下：

命令: MATERIALMAP
选择选项 [长方体(B)/平面(P)/球面(S)/柱面(C)/复制贴图至(Y)/重置贴图(R)] <长方体>:

命令行提示中各选项含义如下。

- 长方体（B）：选择该选项，将图像映射到类似长方体的实体上，该图像将在对象的每个面上重复使用。

- 平面（P）：选择该选项，将图像映射到对象上，就像将其从幻灯片投影器投影到二维曲面上一样。图像不会失真，但是会被缩放以适应对象。
- 球面（S）：选择该选项，将图像映射到球面对象上，纹理贴图的顶边在球体的"北极"压缩为一个点；同样，底边在"南极"压缩为一个点。
- 柱面（C）：将图像映射到圆柱形对象上；水平边将一同弯曲，但顶边和底边不会弯曲，图像的高度将沿圆柱体的轴进行缩放。如图 11.34 所示为 4 种贴图类型。
- 复制贴图至（Y）：将贴图从原始对象或面应用到选定对象。
- 重置贴图（R）：将 UV 坐标重置为贴图的默认左边。

图 11.33　设置贴图后的渲染效果

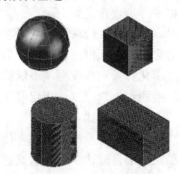

图 11.34　4 种贴图类型

用户在附着带纹理的材质后，可以调整对象或面上纹理贴图的方向。材质被映射后，用户可以调整材质以适应对象的形状，将合适的材质贴图类型应用到对象上，可以使之更加适合对象。

如果需要作进一步调整，可以使用显示在对象上的贴图工具移动或旋转对象上的贴图。贴图工具是一些视口图标，使用鼠标变换选择时，可以快速选择一个或两个轴。通过将鼠标放置在图标的任意轴上选择一个轴，然后拖动鼠标沿该轴变换选择。移动或缩放对象时，可以使用贴图工具的其他区域同时沿两条轴执行变换。使用工具使用户可以在不同的变换轴和平面之间快速而轻松地进行切换。

11.5.5　渲染环境

用户可以使用"渲染环境"对话框来设置雾化效果或背景图像，如图 11.35 所示。通过雾化效果（例如，雾化和景深效果处理）或将位图图像添加为背景来增强渲染图像。背景主要是显示在模型后面的背景幕。背景可以是单色、多色渐变色或位图图像。雾化和景深效果处理是非常相似的大气效果，可以使对象随着距相机距离的增大而淡入显示。雾化使用白色，而景深效果处理使用黑色，如图 11.36 所示是设置渲染环境后的图像效果。

用户可以通过以下方法打开"渲染环境"对话框。

- 命令行：RENDERENVIRONMENT。
- 菜单栏：选择"视图"|"渲染"|"渲染环境"命令。

图 11.35　"渲染环境"对话框

图 11.36　渲染环境

对话框中各选项含义如下。

● "启用雾化"选项框：启用雾化或关闭雾化，而不影响对话框中的其他设置。

● "颜色"选项框：指定雾化颜色。

● "雾化背景"选项框：不仅对背景进行雾化，也对几何图形进行雾化。

● "近距离"选项框：指定雾化开始处到相机的距离。将其指定为到远处剪裁平面的距离的百分比。近距离设置不能大于远距离设置。

● "远距离"选项框：指定雾化结束处到相机的距离。将其指定为到远处剪裁平面的距离的百分比。远距离设置不能小于近距离设置。

● "近处雾化百分比"选项框：指定近距离处雾化的不透明度。

● "远处雾化百分比"选项框：指定远距离处雾化的不透明度。

11.5.6　高级渲染设置

用户可以使用"高级渲染设置"选项板进行渲染设置，如图 11.37 所示。

用户可以通过以下方法打开"高级渲染设置"选项板。

● 命令行：RPREF。

● 菜单栏：选择"视图"|"渲染"|"高级渲染设置"命令。

图 11.37　"高级渲染设置"选项板

选项板可进行从基本设置到高级设置：

- "常规"部分包含了影响模型的渲染方式、材质和阴影的处理方式以及反走样执行方式的设置（反走样可以削弱曲线或边在边界处的锯齿效果）。
- "光线跟踪"部分控制如何产生着色。
- "间接发光"部分用于控制光源特性、场景照明方式以及是否进行全局照明和最终聚集。
- 可以使用诊断控件来帮助了解图像没有按照预期效果进行渲染的原因。

11.6　使用相机定义三维视图

在 AutoCAD 2014 中，通过在模型空间中放置相机和根据需要调整相机设置来定义三维视图。

在图形中，可以通过放置相机来定义三维视图；可以打开或关闭相机并使用夹点来编辑相机的位置、目标或焦距；可以通过位置 XYZ 坐标、目标 XYZ 坐标和视野／焦距（用于确定倍率或缩放比例）来定义相机。可以指定的相机属性如下。

- 位置：定义要观察三维模型的起点。
- 目标：通过指定视图中心的坐标来定义要观察的点。
- 焦距：定义相机镜头的比例特性。焦距越大，视野越窄。
- 前向和后向剪裁平面：指定剪裁平面的位置。剪裁平面是定义（或剪裁）视图的边界。在相机视图中，将隐藏相机与前向剪裁平面之间的所有对象。同样，隐藏后向剪裁平面与目标之间的所有对象。

默认情况下，已保存相机的名称为 Camera1、Camera2 等。用户可以根据需要重命名相机以更好地描述相机视图。

11.6.1　创建相机

用户可以设置相机和目标的位置，以创建并保存对象的三维透视图。

通过定义相机的位置和目标，进一步定义其名称、高度、焦距和剪裁平面来创建新相机。

创建相机的操作步骤如下：

（1）启动 AutoCAD 2014 后，打开素材文件 11.38，如图 11.38 所示。

（2）选择"视图"|"创建相机"命令，在绘图窗口中单击，通过添加相机来观察图形，如图 11.39 所示。

（3）单击相机图标两次，弹出相机的"特性"选项板，在其中的"焦距"、"视野"等各选项中可以修改相

图 11.38　打开的素材文件

机特性，如图 11.40 所示。

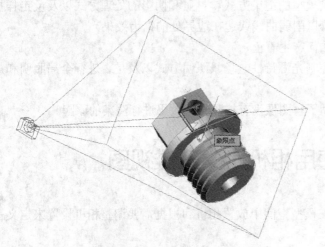

图 11.39　创建相机　　　　　　　　　　　图 11.40　修改相机特性

11.6.2　修改相机特性

在图形中创建相机后，当选中相机时，将打开"相机预览"对话框，如图 11.41 所示。其中，预览窗口用于显示相机视图的预览效果；"视觉样式"下拉列表框用于指定应用于预览的视觉样式，如概念、三维隐藏、三维线框和真实等；"编辑相机时显示此窗口"复选框用于指定编辑相机时是否显示"相机预览"对话框。

选中相机后，可以通过以下方式来更改设置。

● 夹点调整：按住并拖曳夹点，以调整焦距、视野大小，或者重新设置相机的位置，如图 11.42 所示。

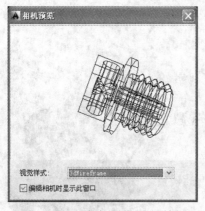

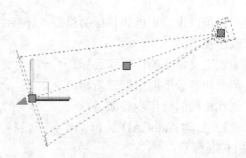

图 11.41　"相机预览"对话框　　　　　　　图 11.42　通过夹点设置

● 动态输入：可以使用动态输入工具栏输入 X、Y 和 Z 坐标值，如图 11.43 所示。
● "特性"选项板：可以使用"特性"选项板来修改相机特性。

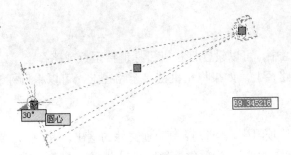

图 11.43　使用动态输入

11.7　运动路径动画

用户使用运动路径动画可以形象地演示模型，可以录制和回放导航过程，以动态传达设计意图。

11.7.1　控制相机运动路径的方法

可以通过将相机及其目标链接到点或路径来控制相机的运动，从而控制动画。要使用运动路径来创建动画，可以将相机及其目标链接到某个点或某条路径上。

如果要相机保持原样，则将其链接到某个点；如果要相机沿路径运动，则将其链接到路径上。

如果要目标保持原样，则将其链接到某个点；如果要目标移动，则将其链接到某条路径上。无法将相机和目标链接到一个点。

如果要使动画视图与相机路径一致，则使用同一路径。在"运动路径动画"对话框中，将目标路径设置为"无"即可实现该目的。

提示：相机或目标链接的路径，必须在创建运动路径动画之前创建路径对象。路径对象可以是直线、圆弧、椭圆弧、圆、多段线、三维多段线或样条曲线。

11.7.2　设置运动路径动画参数

选择"视图"|"运动路径动画"命令，弹出"运动路径动画"对话框，如图 11.44 所示。对话框中各选项说明如下。

1. 设置相机

在"相机"选项组中，可以设置将相机链接至图形中的静态点或运动路径上。当选中"点"或"路径"单选按钮时，可以单击"拾取"按钮，选择相机所在位置的点或沿相机运动的路径，这时在列表框中将显示可以链接相机的命名点或路径列表。

2．设置目标

在"目标"选项组中，可以设置将相机目标链接至点或路径上。如果将相机链接至点，则必须将目标链接至路径上。如果将相机链接至路径上，可以将目标链接至点或路径上。

3．设置动画

在"动画设置"选项组中，可以控制动画文件的输出。其中，"帧率"数值框用于设置动画运行的速度，以每秒帧数为单位计算，指定范围为1~60，默认值为30；"帧数"数值框用于指定动画中的总帧数，该值与帧率共同确定动画的长度，更改该数值时，将自动重新计算"持续时间"的值；"持续时间"数值框用于指定动画（片段中）的持续时间；"视觉样式"下拉列表框显示可应用于动画文件的视觉样式和渲染预设的列表；"格式"下拉列表框用于指定动画的文件格式，可以将动画保存为 AVI、MOV、MPG 或 WMV 文件格式以便日后回放；"分辨率"下拉列表框用于以屏幕显示单位定义生成的动画的宽度和高度，默认值为 320×240；"角减速"复选框用于设置相机转弯时，以较低的速率移动相机；"反向"复选框用于设置反转动画的方向。

4．预览动画

在"运动路径动画"对话框中选中"预览时显示相机预览"复选框，将显示"动画预览"对话框，从而可以在保存动画之前进行预览。单击"预览"按钮，也将弹出"动画预览"对话框，如图 11.45 所示。

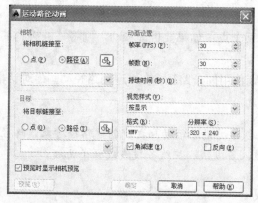

图 11.44 "运动路径动画"对话框

图 11.45 "动画预览"对话框

在"动画预览"对话框中，可以预览使用运动路径或三维导航创建的运动路径动画，其中，通过"视觉样式"下拉列表框可以指定预览区域中显示的视觉样式。

第 12 章　输出 AutoCAD 图形

内容摘要

在 AutoCAD 2014 中, 通过指定页面设置准备要打印或发布的图形。这些设置连同布局都保存在图形文件中。建立布局后, 可以修改页面设置中的设置或应用其他页面设置。通过图纸集管理器, 可以将整个图纸集轻松发布为图纸图形集, 也可以发布为 DWF、DWFx 或 PDF 文件 (每种格式都可以是单个文件、电子文件或多页文件)。绘制图形后, 可以使用多种方法输出。可以将图形打印在图纸上, 也可以创建成文件以供其他应用程序使用。以上两种情况都需要进行打印设置。

学习目标

- 📖 掌握图纸布局。
- 📖 了解输出不同格式文件。
- 📖 熟悉打印程序。

12.1　发布 DWF 文件

发布提供了一种简单的方法来创建图纸图形集或电子图形集。电子图形集是打印的图形集的数字形式。可以通过将图形发布为 DWF、DWFx 或 PDF 文件来创建电子图形集。通过图纸集管理器可以发布整个图纸集。只需单击一下鼠标, 即可以通过将图纸集发布为 DWF、DWFx 或 PDF 文件 (每种格式都可以是单个文件或多页文件) 来创建电子图形集。

使用发布, 可以合并图形集, 从而以图形集说明 (DSD) 文件的形式发布和保存该列表。可以为特定用户自定义该图形集合, 并且可以随着工程的进展添加和删除图纸。

12.1.1　输出不同格式文件

"发布"对话框可以将用于发布的图纸 (可对其进行组合、重排序、重命名、复制和保存) 指定为多页图形集; 可以将图形集发布为 DWF、DWFx 或 PDF 文件, 也可以将其发送到页面设置中命名的绘图仪, 以供硬拷贝输出或用作打印文件; 可以将此图纸列表另存为 DSD 文件。保存的图形集可以替换或添加到现有列表中以进行发布。"发布"对话框如图 12.1 所示。单击"发布选项"按钮, 打开"发布选项"对话框, 如图 12.2 所示。

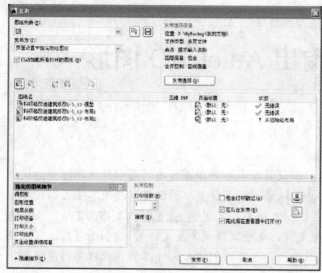

图 12.1 "发布"对话框   图 12.2 "发布选项"对话框

DWF 文件是二维矢量文件，用户可以使用这种格式的文件在万维网或企业内部网络上发布图形。每个 DWF 文件可包含一张或多张图纸。

DWFx 文件是使用 Microsoft 的 XPS 格式创建的。DWFx 文件是 ZIP 文件，且包含元数据。只能通过 Autodesk Design Review 查看这些元数据。

使用 DWG to PDF 驱动程序，可以从图形中创建 Adobe®可移植文档格式（PDF）文件。Adobe®可移植文档格式是进行电子信息交换的标准。可以轻松分发 PDF 文件，以在 Adobe Reader（可从 Adobe 网站免费获取）中查看和打印。使用 PDF 文件可以与任何人共享图形。与 DWF6 文件类似，PDF 文件将以基于矢量的格式生成，以保持精确性。可以轻松分发已转换为 PDF 的图形，以在 Adobe Reader R7 或更高版本中查看和打印。

用户可以通过以下方法打开"发布"对话框。

● 命令行：PUBLISH。
● 菜单栏：选择"文件"|"发布"命令。
● 工具栏：单击工具栏中的"发布"按钮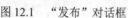。

在"发布"对话框中创建图纸列表后，可以将图形发布至以下任意目标：

● 每个图纸页面设置中的指定绘图仪（包括要打印至文件的图形）。
● 单个多页 DWF 或 DWFx 文件，包含二维和三维内容。
● 单个多页 PDF 文件包含二维内容。
● 包含二维和三维内容的多个单页 DWF 或 DWFx 文件。
● 多个单页 PDF 文件包含二维内容。

进行发布操作时，根据在"发布为"区域和"发布选项"对话框中选定的选项，创建一个或多个单页 DWF、DWFx 或 PDF 文件，或一个多页 DWF、DWFx 或 PDF 文件，或打印到设备或文件。

要显示已发布图形集的信息（包括错误消息和警告），单击状态栏右侧状态托盘中的"可以打印/发布详细信息报告"图标，单击此图标将打开"打印和发布详细信息"对话框，如图 12.3 所示。其中提供了已完成的打印和发布作业的信息，这些信息也保存在"打印和发布"日志文件中。

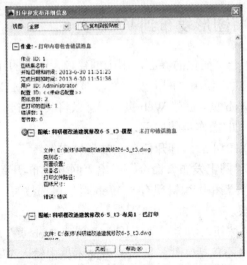

图 12.3　"打印和发布详细信息"对话框

12.1.2　打开 Internet 上的图形文件

Web 浏览器是通过 URL 获取并显示 Web 网页的一种软件工具。在 Windows 环境中，较为流行的 Web 浏览器为 Netscape Navigator 和 Internet Explorer。用户可在 AutoCAD 系统内部直接调用 Web 浏览器访问网络。

AutoCAD 的文件输入和输出命令都具有内置的 Internet 支持功能。通过该功能，可以直接从 Internet 上下载文件，然后就可以在 AutoCAD 环境下编辑图形了。

打开 Internet 上图形文件的操作步骤如下：

（1）启动 AutoCAD 2014 后，单击快速访问工具栏上的"打开"按钮，弹出"选择文件"话框，单击工具栏上的"搜索 Web"按钮，弹出"浏览 Web-打开"对话框，系统默认连接到 http://www.autodesk.com.cn，如图 12.4 所示。

图 12.4　打开 Web

（2）在该对话框中可以浏览或下载在 Internet 上的图形文件。

（3）单击"打开"按钮，即可将文件下载到本地计算机上，并在 AutoCAD 中打开。

12.1.3 实战——将图形发布到 Web 页

"网上发布"提供了一个简化的界面，用于创建包含图形的 DWF、DWFx、JPEG 或 PNG 图像的格式化 Web 页。使用"网上发布"，即使不熟悉 HTML 编码，也可以快速轻松地创建精彩的格式化 Web 页。创建 Web 页后，可以将其发布到 Internet 或 Intranet 网址。

将图形发布到 Web 页的操作步骤如下：

（1）启动 AutoCAD 2014 后，打开任意一幅素材文件。

（2）选择"文件"|"网上发布"命令，弹出"网上发布-开始"对话框，如图 12.5 所示。使用"创建新 Web 页"和"编辑现有的 Web 页"单选按钮，可以选择是创建新 Web 页还是编辑已有的 Web 页。

（3）单击"下一步"按钮，切换至"网上发布-创建 Web 页"对话框，如图 12.6 所示。在"指定 Web 页的名称（不包括文件扩展名）"文本框中输入 Web 页的名称为 My Web，也可以指定文件的存放位置。

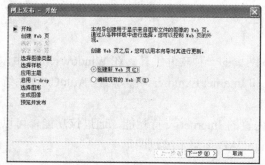
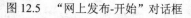

图 12.5 "网上发布-开始"对话框

图 12.6 "网上发布-创建 Web 页"对话框

（4）单击"下一步"按钮，切换至"网上发布-选择图像类型"对话框，如图 12.7 所示。可以选择在 Web 页上显示图像的类型，即通过左侧的下拉列表在 DWFx、DWF、JPG 和 PNG 之间进行选择。确定文件类型后，使用右侧的下拉列表可以确定 Web 页中显示图像的大小，包括"小"、"中"、"大"和"极大"4 个选项。

（5）单击"下一步"按钮，切换至"网上发布-选择样板"对话框，设置 Web 页样板，如图 12.8 所示。当选择对应选项后，在预览框中将显示出相应的样板示例。

（6）单击"下一步"按钮，切换至"网上发布-应用主题"对话框，如图 12.9 所示。可以在该对话框中选择 Web 页面上各元素的外观样式，如字体及颜色等。在该对话框的下拉列表框中选择好样式后，在预览框中将显示出相应的样式。

（7）单击"下一步"按钮，切换至"网上发布-启用 i-drop"对话框，如图 12.10 所示。系统将询问是否要创建 i-drop 有效的 Web 页。选中"启用 i-drop"复选框，即可创建 i-drop 有效的 Web 页。

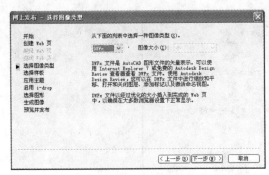

图 12.7 "网上发布-选择图像类型"对话框

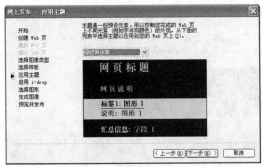

图 12.9 "网上发布-应用主题"对话框   图 12.10 "网上发布-启用 i-drop"对话框

（8）单击"下一步"按钮，切换至"网上发布-选择图形"对话框，可以确定在 Web 页上要显示成图像的图形文件，如图 12.11 所示。设置好图像后单击"添加"按钮，即可将文件添加到"图像列表"列表框中。

（9）单击"下一步"按钮，切换至"网上发布-生成图像"对话框，可以从中确定是重新生成已修改图形的图像还是重新生成所有图像，如图 12.12 所示。

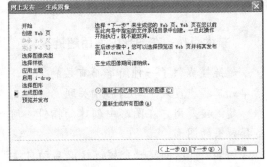

图 12.11 "网上发布-选择图形"对话框   图 12.12 "网上发布-生成图像"对话框

（10）单击"下一步"按钮，切换至"网上发布-预览并发布"对话框，如图 12.13 所示。

（11）单击"预览"按钮即可预览所创建的 Web 页，如图 12.14 所示。单击"立即发布"按钮，则可立即发布新创建的 Web 页。发布 Web 页后，通过"发送电子邮件"按钮可以创建、发送包括 URL 及其位置等信息。

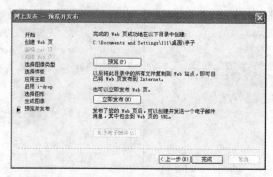

图 12.13　"网上发布-预览并发布"对话框

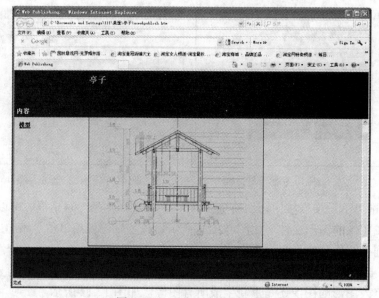

图 12.14　预览网上发布效果

 技术点拨：在图形中使用超链接

超链接提供了一种简单而有效的方式，可以快速将各种文档（例如，其他图形、材质清单或工程进度表）与图形相关联。

超链接是用户在图形中创建的指针，用于跳转到关联文件，如图 12.15 所示为添加超链接效果的图形。

例如，可以创建一个超链接以启动自处理程序并打开特定文件，或者激活 Web 浏览器并加载特定的 HTML 页面。也可以在文件中指定要跳转至的命名位置，例如，图形文件中的视图或自处理程序中的书签。可以将超链接附着到 AutoCAD 图形中的任意图形对象上。超链接提供了一种简单而有效的方式，可以快速将各种文档（例如，其他图形、材质清单或工程进度表）与 AutoCAD 图形相关联。

在图形中既可以创建完整超链接，也可以创建相对超链接。完整超链接存储文件位置的完整指定路径，相对超链接存储文件位置的部分路径（相对于使用系统变量 HYPERLINKBASE 指定的默认 URL 或目录）。

用户可以使用 ATTACHURL 将超链接附着到图形中的对象或区域。

执行 ATTACHURL 命令后，命令行提示：

命令: ATTACHURL
输入超链接插入选项 [区域(A)/对象(O)] <对象>: O
选择对象: 找到 1 个
选择对象:
输入超链接 <当前图形>:

各选项含义如下。

● 区域：创建 URLLAYER 图层，在该图层上绘制一条多段线，然后将一个 URL 附着到该多段线。代表该区域的多段线以指定给 URLLAYER 的颜色显示。默认颜色为红。将光标移动到图形中该区域之上时，光标将变成超链接光标，表示一个 URL 已附着到该区域。

● 对象：将 URL 附着到选定的对象。将光标移动到图形中该对象之上时，光标将变成超链接光标，如图 12.16 所示，表示一个 URL 已附着到该对象。

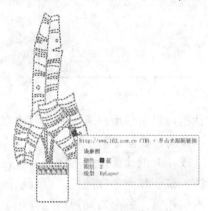

图 12.15　显示说明文字　　　　　　图 12.16　超链接光标

超链接可以指向存储在本地、网络驱动器或 Internet 上的文件，也可以指向图形中的命名位置。默认情况下，将十字光标停留在已附着超链接的对象上方时，会显示超链接光标和工具提示。然后，可以按住 Ctrl 键并单击来跟随链接。

要打开与超链接关联的文件，必须将 PICKFIRST 系统变量设定为 1。可以在"选项"对话框的"用户系统配置"选项卡中关闭超链接光标、工具提示和快捷菜单。

12.2　创建布局与图纸集

12.2.1　创建布局

布局好比是一张打印纸，任何布局都将直接影响到输出图形的效果。在默认情况下，系统有两个布局选项卡，即"布局 1"和"布局 2"。通常，由几何对象组成的模型是在称为"模型空间"的三维空间中创建的。特定视图的最终布局和此模型的注释是在称为"图纸空间"的二维空间中创建的。可以在绘图区域底部附近的两个或多个选项卡上访问"模型"选项卡以及一个或多个布局选项卡。

提示：可以隐藏这些选项卡，而将其显示为应用程序窗口底部中心状态栏上的按钮。

用户可以在布局空间中创建多个布局，也可以在每一个布局中设置多个视图，以便从多个角度来展现图形。在创建布局后，用户可以对布局进行设置和修改。用户可以通过选择"工具"|"向导"|"创建布局"命令来设置"创建布局"向导，如图 12.17 所示。

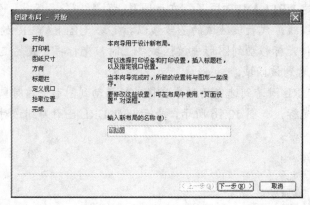

图 12.17　"创建布局"向导

布局向导包含一系列对话框，这些对话框可以引导用户逐步完成创建布局的过程。可以选择从头创建新布局，也可以基于现有的布局样板创建新布局。

在"模型"选项卡上进行操作时，可以按 1:1 的比例绘制主题模型。在"布局"选项卡上，可以创建一个或多个布局视口、标注、说明和一个标题栏，以表示图纸。模型空间中的每个布局视口类似于包含模型"照片"的相框。每个布局视口包含一个视图，该视图按用户指定的比例和方向显示模型。用户也可以指定在每个布局视口中可见的图层。布局整理完毕后，关闭包含布局视口对象的图层。视图仍然可见，此时可以打印该布局，而无须显示视口边界。

进行布局准备时，通常需要单步执行以下步骤：

- 在"模型"选项卡上创建主题模型。
- 选择"布局"选项卡。
- 指定布局页面设置，如打印设备、图纸尺寸、打印区域、打印比例和图形方向。
- 将标题栏插入到布局中（除非使用已具有标题栏的图形样板）。
- 创建要用于布局视口的新图层。
- 创建布局视口并将其置于布局中。
- 在每个布局视口中设定视图的方向、比例和图层可见性。
- 根据需要在布局中添加标注和注释。
- 关闭包含布局视口的图层。
- 打印布局。

✍ 技巧：用户也可以通过在命令行中输入 LAYOUT 命令来创建布局。利用此命令。可以对已创建的布局进行复制、删除、选择样板、重命名和另存为等操作，也可以对布局样式进行设置。

12.2.2　管理布局

使用 MVIEW 命令，可以使用多个选项创建一个或多个布局视口。也可以使用 COPY 和 ARRAY 命令创建多个布局视口，如图 12.18 所示。

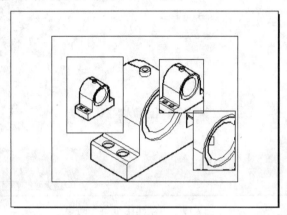

图 12.18　创建多个布局视口

用户还可以通过以下方法管理布局。

● 创建非矩形布局视口：通过将在图纸空间中绘制的对象转换为布局视口，可以创建具有非矩形边界的新视口。用户可以使用 MVIEW 命令创建非矩形视口。

● 重定义布局视口边界：可以使用 VPCLIP 命令重新定义布局视口边界。可以选择现有对象以指定为新边界，或者指定组成新边界的点。新边界不会剪裁旧边界，而是重定义旧边界。非矩形视口包含两个对象：视口本身和剪裁边界。可以对视口、剪裁边界或两者进行更改。

● 改变布局视口大小：如果要更改布局视口的形状或大小，可以使用夹点编辑顶点，就像使用夹点编辑任何其他对象一样。

💡 提示：在各自的图层上创建布局视口很重要。准备打印时，可以关闭图层并打印布局，而不打印布局视口的边界。如果希望不显示布局视口边界，应该关闭非矩形视口的图层，而不是冻结该图层。如果非矩形布局视口中的图层被冻结，则视口将无法正确剪裁。在"特性"选项板上，非矩形视口的默认选择为"视口"。这是因为用户更可能会更改视口的特性，而非剪裁边界的特性。

12.2.3　创建图纸集

图纸集是几个图形文件中图纸的有序集合。图纸是从图形文件中选定的布局。对于大多数设计组，图纸集是主要的提交对象。图纸集用于传达工程的总体设计意图并为该工程提供文档和说明。然而，手动管理图纸集的过程较为复杂和费时。使用图纸集管理器，可以将图纸作为图纸集管理。图纸集是一个有序命名集合，其中的图纸来自几个图形文件。图纸是从图形文件中选定的布局。可以从任意图形将布局作为编号图纸输入到图纸集中。

可以使用"创建图纸集"向导来创建图纸集，如图 12.19 所示。在向导中，既可以基于现有图形从头开始创建图纸集，也可以使用图纸集样例作为样板进行创建。

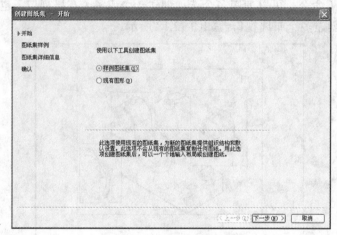

图 12.19 "创建图纸集"向导

用户可以通过选择"工具"|"向导"|"创建图纸集"命令来设置创建图纸集向导。

在使用"创建图纸集"向导创建新的图纸集时，将创建新的文件夹作为图纸集的默认存储位置。这个新文件夹名为 AutoCAD Sheet Sets，位于"我的文档"文件夹中。可以更改图纸集文件的默认位置，但是建议将 DST 文件和工程文件存储在一起。

用户在开始创建图纸集之前，应完成以下操作。

● 合并图形文件：将要在图纸集中使用的图形文件移动到几个文件夹中，这样可以简化图纸集管理。

● 避免多个布局选项卡：要在图纸集中使用的每个图形只应包含一个布局（用作图纸集中的图纸）。对于多用户访问的情况，这样做是非常必要的，因为一次只能在一个图形中打开一张图纸。

● 创建图纸创建样板：创建或指定图纸集用来创建新图纸的图形样板（DWT）文件。此图形样板文件称作图纸创建样板。在"图纸集特性"对话框或"子集特性"对话框中指定此样板文件。

● 创建页面设置替代文件：创建或指定 DWT 文件来存储页面设置，以便打印和发布。此文件称作页面设置替代文件，可用于将一种页面设置应用到图纸集中的所有图纸，并替代存储在每个图形中的各个页面设置。

💡 提示：虽然可以使用同一个图形文件中的几个布局作为图纸集中的不同图纸，但建议不要这样做。这可能会使多个用户无法同时访问每个布局，还会减少管理选项并使图纸集整理工作变得复杂。

技术点拨：图纸集管理器

"图纸集管理器"选项板用于管理图形布局、文件路径和工程数据的新图纸集数据文件，如图 12.20 所示。图纸集管理器中有多个用于创建图纸和添加视图的选项，这些选项可通过快捷菜单或选项卡访问。应始终在打开的图纸集中修改图纸。

图 12.20 "图纸集管理器"选项板

以下是常用图纸操作的说明。通过在树状图中的项目上右击，显示出相关快捷菜单，可选择相应命令。

- 将布局作为图纸输入：创建图纸集后，可以从现有图形中输入一个或多个布局。通过选择前未使用布局的选项卡来激活该布局。初始化之前，布局中不包含任何打印设置。初始化完成后，可对布局进行绘制、发布以及将布局作为图纸添加到图纸集中（在保存图形后）。

- 创建新图纸：除了输入现有布局之外，还可以创建新图纸。在此图纸中放置视图时，与视图关联的图形文件将作为外部参照附着到图纸图形。

- 修改图纸：在"图纸列表"选项卡上双击某一张图纸，以从图纸集中打开图形。按住 Shift 或 Ctrl 键并单击可选择多张图纸。要查看图纸，可以使用快捷菜单以只读方式打开图形。

- 重命名并重新编号图纸：创建图纸后，可以更改图纸标题和图纸编号。也可以指定与图纸关联的其他图形文件。如果更改布局名称，则图纸集中相应的图纸标题也将更新，反之亦然。

- 从图纸集中删除图纸：从图纸集中删除图纸将断开该图纸与图纸集的关联，但并不会删除图形文件或布局。

- 重新关联图纸：如果将某个图纸移动到另一个文件夹，应使用"图纸特性"对话框更正路径，将该图纸重新关联到图纸集。对于任何已重新定位的图纸图形，将在"图纸特性"对话框中显示"需要的布局"和"找到的布局"的路径。要重新关联图纸，可在"需要的布局"中单击路径，然后单击以定位到图纸的新位置。

- 向图纸添加视图：从"模型视图"选项卡，通过向当前图纸中放入命名模型空间视图或整个图形，即可轻松地向图纸中添加视图。
- 创建标题图纸和内容表格：将图纸集中的第一张图纸作为标题图纸，其中包括图纸集说明和一个列出了图纸集中的所有图纸的表。可以在打开的图纸中创建此表格，该表格称作图纸列表表格。该表格中自动包含图纸集中的所有图纸。创建图纸一览表之后，还可以编辑、更新或删除该表中的单元内容。
- 创建标注块和标签块：如果在图纸集中创建用作标注块或标签块的块，用户可以使用占位符字段来显示诸如视图标题或图纸编号等信息。标注块和标签块必须在"图纸集特性"对话框中指定的 DWG 文件或 DWT 文件中定义。用户以后可以在"图纸集管理器"的"图纸视图"选项卡上，使用快捷菜单插入标注块或标签块。
- 放置图纸视图："图纸集管理器"选项板可以自动将视图添加到图纸，并且加速了该过程。图纸中称为图纸视图的视图由以下几个相似实体组成：模型空间中的外部参照或几何图形、图纸上的布局视口以及图纸空间中的命名视图。

💡 提示：通过在图纸集、子集或图纸的名称上右击，可以从"图纸列表"选项卡查看和编辑特性。在快捷菜单中选择"特性"命令，显示在"特性"对话框中的特性和值取决于所选内容。通过单击某一个值，可以编辑特性值。

12.3 打 印 图 形

绘制图形后，可以使用多种方法输出。可以将图形打印在图纸上，也可以创建成文件以供其他应用程序使用，以上两种情况都需要进行打印设置。

12.3.1 打印预览

在将图形发送到打印机或绘图仪之前，最好先生成打印图形的预览。生成预览可以节约时间和材料。用户可以从"打印"对话框预览图形。预览显示图形在打印时的确切外观，包括线宽、填充图案和其他打印样式选项。预览图形时，将隐藏活动工具栏和工具选项板，并显示临时的"预览"工具栏，其中提供打印、平移和缩放图形的按钮。在"打印"和"页面设置"对话框中，缩略预览还在页面上显示可打印区域和图形的位置。

用户可以通过以下方法预览打印图形。

- 命令行：PLOT。
- 菜单栏：选择"新建"|"打印预览"命令。

了解与打印有关的术语和概念有助于用户更轻松地在程序中进行首次打印。

- 绘图仪管理器：是一个窗口，其中列出了用户安装的所有非系统打印机的绘图仪配置（PC3）文件。如果希望使用的默认打印特性不同于 Windows 所使用的打印特性，也可以为 Windows® 系统打印机创建绘图仪配置文件。绘图仪配置设置指定端口信息、光栅图形和矢量图形的质量、图纸尺寸以及取决于绘图仪类型的自定义特性。绘图仪管理器包含添加绘图仪向导，此向导是创建绘图仪配置的主要工具。添加绘图仪向导会提示用户输入有关要安装的绘图仪的信息。

- 布局：代表打印的页面，用户可以根据需要创建任意数量的布局。每个布局都保存在自己的"布局"选项卡中，可以与不同的页面设置相关联。

- 页面设置：创建布局时，需要指定绘图仪和设置（例如，页面尺寸和打印方向）。这些设置保存在页面设置中。使用页面设置管理器，可以控制布局和"模型"选项卡中的设置。可以命名并保存页面设置，以便在其他布局中使用。如果创建布局时未在"页面设置"对话框中指定所有设置，则可以在打印之前设置页面，或者在打印时替换页面设置。可以对当前打印任务临时使用新的页面设置，也可以保存新的页面设置。

- 打印样式：打印样式通过确定打印特性（例如，线宽、颜色和填充样式）来控制对象或布局的打印方式。打印样式表中收集了多组打印样式。打印样式管理器是一个窗口，其中显示了所有可用的打印样式表。打印样式有两种类型：颜色相关和命名。一个图形只能使用一种类型的打印样式表。用户可以在两种打印样式表之间转换。也可以在设定了图形的打印样式表类型之后，更改所设置的类型。

- 打印戳记：打印戳记是添加到打印的一行文字。可以在"打印戳记"对话框中指定打印中该行文字的位置。打开此选项可以将指定的打印戳记信息（包括图形名称、布局名称、日期和时间等）添加到打印至任意设备的图形中。可以选择将打印戳记信息记录到日志文件中而不打印它，或既记录又打印。

12.3.2　打印图形

用户将如图 12.21 所示的轴承座样例打印到 A4 纸样板上，其实战操作步骤如下：

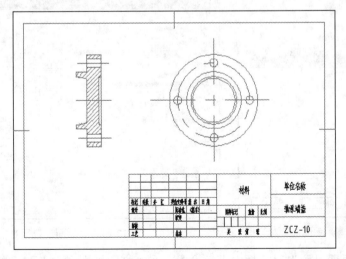

图 12.21　轴承座样例

1. 打开图形文件

打开轴承端盖素材图形文件 12.2，选择"插入"|"块"命令，在弹出的"插入"对话框中插入已经做成块的"12.1"A4 标准图框文件，如图 12.22 所示，然后单击对话框中的"确定"按钮，将素材 12.1 插入到轴承端盖素材图形文件 12.2 中，并将轴承端盖素材图形文件 12.2 平移到图框中的合适位置。

2. 设置布局

（1）单击绘图窗口下方的"布局 1"标签，将图形切换到图纸空间。选择"文件"|"页面设置管理器"命令，弹出"页面设置管理器"对话框，如图 12.23 所示。

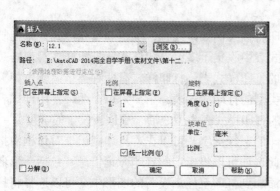

图 12.22　"插入"对话框　　　　图 12.23　"页面设置管理器"对话框

（2）单击"新建"按钮，打开"新建页面设置"对话框，在"新页面设置名"文本框中设置名称为"轴承端盖"，如图 12.24 所示，然后单击"确定"按钮，系统将弹出"页面设置"对话框，如图 12.25 所示。

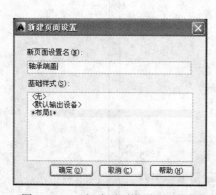

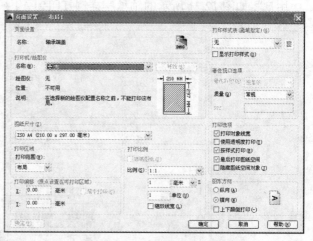

图 12.24　"新建页面设置"对话框　　　　图 12.25　"页面设置"对话框

（3）在"页面设置"对话框中进行设置：在"打印机/绘图仪"选项组中选择打印设

备；设置图纸尺寸为"ISO A4（210.00×297.00 毫米）"；将打印范围设置为"窗口"；打印比例设置为 1:1；"打印偏移"选项组中选中"居中打印"复选框；将图形方向设置为"横向"；其他选用默认设置。设置完毕后单击"预览"按钮，弹出"预览"窗口对打印设置进行预览，如图 12.26 所示。

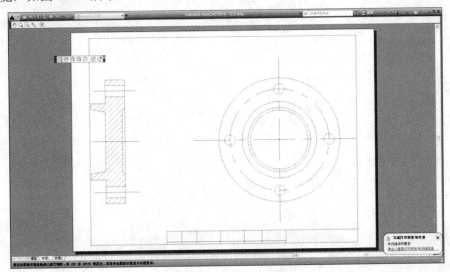

图 12.26　"预览"窗口

（4）关闭"预览"窗口，返回到"页面设置"对话框，单击"确定"按钮。返回到"页面设置管理器"对话框，将"轴承端盖"设置为当前打印样式，然后单击"关闭"按钮，返回到布局窗口。

3. 打印图形

单击"标准"工具栏中的"打印"按钮 ，弹出"打印"对话框，检查打印设置进行确认，然后单击"确定"按钮进行打印。

技术点拨：机械制图中图幅大小的规定

国家标准对机械制图的图幅大小有严格的规定，绘图时应优先选用表 12.1 中规定的基本幅面。图幅代号为 A0、A1、A2、A3 和 A4 这 5 种，必要时可按规定加长幅面。

表 12.1　图纸幅面

幅　面　代　号	A0	A1	A2	A3	A4
B×L	841×1198	594×841	420×594	297×420	210×297
e	20			10	
c	10			5	
a	25				

Part 2

案例实战篇

　　本篇在前面的 AutoCAD 基本知识的基础上，通过综合实例，介绍在机械工程实践和建筑工程实践中，具体工程案例的设计思路和过程。通过本篇的学习，读者可以提高工程应用的综合能力。

第 13 章　设计二维典型零件

第 14 章　设计零件图与装配图

第 15 章　设计三维典型零件

第 13 章　设计二维典型零件

内容摘要

通过本章的学习，读者可以掌握在 AutoCAD 2014 中进行各种机械零件绘制的基本方法与思路，其典型零件包括弹簧、圆锥齿轮、齿轮泵前盖和托轮。在各种绘图方法的基础上，进行更深入全面的命令学习。

学习目标

📖 熟悉各种绘图方法。
📖 巩固绘图基本知识。
📖 熟练绘制机械零件。

13.1　弹　　簧

本例绘制的弹簧效果如图 13.1 所示。

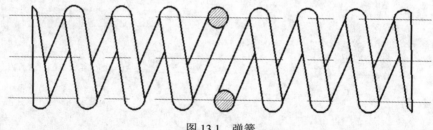

图 13.1　弹簧

13.1.1　实例分析

弹簧类零件是机械中的辅助零件，可以用来减振、夹紧、储能和测量等。弹簧不是标准零件，但它有规律性的部分。

13.1.2　本例知识点

在绘制弹簧的过程中，可以利用"镜像"、"阵列"等命令来完成。本例主要利用"直线"、"圆"、"阵列"、"镜像"和"修剪"命令绘制弹簧轮廓，再利用"旋转"和"图案填充"命令完成整个图形的绘制。

13.1.3　绘制步骤

（1）单击"标准"工具栏中的"新建"按钮 ，新建一个名为"13.1 弹簧"的.dwg 格式文件。

（2）单击"图层"工具栏中的"图层特性管理器"按钮 ，新建 3 个图层，分别为"轮廓层"图层，线宽为 0.35，其余属性保持系统默认设置；"细实线"图层，颜色设为蓝色，其余属性保持系统默认设置；"中心线"图层，颜色设为红色，线型加载为 CENTER，其余属性保持系统默认设置，如图 13.2 所示。

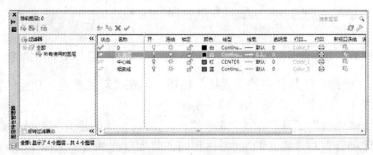

图 13.2　新建图层

（3）将"中心线"图层设置为当前图层，单击"绘图"工具栏中的"直线"按钮 ，在绘图窗口中绘制一条水平中心线。

（4）单击"修改"工具栏中的"偏移"按钮 ，将水平中心线向上、下各偏移 10，效果如图 13.3 所示。

（5）单击"绘图"工具栏中的"直线"按钮 ，在命令行提示"指定第一点:"下，在水平中心线左侧上方的合适位置取一点，然后在"指定下一点或 [放弃(U)]:"下输入（@50<-80），绘制效果如图 13.4 所示。

图 13.3　绘制中心线　　　　　　　　　　　　图 13.4　绘制直线（1）

（6）将"轮廓层"图层设置为当前图层，单击"绘图"工具栏中的"圆"按钮 ，单击状态栏中的"对象捕捉"按钮 ，找到如图 13.5 所示的交点，指定 A 点为圆心，圆半径为 2.5 绘制一个圆；以同样的方法在 B 点绘制一个圆，效果如图 13.6 所示。

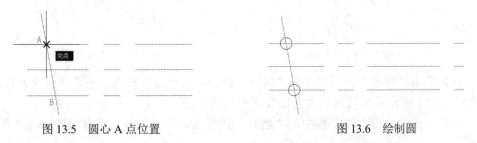

图 13.5　圆心 A 点位置　　　　　　　　　　　图 13.6　绘制圆

（7）单击"绘图"工具栏中的"直线"按钮，同样在"对象捕捉"功能的辅助下，找到与圆的相切点，绘制与两个圆相切的直线，效果如图 13.7 所示。

（8）单击"修改"工具栏中的"阵列"按钮，使用矩形阵列功能，设置阵列行数为1，列数为4，行偏移为1，列偏移为12，阵列角度为0°，单击"选择对象"按钮返回绘图窗口并选中阵列对象，然后单击"确定"按钮，阵列效果如图 13.8 所示。

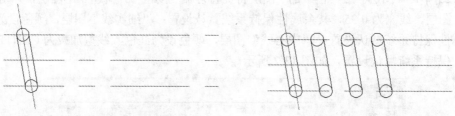

图 13.7　绘制与圆相切的直线　　　　　　图 13.8　阵列对象

（9）单击"绘图"工具栏中的"直线"按钮，在"对象捕捉"功能的辅助下，绘制与圆相切的直线 1、2，绘制效果如图 13.9 所示。

（10）单击"修改"工具栏中的"阵列"按钮，使用矩形阵列功能，选择直线 1、2为阵列对象，阵列设置与步骤（8）的操作相同，阵列直线的效果如图 13.10 所示。

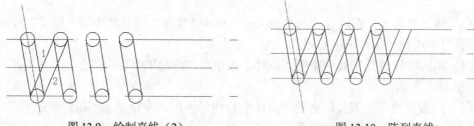

图 13.9　绘制直线（2）　　　　　　图 13.10　阵列直线

（11）单击"修改"工具栏中的"复制"按钮，复制圆至如图 13.11 所示的位置。

（12）单击"绘图"工具栏中的"直线"按钮，在圆上找到点绘制一条直线 3，绘制效果如图 13.12 所示。

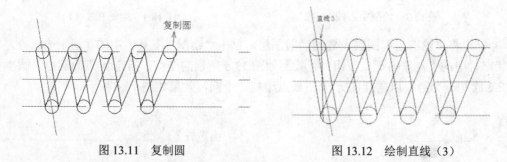

图 13.11　复制圆　　　　　　图 13.12　绘制直线（3）

（13）单击"修改"工具栏中的"修剪"按钮，在命令行提示下选择对象为直线 3，选择如图 13.13 所示的要修剪的对象已被修剪的部位。

（14）单击"修改"工具栏中的"删除"按钮，并交替使用修剪功能，删除和修剪图像中多余的线，效果如图 13.14 所示。

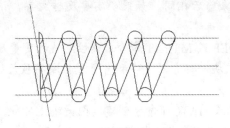

图 13.13　修剪多余对象

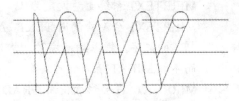

图 13.14　删除和修剪多余对象

（15）单击"修改"工具栏中的"复制"按钮，复制已绘制的图形至右侧，复制效果如图 13.15 所示。

（16）单击"修改"工具栏中的"旋转"按钮，在命令行提示下选择新复制的图形，指定基点为水平中心线上的一点 C，指定旋转角度为 180°，旋转效果如图 13.16 所示。

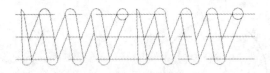

图 13.15　复制绘制的图形

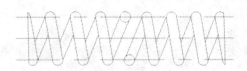

图 13.16　旋转效果

（17）将"细实线"图层设置为当前图层，单击"绘图"工具栏中的"图案填充"按钮，弹出"图案填充和渐变色"对话框，设置"类型和图案"选项组中的"类型"为"用户定义"，"角度"为 45°，"间距"为 0.5，对话框设置如图 13.17 所示，返回绘图窗口选择填充相应的区域，单击"确定"按钮确认填充。"13.1 弹簧"最终效果如图 13.18 所示。

图 13.17　"图案填充和渐变色"对话框

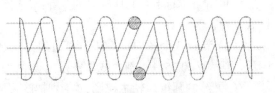

图 13.18　弹簧效果

提示：默认情况下，镜像文字、图案填充、属性和属性定义在镜像图像中不会反转或倒置。文字的对齐和对正方式在镜像对象前后相同。如果确实要反转文字，请将 MIRRTEXT 系统变量设定为 1。

MIRRTEXT 会影响使用 TEXT、ATTDEF 或 MTEXT 命令、属性定义和变量属性创建的文字。镜像插入块时，作为插入块一部分的文字和常量属性都将被反转，而不管 MIRRTEXT 如何设置。

MIRRHATCH 会影响使用 GRADIENT 或 HATCH 命令创建的图案填充对象。使用 MIRRHATCH 系统变量控制是镜像还是保留填充图案的方向。

13.2 圆 锥 齿 轮

本例绘制的圆锥齿轮效果如图 13.19 所示。

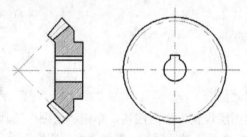

图 13.19　圆锥齿轮

13.2.1　实例分析

圆锥齿轮是机械加工中经常用到的传动零件，其主要作用是传递力合力矩，改变传动方向。

13.2.2　本例知识点

在绘制圆锥齿轮的过程中，可以利用"旋转"、"偏移"、"镜像"和"圆"命令完成整个图形的绘制。

13.2.3　绘制步骤

（1）单击"标准"工具栏中的"新建"按钮，新建一个名为"13.19 圆锥齿轮"的.dwg格式文件。

（2）新建 3 个图层："中心线"图层，颜色设为红色，线型加载为 CENTER；"实体"图层，线宽为 0.35；"剖面线"图层，颜色设为蓝色，线宽为 0.2，如图 13.20 所示。

（3）绘制圆锥齿轮主视图。将"中心线"图层设置为当前图层，单击"绘图"工具栏中的"直线"按钮，绘制中心线"（80,140），（@80,0）"。

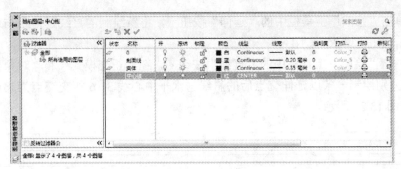

图 13.20　设置图层

　　（4）单击"修改"工具栏中的"旋转"按钮◯，在命令行提示下选择中心线，指定基点为中心线左侧的一点，选择复制选项 C，指定旋转角度为-315.5°，旋转效果如图 13.21 所示。

　　（5）重复步骤（4）的操作，绘制旋转角度为-320°、-311°的斜线，并将旋转的两条直线所在的图层修改为"实体"图层，修改图层的方法是单击需要修改的图形对象，在弹出的"特性"选项板中修改"图层"的选择项。最终图形效果如图 13.22 所示。

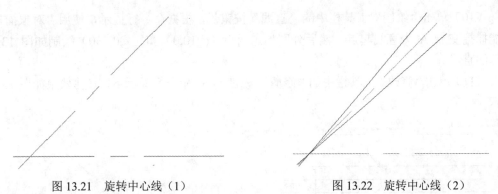

　　图 13.21　旋转中心线（1）　　　　　　　　　图 13.22　旋转中心线（2）

　　（6）将"实体"图层设置为当前图层，单击"修改"工具栏中的"偏移"按钮▣，选择水平中心线，向上偏移30；选择绘制的新偏移直线，分别向上偏移2、7、12、16 和 24，并将新绘制的所有偏移直线修改为"实体"图层，效果如图 13.23 所示。

　　（7）单击"绘图"工具栏中的"直线"按钮╱，绘制如图 13.24 所示的斜线。

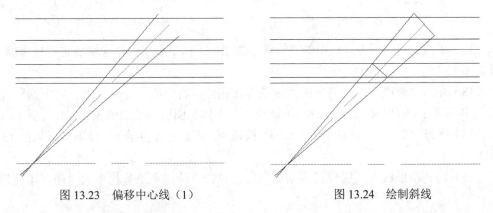

　　图 13.23　偏移中心线（1）　　　　　　　　　图 13.24　绘制斜线

（8）单击"修改"工具栏中的"延伸"按钮，将新绘制的直线延伸至与水平中心线相交的位置，如图 13.25 所示。

（9）单击"绘图"工具栏中的"直线"按钮，在"正交模式"和"对象捕捉"功能的辅助下，分别绘制一条以延伸交点后的斜线与水平中心线 3、6 相交交点为起点的垂直直线，效果如图 13.26 所示。

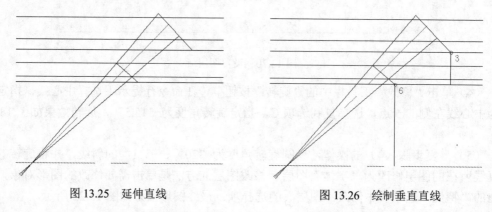

图 13.25　延伸直线　　　　　　　　　图 13.26　绘制垂直直线

（10）单击"绘图"工具栏中的"直线"按钮，根据命令行提示，使用"对象捕捉"功能捕捉交点 A 为直线起点，然后分别指定两点（@10,0）和（@0,–30）绘制如图 13.27 所示的直线。

（11）单击"修改"工具栏中的"修剪"按钮，在命令行提示下，修剪效果如图 13.28 所示。

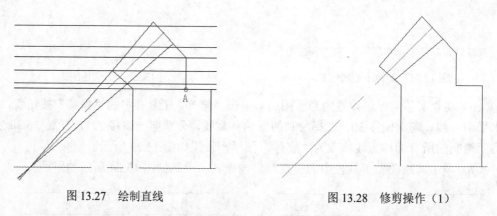

图 13.27　绘制直线　　　　　　　　　图 13.28　修剪操作（1）

（12）单击"修改"工具栏中的"镜像"按钮，以中心线为镜像轴线进行镜像操作，效果如图 13.29 所示。

（13）单击"修改"工具栏中的"偏移"按钮，将中心线分别向上、向下偏移 15.3 和 12，并将新偏移的中心线所在的图层修改为"实体"图层，效果如图 13.30 所示。

（14）单击"修改"工具栏中的"修剪"按钮，在命令行提示下，修剪效果如图 13.31 所示。

（15）将"剖面线"图层设置为当前图层，单击"绘图"工具栏中的"图案填充"按

钮 ，填充图案，完成圆锥齿轮主视图的绘制，效果如图 13.32 所示。

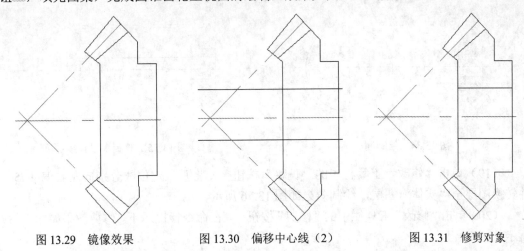

图 13.29　镜像效果　　　　图 13.30　偏移中心线（2）　　　　图 13.31　修剪对象

（16）绘制圆锥齿轮左视图。将"中心线"图层设置为当前图层，首先确定左视图的中心线，再单击"绘图"工具栏中的"直线"按钮 ，利用"对象捕捉"功能在主视图中确定直线起点，然后利用"正交"功能保证引出水平线。绘制辅助定位线效果如图 13.33 所示。

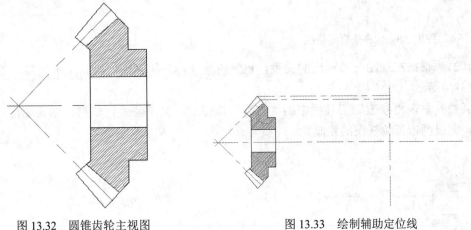

图 13.32　圆锥齿轮主视图　　　　　　　图 13.33　绘制辅助定位线

💡 提示：默认情况下，当将光标移至封闭区域上时，会显示图案填充的预览。为了加快大型图形中的响应速度，可以使用 HPQUICKPREVIEW 系统变量关闭图案填充预览功能。

（17）单击"绘图"工具栏中的"圆"按钮 ，分别转换"中心线"图层与"实体"图层，以右侧中心线交点为圆心，依次捕捉辅助定位线与竖直中心线的交点为半径，绘制 3 个同心圆。其中最小圆的半径为 12，其余两圆与步骤（16）中绘制的绘制辅助定位线相切，效果如图 13.34 所示。

（18）单击"绘图"工具栏中的"直线"按钮 ，利用"对象捕捉"功能确定直线起点，再使用"正交"功能绘制水平直线，效果如图 13.35 所示。

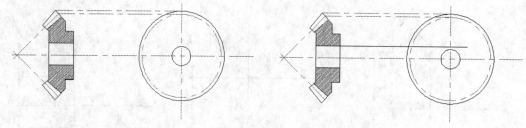

图 13.34　绘制同心圆　　　　　　　　　图 13.35　绘制水平直线

（19）单击"修改"工具栏中的"偏移"按钮，将垂直定位线分别向左右偏移 5，并转换图层至"实体"图层，绘制效果如图 13.36 所示。

（20）单击"修改"工具栏中的"修剪"按钮，在命令行提示下，修剪效果如图 13.37 所示。

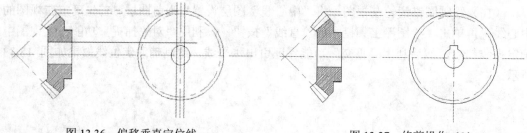

图 13.36　偏移垂直定位线　　　　　　　　图 13.37　修剪操作（2）

（21）根据左视图一一对应的关系，重复步骤（18）的操作，绘制水平直线，效果如图 13.38 所示。

（22）单击"修改"工具栏中的"修剪"按钮，对图像进行修剪，效果如图 13.39 所示，完成圆锥齿轮视图的绘制。

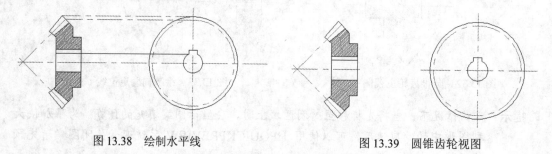

图 13.38　绘制水平线　　　　　　　　　　图 13.39　圆锥齿轮视图

13.3　齿轮泵前盖

本例绘制的齿轮泵前盖效果如图 13.40 所示。

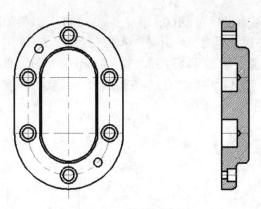

图 13.40 齿轮泵前盖

13.3.1 实例分析

轮盘类零件是机械制图中常见的零件，一般有沿周围分布的孔、槽等结构。此类零件主要加工面是在车床上加工的。常用主视图和其他视图结合起来表示这些结构的分布情况或形状。

13.3.2 本例知识点

在绘制齿轮泵前盖的过程中，可以利用"圆"、"圆角"和"修剪"命令完成整个图形的绘制。

13.3.3 绘制步骤

（1）单击"标准"工具栏中的"新建"按钮 🗋，新建一个名为"13.40 齿轮泵前盖"的 .dwg 格式文件，并新建 3 个图层："中心线"图层、"实体"图层和"剖面"图层，图层设置如图 13.41 所示。

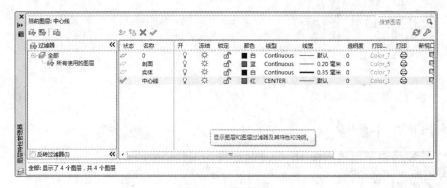

图 13.41 设置图层

（2）将"中心线"图层设置为当前图层，单击"绘图"工具栏中的"直线"按钮 ∠，绘制两条水平直线，以（100,250）、（@60,0）和（100,190）、（@120,0）分别为直线端点坐标，并绘制一条垂直直线，端点坐标为（160,320）、（@0,-200），效果如图 13.42 所示。

（3）将"实体"图层设置为当前图层，单击"绘图"工具栏中的"圆"按钮 ⊙，以中心线的两个交点为圆心分别绘制半径为 30、32、45 和 60 的圆，效果如图 13.43 所示。

（4）单击"绘图"工具栏中的"直线"按钮 ✓，分别绘制与圆相切的直线，绘制效果如图 13.44 所示。

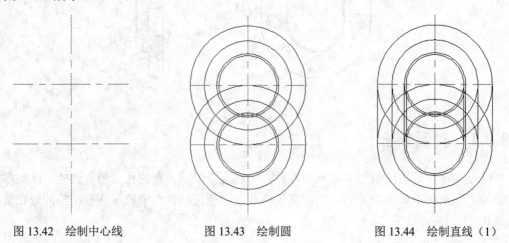

图 13.42　绘制中心线　　　　图 13.43　绘制圆　　　　图 13.44　绘制直线（1）

（5）单击"修改"工具栏中的"修剪"按钮 ⊬，对多余的图像进行修剪，并将修剪后半径为 45 的圆弧和其切线所在的图层修改为"中心线"图层，效果如图 13.45 所示。

（6）单击"绘图"工具栏中的"圆"按钮 ⊙，按如图 13.46 所示的尺寸分别绘制螺栓孔和销孔，完成齿轮泵前盖主视图的绘制。

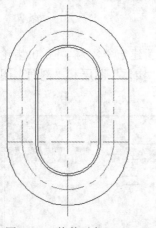
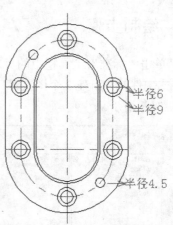

图 13.45　修剪对象（1）　　　　　　图 13.46　绘制螺栓孔和销孔

（7）绘制齿轮泵前盖剖视图。单击"绘图"工具栏中的"直线"按钮 ✓，以主视图中的特征点为起点，使用"正交"功能绘制剖视图的水平定位线，如图 13.47 所示。

（8）单击"绘图"工具栏中的"直线"按钮 ✓，绘制一条与定位直线相交的垂直直线。单击"修改"工具栏中的"偏移"按钮 ⊜，将垂直直线分别向左、向右偏移 16 和 14，效果如图 13.48 所示。

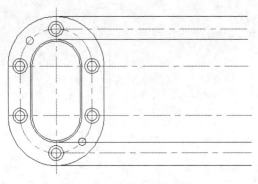

图 13.47　绘制水平定位线

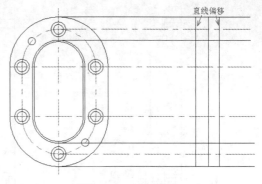

图 13.48　绘制直线（2）

（9）单击"修改"工具栏中的"修剪"按钮，修剪多余图像，效果如图 13.49 所示。

（10）单击"修改"工具栏中的"圆角"按钮，将角 1、角 2 倒圆角，半径为 3，根据图示，将其余直角倒圆角，半径为 5（除最左侧的两个直角），效果如图 13.50 所示。

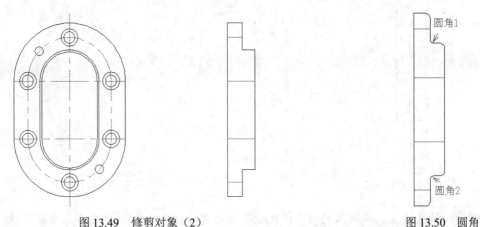

图 13.49　修剪对象（2）　　　　　　　　　　　　　　　图 13.50　圆角

（11）单击"修改"工具栏中的"偏移"按钮，将直线 A 分别向上、向下偏移 4；将直线 B 分别向上和向下两次偏移 4 和 7，将偏移直线所在的图层修改为"实体"图层；将右侧的垂直直线 C 向左偏移 10，如图 13.51 所示。

（12）单击"修改"工具栏中的"修剪"按钮，修剪多余图像，效果如图 13.52 所示。

（13）单击"修改"工具栏中的"偏移"按钮，将直线 D、E 分别向上、向下偏移 15，将偏移直线所在的图层修改为"实体"图层；将右侧的竖直直线向左偏移 13，单击"修改"工具栏中的"修剪"按钮，修剪多余图像，效果如图 13.53 所示。

提示：利用剖切平面完全地剖开机械零件所得的剖视图，称为全剖视图。一般用于比较复杂且各方向均不对称而外形较简单的零件图形表达。

（14）单击"绘图"工具栏中的"直线"按钮，绘制轴孔段锥角；单击"修改"工具栏中的"镜像"按钮，对轴孔进行镜像处理，效果如图 13.54 所示。

（15）将"剖面"图层设置为当前图层，单击"绘图"工具栏中的"图案填充"按钮，填充图案，完成齿轮泵前盖的制作，效果如图 13.55 所示。

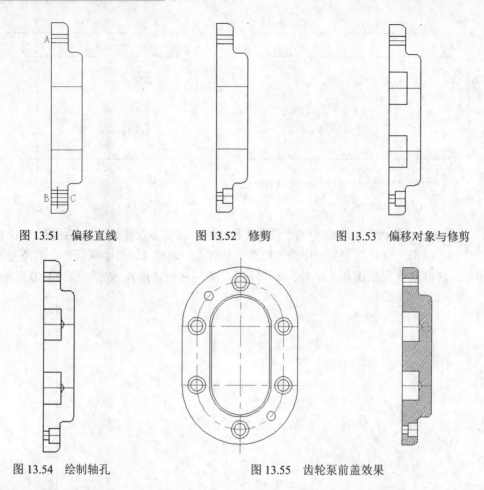

图 13.51 偏移直线   图 13.52 修剪   图 13.53 偏移对象与修剪

图 13.54 绘制轴孔   图 13.55 齿轮泵前盖效果

💡 提示：给通过直线段定义的图案填充边界进行圆角操作会删除图案填充的关联性。如果图案填充边界是通过多段线定义的，将保留关联性。

13.4 托 轮

本例绘制的托轮效果如图 13.56 所示。

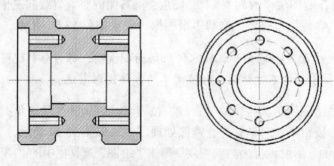

图 13.56 托轮

13.4.1　实例分析

由图 13.56 可以看出，托轮的主视图主要由直线组成，左视图主要由圆组成。绘制过程中，要确定主视图和左视图的对应关系。主视图具有对称性，可以只画出一半图形，然后用镜像复制出另一半。

13.4.2　本例知识点

在绘制托轮的过程中，左视图中有对称布置的圆，可以用阵列来绘制。此外，使用"偏移"、"倒角"以及"填充"命令完成整个图形的绘制。

13.4.3　绘制步骤

（1）单击"标准"工具栏中的"新建"按钮□，新建一个名为"13.56 托轮"的.dwg格式文件，并新建 3 个图层："中心线"图层、"细实线"图层和"粗实线"图层，图层设置如图 13.57 所示。

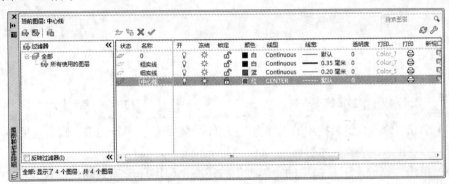

图 13.57　设置图层

（2）选择"工具"|"草图设置"命令，弹出"草图设置"对话框，选择"对象捕捉"选项卡，在"对象捕捉模式"选项组中选中"端点"、"中点"、"圆心"和"交点"复选框，并启用对象捕捉和对象捕捉追踪功能，如图 13.58 所示。

（3）将"中心线"图层设置为当前图层。单击"绘图"工具栏中的"直线"按钮/，根据命令行提示，绘制端点为（100,220）、（@130,0）的定位中心线。

（4）以同样的操作步骤绘制左视图的中心线，坐标分别为（260,220）和（390,220）的直线、（325,155）和（325,285）的直线以及（320,255）和（330,255）的直线，绘制效果如图 13.59 所示。

（5）将"粗实线"图层设置为当前图层。单击"绘图"工具栏中的"圆"⊙按钮，绘制以 A 点为圆心、半径为 20 的圆。

（6）利用与步骤（5）相同的操作，分别绘制半径为 25、45、52 和 55 的圆，以交点 B 为圆心，绘制半径为 4 的圆；将"中心线"图层设置为当前图层，以 A 点为圆心，绘制半径为 35 的圆；将"细实线"图层设置为当前图层，以交点 B 为圆心，绘制半径为 3.3 的圆，绘制效果如图 13.60 所示。

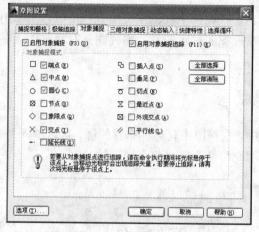

图 13.58　"草图设置"对话框

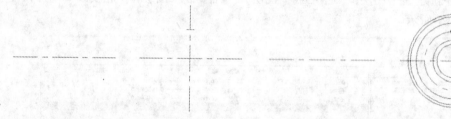

图 13.59　绘制定位中心线　　　　　　　　　图 13.60　绘制圆

（7）单击"修改"工具栏中的"修剪"按钮，对螺纹孔进行修剪，修剪效果如图 13.61 所示。

（8）单击"修改"工具栏中的"阵列"按钮，使用环形阵列功能，设置中心点的坐标为"X：325，Y：220"，项目总数为 8，填充角度为 360，选中"复制时旋转项目"复选框，选中螺纹孔为阵列对象，环形阵列效果如图 13.62 所示。

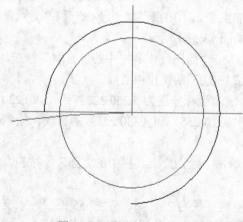

图 13.61　修剪对象（1）

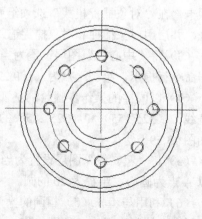

图 13.62　环形阵列

提示：注意限制阵列的大小。如果为阵列指定大量的行和列，则创建副本可能需要很长时间。默认情况下，可以由一个命令生成的阵列元素数目限制在 100000 个左右。此限制由注册表中的 MaxArray 设置控制。

可以通过使用 setenv "MaxArray" "n" 设定 MaxArray 系统注册表变量来更改限制（其中 n 为介于 100~10000000[一千万] 之间的数值）。

更改 MaxArray 的值时，必须按显示的 MaxArray 的大小写形式输入。

（9）将"粗实线"图层设置为当前图层。单击"绘图"工具栏中的"直线"按钮 ✎，利用"正交"功能绘制主视图的辅助定位线，绘制效果如图 13.63 所示。

（10）单击"绘图"工具栏中的"直线"按钮 ✎，绘制主视图右侧的一条垂直轮廓线 A。单击"修改"工具栏中的"偏移"按钮 ⬱，将直线 A 向右分别偏移 10、30、34 和 55，偏移效果如图 13.64 所示。

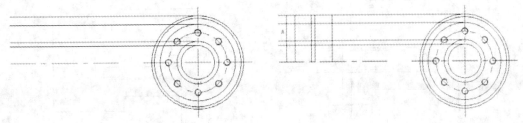

图 13.63　绘制水平直线　　　　　　　　　　图 13.64　绘制垂直直线

（11）单击"修改"工具栏中的"修剪"按钮 ⊹，将图像进行修剪，效果如图 13.65 所示。

（12）单击"修改"工具栏中的"倒角"按钮 ⬭，指定第一、二倒角距离均为 3，对图像进行倒角处理，效果如图 13.66 所示。

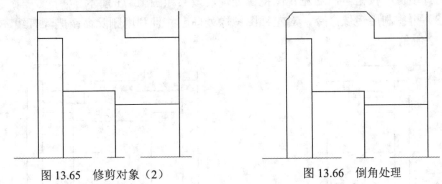

图 13.65　修剪对象（2）　　　　　　　　　　图 13.66　倒角处理

（13）单击"修改"工具栏中的"圆角"按钮 ⬭，圆角半径为 3，对图形进行圆角处理，效果如图 13.67 所示。

（14）利用直线命令、正交功能、对象捕捉功能绘制如图 13.68 所示的水平直线，并且转换至各图层。

（15）单击"修改"工具栏中的"偏移"按钮 ⬱，将直线 B 向左分别偏移 15、18，效果如图 13.69 所示。

（16）单击"修改"工具栏中的"修剪"按钮，修剪多余的直线，效果如图 13.70 所示。

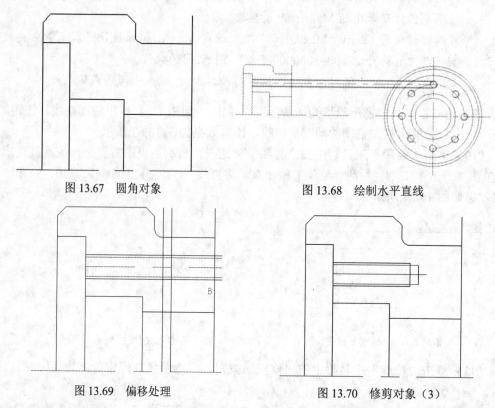

图 13.67　圆角对象

图 13.68　绘制水平直线

图 13.69　偏移处理

图 13.70　修剪对象（3）

（17）单击"绘图"工具栏中的"直线"按钮，绘制轴孔段锥角；单击"修改"工具栏中的"镜像"按钮，对左视图镜像处理，效果如图 13.71 所示。

（18）再次利用镜像命令，对左视图镜像处理，并且利用删除命令删除直线 B，效果如图 13.72 所示。

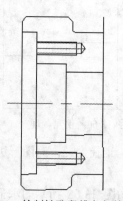

图 13.71　绘制轴孔段锥角与镜像处理

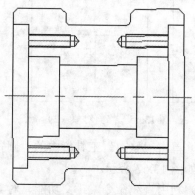

图 13.72　镜像处理

（19）将"细实线"图层设置为当前图层，单击"绘图"工具栏中的"图案填充"按钮填充图案，完成托轮的绘制，效果如图 13.73 所示。

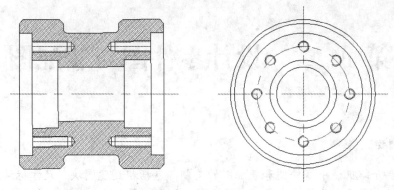

图 13.73　托轮效果

> 提示：零件图尺寸标注既要保证设计要求，又要满足工艺要求，首先应当正确选择尺寸
> 基准。尺寸基准是指零件装配到机械中或在加工测量时，用以确定其位置的一些
> 点、线或面，可以是零件上对称平面、安装底平面、端面、零件的结合面、主要
> 孔和轴的轴线等。
>
> 选择尺寸基准的目的：一是为了确定零件在机械中的位置或零件中几何元素的位
> 置，以符合设计要求；二是为了在加工零件时，确定测量尺寸的起点位置，便于
> 加工和测量，以符合工艺要求。因此，根据基准作用不同，一般将基准分为设计
> 基准和工艺基准两类。

第 14 章　设计零件图与装配图

内容摘要

本章主要介绍机械中零件图和装配图的绘制，包括粗糙度图块、尺寸标注和装配图。本章所讲述的内容具有很强的实用性和针对性，也是较难掌握的内容。通过对本章的学习，希望读者能够完整掌握 AutoCAD 2014 的尺寸标注和各种辅助功能的使用方法和技巧。

学习目标

- 掌握尺寸标注的应用。
- 熟悉辅助功能的使用。

14.1　粗糙度图块

本例绘制的粗糙度图块如图 14.1 所示。

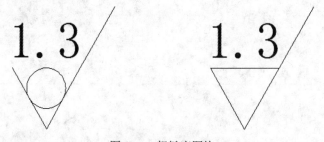

图 14.1　粗糙度图块

14.1.1　实例分析

本例主要绘制了两种表面粗糙度符号，即"用去除材料方法加工"的粗糙度符号及"用非去除材料方法加工"的粗糙度符号。本例应用二维绘图及编辑命令绘制粗糙度符号，利用定义属性命令定义其属性，利用写块命令将其定义为图块。

14.1.2　本例知识点

在绘制粗糙度图块的过程中，可以利用粗糙度符号的绘制、块的运用完成整个图形的绘制。

14.1.3　绘制步骤

1. 绘制"用去除材料方法加工"的表面粗糙度符号

（1）单击"标准"工具栏中的"新建"按钮，新建一个名为"14.1 粗糙度图块"的.dwg 格式文件。

（2）单击"绘图"工具栏中的"多边形"按钮，根据命令行提示，指定边数目为 3，选择 E，在绘图窗口任意指定一点为第一个端点，指定边的第二个端点为（@-6,0），绘制正三角形的效果如图 14.2 所示。

（3）单击"绘图"工具栏中的"直线"按钮，利用对象捕捉功能，在正三角形右端点处绘制如图 14.3 所示的直线，输入（@6<60）。

图 14.2　正三角形

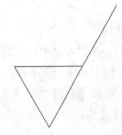

图 14.3　粗糙度符号（1）

（4）在命令行中输入 ATTDEF，弹出"属性定义"对话框，在"标记"文本框中输入 1.3，在"提示"文本框中输入"表面粗糙度值"，在"默认"文本框中输入 1.3，在"文字高度"文本框中输入 3，在"对正"下拉列表框中选择"中下"选项，在"插入点"选项组中选中"在屏幕上指定"复选框，捕捉粗糙度符号水平线的中点，如图 14.4 所示，单击"确定"按钮返回绘图窗口，指定粗糙度符号，效果如图 14.5 所示。

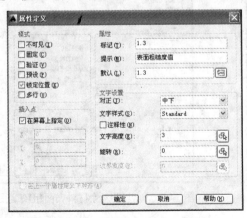

图 14.4　"属性定义"对话框

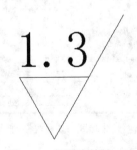

图 14.5　粗糙度符号（2）

2. 绘制"用非去除材料方法加工"的表面粗糙度符号

（1）单击"修改"工具栏中的"复制"按钮，选择绘制的粗糙度符号，复制一个粗糙度符号图形。

（2）单击"绘图"工具栏中的"圆"按钮⊙，根据命令行提示，选择"三点（3P）"方法绘制圆，在新复制的粗糙度符号每条边的中心指定圆端点，绘制如图14.6所示的圆。

（3）单击"修改"工具栏中的"打断"按钮□，将粗糙度符号在水平线两个端点处打断，然后利用"删除"命令将其删除，效果如图14.7所示。

图 14.6 绘制圆   图 14.7 删除水平线

（4）在命令行中输入 WBLOCK 后按 Enter 键，系统弹出"写块"对话框。

（5）在"文件名和路径"下拉列表框中选择块名称及路径，如图14.8所示，单击"选择对象"按钮□，选择第一个"用去除材料方法加工"的粗糙度符号及其属性值，单击"拾取点"按钮□，捕捉该粗糙度符号的最低点，单击"确定"按钮，创建一个带有属性的去除材料表面粗糙度块，将该图块以图形文件的形式保存。

（6）采用同样的方法，如图 14.9 所示，将第二个创建的"用非去除材料方法加工"的粗糙度符号，创建为带有属性的非去除材料表面粗糙度图块，将该图块以图形文件的形式保存。

图 14.8 "写块"对话框   图 14.9 创建非去除材料表面粗糙度图块

14.2 油标尺零件

本例绘制的油标尺零件如图 14.10 所示。

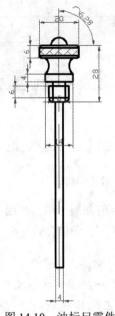

图 14.10　油标尺零件

14.2.1　实例分析

油标尺零件具有轴对称性。在绘制时可以先绘制左侧一半图形，再利用镜像命令完成中心线右侧图形的绘制。在绘制过程中，将油标尺从下到上分为标尺、连接螺纹、密封环和油标尺帽 4 个部分分别绘制。

14.2.2　本例知识点

在绘制油标尺零件的过程中，可以利用"偏移"、"打断"、"圆角"和"镜像"命令等完成整个图形的绘制。

14.2.3　绘制步骤

（1）单击"标准"工具栏中的"新建"按钮 ，弹出"选择样板"对话框，单击"打开"按钮右侧的下拉按钮 ，以"无样板打开-公制"方式新建文件，新建一个名为"14.10 油标尺"的.dwg 格式文件。

（2）单击"图层"工具栏中的"图层特性管理器"按钮 ，新建 4 个图层，分别为"粗实线"图层，线宽为 0.35mm，其余属性保持系统默认设置；"细实线"图层，颜色设为蓝色，线宽为 0.2mm，其余属性保持系统默认设置；"中心线"图层，颜色设为红色，线型加载为 CENTER，其余属性保持系统默认设置；"尺寸标注"图层，颜色设为红色，如图 14.11 所示。

（3）将"中心线"图层设置为当前图层，单击"绘图"工具栏中的"直线"按钮 ，绘制端点坐标为（200,150）、（200,300）的中心线，效果如图 14.12 所示。

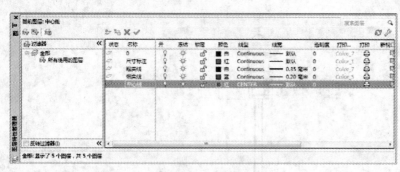

图 14.11　设置图层　　　　　　　　　　　　　　　图 14.12　绘制中心线

（4）将"粗实线"图层设置为当前图层，单击"绘图"工具栏中的"直线"按钮，绘制端点坐标为（190,160）、（210,160）与（190,160）、（190,290）的直线，如图 14.13 所示。

💡 提示：图形样板文件可通过保持标准样式和设置，在用户创建的图形中确保一致性。随
AutoCAD 2014 一同安装了一组图形样板文件，这些样板文件的大部分以英制或
公制单位提供，有些针对三维建模进行了优化。所有图形样板文件的扩展名均
为 .dwt。
需要创建使用相同约定和默认设置的多个图形时，通过创建或自定义图形样板文件
而不是每次启动时都指定约定和默认设置可以节省很多时间。通常存储在样板文件
中的约定和设置包括单位格式和精度、标题栏与边框、图层名、捕捉和栅格间距、
文字样式、标注样式、多重引线样式、表格样式、线型、线宽、布局和页面设置。
默认情况下，图形样板文件存储在 template 文件夹中，以便访问。可以使用"选
项"对话框设定默认的样板文件夹和图形样板文件。

（5）单击"修改"工具栏中的"偏移"按钮，将水平直线分别向上偏移 82、92、104 和 110，将垂直直线分别向右偏移 3、5 和 8，效果如图 14.14 所示。

（6）单击"修改"工具栏中的"修剪"按钮，对图像进行修剪，修剪效果如图 14.15所示。

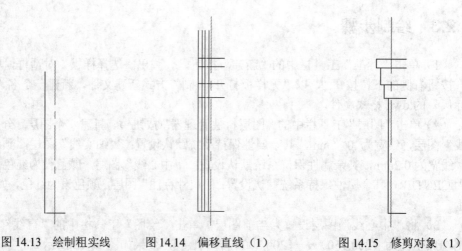

图 14.13　绘制粗实线　　　　图 14.14　偏移直线（1）　　　　图 14.15　修剪对象（1）

（7）单击“修改”工具栏中的“偏移”按钮，将直线 A 向下偏移 2，将直线 B 向右偏移 2；单击“修改”工具栏中的“修剪”按钮，将中心线右侧的多余图线修剪掉，效果如图 14.16 所示。

（8）单击“修改”工具栏中的“圆角”按钮，将如图 14.17 所示的直线 B 与直线 C 圆角处理，半径为 2。

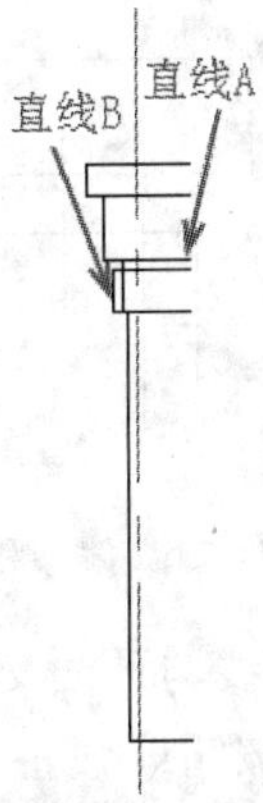

图 14.16　偏移与修剪

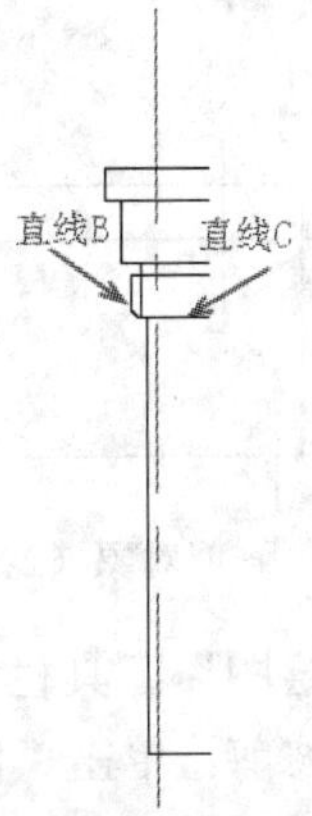

图 14.17　圆角对象

（9）单击“修改”工具栏中的“偏移”按钮，将水平直线 D 向上偏移 4 和 8，将中心线向左偏移 14，如图 14.18 所示。

（10）单击“绘图”工具栏中的“圆弧”按钮，选择“三点”方式绘制圆弧，如图 14.19 所示。

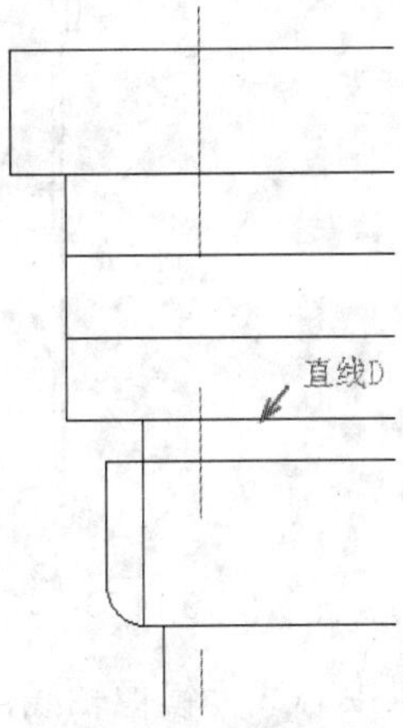

图 14.18　偏移直线（2）

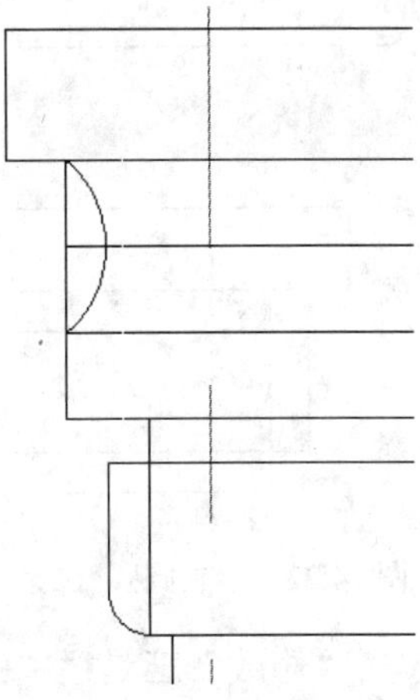

图 14.19　绘制圆弧（1）

（11）单击“修改”工具栏中的“修剪”按钮，对图像进行修剪编辑，效果如图 14.20 所示。

（12）单击“修改”工具栏中的“偏移”按钮，将如图 14.21 所示的最上端两条水平线分别向内偏移 1。单击“修改”工具栏中的“圆角”按钮，将相关图线进行圆角操作，圆角半径为1，效果如图 14.21 所示。

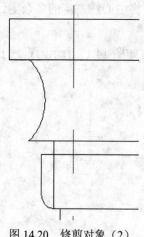

图 14.20　修剪对象（2）

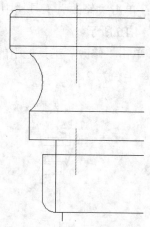

图 14.21　偏移和圆角操作

（13）单击"绘图"工具栏中的"圆"按钮◎，以中心线与顶面交点为圆心，绘制半径为4的圆并进行修剪；单击"修改"工具栏中的"偏移"按钮◎，将直线 E 向下偏移 6，效果如图 14.22 所示。

（14）单击"修改"工具栏中的"修剪"按钮／，对图像进行修剪编辑，效果如图 14.23 所示。

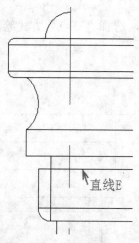

直线E

图 14.22　绘制圆弧（2）

图 14.23　修剪处理

（15）单击"修改"工具栏中的"镜像"按钮▲，以中心线为镜像轴线，选择中心线左侧图形进行镜像操作，效果如图 14.24 所示。

（16）将"细实线"图层设置为当前图层，单击"绘图"工具栏中的"图案填充"按钮▨，填充图案，效果如图 14.25 所示。

（17）将"尺寸标注"图层设置为当前图层，为油标尺图形进行尺寸标注，效果如图 14.26 所示。

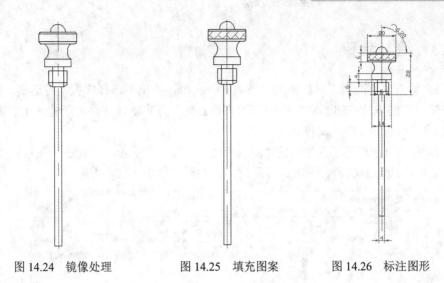

图 14.24　镜像处理　　　　图 14.25　填充图案　　　　图 14.26　标注图形

14.3　圆柱直齿轮

本例绘制的圆柱直齿轮如图 14.27 所示。

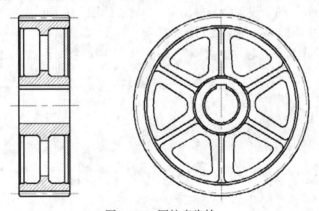

图 14.27　圆柱直齿轮

14.3.1　实例分析

根据图形特点，首先绘制左视图，采用"阵列"、"镜像"等命令完成左视图，再利用水平辅助线来绘制主视图，最后利用"图案填充"命令填充剖面。

14.3.2　本例知识点

在绘制圆柱直齿轮的过程中，可以利用"圆"、"镜像"、"倒角"和"阵列"命令等完成整个图形的绘制。

14.3.3 绘制步骤

（1）单击"标准"工具栏中的"新建"按钮⬜，弹出"选择样板"对话框，单击"打开"按钮右侧的下拉按钮▾，以"无样板打开-公制"方式新建文件，新建一个名为"14.27 圆柱直齿轮"的.dwg 格式文件。

（2）单击"图层"工具栏中的"图层特性管理器"按钮🗂，新建 3 个图层："粗实线"图层、"中心线"图层和"细实线"图层，详细设置如图 14.28 所示。

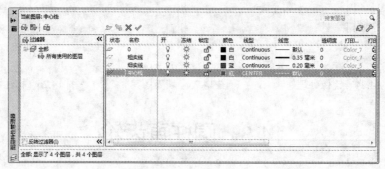

图 14.28　设置图层

（3）将"中心线"图层设置为当前图层，单击"绘图"工具栏中的"构造线"按钮⟋，在绘图窗口中绘制中心线，如图 14.29 所示。

（4）单击"绘图"工具栏中的"圆"按钮⊙，在中心线交点处，绘制一个半径为 100 的圆，如图 14.30 所示。

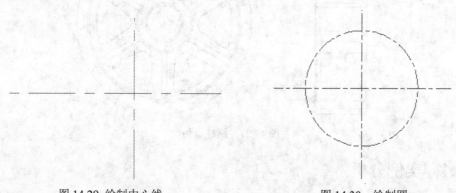

图 14.29　绘制中心线　　　　　　　　图 14.30　绘制圆

（5）将"粗实线"图层设置为当前图层，重复步骤（4），绘制半径为 103、90.5、88、80、40、33.5、31.5、22 和 20 的同心圆，效果如图 14.31 所示。

（6）单击"修改"工具栏中的"偏移"按钮⬄，向上偏移水平中心线，偏移距离为 23.5，效果如图 14.32 所示。

（7）重复步骤（6），将垂直中心线分别向两侧偏移 3 和 6，再向左偏移 13.5 和 16。选择偏移的直线，将其所在图层修改为"粗实线"图层，效果如图 14.33 所示。

（8）单击"修改"工具栏中的"修剪"按钮⤚，修剪多余的图线，效果如图 14.34 所示。

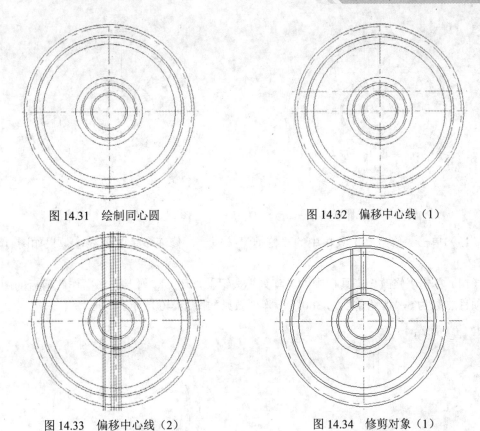

图 14.31　绘制同心圆　　　　　　　　图 14.32　偏移中心线（1）

图 14.33　偏移中心线（2）　　　　　　图 14.34　修剪对象（1）

（9）单击"绘图"工具栏中的"直线"按钮 ，绘制直线 AB，效果如图 14.35 所示。

（10）单击"修改"工具栏中的"删除"按钮 ，删除直线 AB 左右两侧的多余直线，效果如图 14.36 所示。

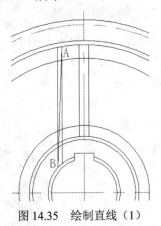

图 14.35　绘制直线（1）

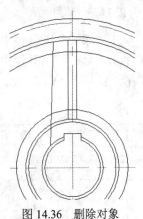

图 14.36　删除对象

（11）单击"修改"工具栏中的"镜像"按钮 ，选择直线 AB 进行镜像操作，其中镜像线第一点为中心线交点，镜像效果如图 14.37 所示。

（12）单击"修改"工具栏中的"圆角"按钮 ，在如图 14.38 所示的角进行圆角操作，其中两个角圆角半径为 8，其余圆角半径为 5。

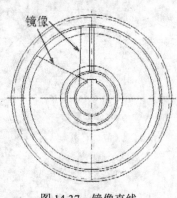

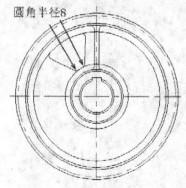

图 14.37　镜像直线 图 14.38　圆角操作（1）

（13）单击"修改"工具栏中的"修剪"按钮，修剪多余的图线，效果如图 14.39 所示。

（14）单击"修改"工具栏中的"阵列"按钮，环形阵列上一部操作修剪后的图形，设置项目总数为 6，填充角度为 360°，阵列效果如图 14.40 所示。

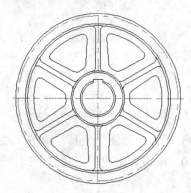

图 14.39　修剪对象（2） 图 14.40　环形阵列

（15）单击"绘图"工具栏中的"直线"按钮，绘制直线，效果如图 14.41 所示。

（16）单击"修改"工具栏中的"偏移"按钮，将直线 1 向下偏移 6，将直线 2 分别向左偏移 6、25、35、54 和 60，效果如图 14.42 所示。

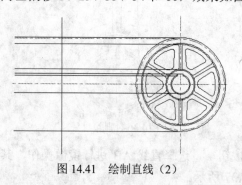

图 14.41　绘制直线（2） 图 14.42　偏移对象

（17）单击"修改"工具栏中的"倒角"按钮，设置倒角距离为 2，如图 14.43 所示为对直角进行倒角。

（18）单击"修改"工具栏中的"修剪"按钮，将多余的直线进行修剪，然后运用"直线"命令在如图 14.44 所示的倒角处绘制两条直线。

（19）单击"修改"工具栏中的"圆角"按钮，选择直角 a、b、c、d 进行圆角，圆角半径为 5，选择直角 e、f、g、h 进行圆角，圆角半径为 3，效果如图 14.45 所示。

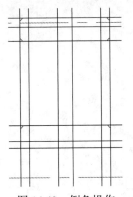
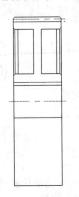
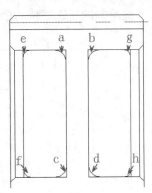

图 14.43 倒角操作　　　图 14.44 修剪图形与绘制直线　　　图 14.45 圆角操作（2）

（20）单击"绘图"工具栏中的"圆"按钮和"直线"按钮，绘制辅助圆和辅助直线，效果如图 14.46 所示。

（21）单击"修改"工具栏中的"修剪"按钮，将多余的直线进行修剪，效果如图 14.47 所示。

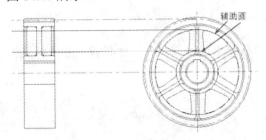

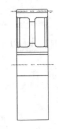

图 14.46 绘制圆和直线　　　　　　　图 14.47 修剪对象（3）

（22）单击"修改"工具栏中的"镜像"按钮，对如图 14.48 所示的图形进行镜像处理，并对多余的直线进行修剪。

（23）将"细实线"图层设置为当前图层，单击"绘图"工具栏中的"图案填充"按钮，填充图案，完成圆柱直齿轮的操作步骤，效果如图 14.49 所示。

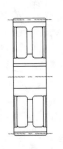

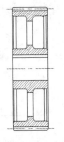
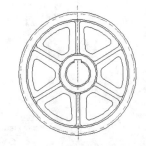

图 14.48 镜像处理与修剪对象　　　　图 14.49 填充图案

14.4　变速器传动轴

本例绘制的变速器传动轴如图 14.50 所示。

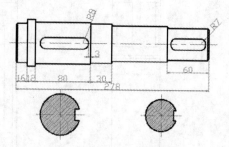

图 14.50　变速器传动轴

14.4.1　实例分析

轴类零件是机械零件中的一种典型机件，由一系列同轴回转体构成，其上分布有各种键槽。其局部细节采用局部剖视图、局部放大图等来表现。

14.4.2　本例知识点

在绘制变速器传动轴的过程中，可以利用"偏移"、"修剪"、"镜像"和"标注"命令等完成整个图形的绘制。

14.4.3　绘制步骤

（1）单击"标准"工具栏中的"新建"按钮 ，弹出"选择样板"对话框，单击"打开"按钮右侧的下拉按钮 ，以"无样板打开-公制"方式新建文件，新建一个名为"14.50 变速器传动轴"的.dwg 格式文件。

（2）单击"图层"工具栏中的"图层特性管理器"按钮 ，新建 4 个图层："中心线"图层、"细实线"图层、"粗实线"图层和"尺寸标注"图层，详细设置如图 14.51 所示。

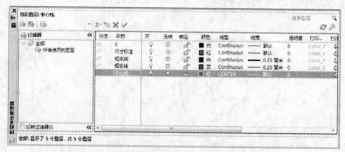

图 14.51　设置图层

（3）将"中心线"图层设置为当前图层，单击"绘图"工具栏中的"直线"按钮 <img_1>，绘制水平中心线坐标为（0,140）、（300,140）。

（4）将"粗实线"图层设置为当前图层，单击"绘图"工具栏中的"直线"按钮 <img_1>，绘制直线坐标为（10,140）、（10,180），如图 14.52 所示。

（5）单击"修改"工具栏中的"偏移"按钮 <img_1>，将步骤（4）绘制的直线连续向右偏移 16、12、80、30、80 和 60，生成直线如图 14.53 所示。

图 14.52　绘制直线（1）　　　　　　　图 14.53　偏移直线（1）

（6）单击"修改"工具栏中的"偏移"按钮 <img_1>，将中心线分别向上偏移 22.5、25、27.5、29 和 33，效果如图 14.54 所示。

（7）将水平偏移所得的直线图层属性修改成"粗实线"图层，效果如图 14.55 所示。

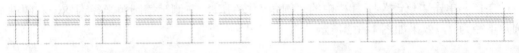

图 14.54　偏移中心线　　　　　　　图 14.55　修改直线图层属性

（8）单击"修改"工具栏中的"修剪"按钮 <img_1>，对垂直直线进行修剪，效果如图 14.56 所示。

（9）进一步对直线进行修剪，效果如图 14.57 所示。

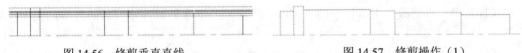

图 14.56　修剪垂直直线　　　　　　　图 14.57　修剪操作（1）

（10）单击"修改"工具栏中的"倒角"按钮 <img_1>，选择最左端直线位置进行倒角操作，选择"角度（A）"选项，设置倒角长度为 2，倒角角度为 45°；采用相同的方法对另一段进行倒角，并进行修剪操作，效果如图 14.58 所示。

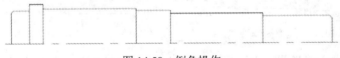

图 14.58　倒角操作

（11）单击"修改"工具栏中的"圆角"按钮 <img_1>，根据命令行提示，选择"修剪（T）"选项，继续选择"不修剪（N）"选项，选择"半径（R）"，指定圆角半径为 2，依次选择需要进行圆角操作的对象，效果如图 14.59 所示。

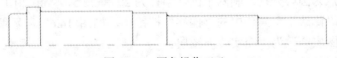

图 14.59　圆角操作（1）

（12）单击"修改"工具栏中的"修剪"按钮 <img_1>，在每处圆角边存在的多余边处进行修剪操作，修剪效果如图 14.60 所示。

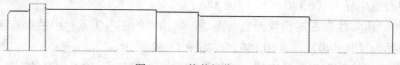

图 14.60　修剪操作（2）

（13）单击"修改"工具栏中的"偏移"按钮，偏移如图 14.61 所示的直线。

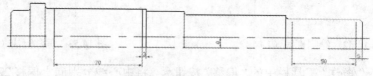

图 14.61　偏移直线（2）

（14）将偏移所得的中心线更改图层属性，为"粗实线"图层。

（15）单击"修改"工具栏中的"圆角"按钮，左侧键槽圆角半径为 8，右侧键槽圆角半径为 7，效果如图 14.62 所示。

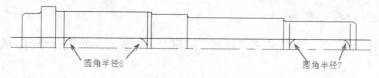

图 14.62　圆角操作（2）

（16）单击"修改"工具栏中的"镜像"按钮，镜像处理并修剪后的效果如图 14.63 所示。

（17）单击"绘图"工具栏中的"直线"按钮，补全左右端面的倒角线，完成传动轴主视图的绘制，效果如图 14.64 所示。

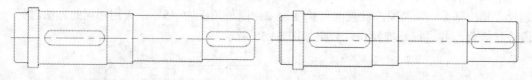

图 14.63　镜像操作　　　　　　　　　图 14.64　绘制直线（2）

（18）将"中心线"图层设置为当前图层，单击"绘图"工具栏中的"直线"按钮，绘制两组十字交叉的中心线，其坐标分别是：（40,40）、（110,40）和（75,5）、（75,75），（190,40）、（250,40）和（220,10）、（220,70），效果如图 14.65 所示。

（19）将"粗实线"图层设置为当前图层，单击"绘图"工具栏中的"圆"按钮，以两个中心线交点为圆心分别绘制两个圆，半径为 29 和 22.5，效果如图 14.66 所示。

（20）单击"修改"工具栏中的"偏移"按钮，如图 14.67 所示偏移中心线，并将偏移中心线所在图层修改为"粗实线"图层。

（21）单击"修改"工具栏中的"修剪"按钮，修剪键槽轮廓线，效果如图 14.68 所示。

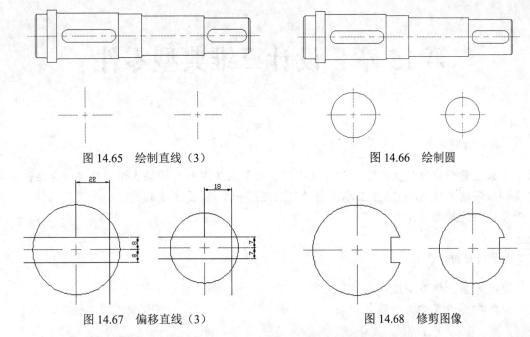

图 14.65 绘制直线（3）　　　　　　　图 14.66 绘制圆

图 14.67 偏移直线（3）　　　　　　　图 14.68 修剪图像

（22）将"细实线"图层设置为当前图层，单击"绘图"工具栏中的"图案填充"按钮，对图案进行填充，效果如图 14.69 所示，完成键槽剖面图的绘制。

（23）将"尺寸标注"图层设置为当前图层，选择"标注"|"快速标注"命令，添加如图 14.70 所示的标注。

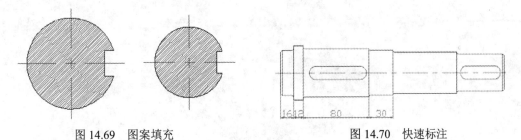

图 14.69 图案填充　　　　　　　图 14.70 快速标注

（24）选择"标注"|"线性"命令，对传动轴主视图中其他无公差的尺寸进行标注。选择"标注"|"半径"命令，标注圆弧标注，变速器传动轴最终绘制效果如图 14.71 所示。

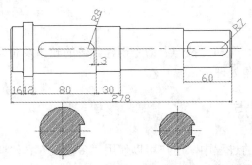

图 14.71 变速器传动轴效果

第15章 设计三维典型零件

内容摘要

本章主要介绍棘轮立体图、带轮立体图、弯管立体图和齿轮轴立体图的设计方法，通过实例加深读者对 AutoCAD 三维造型功能的理解和掌握，更主要的是进一步深化机械设计与开发的系统性思想。

学习目标

📖 掌握三维造型设计。
📖 熟悉设置渲染参数。

15.1 棘轮立体图

本例绘制的棘轮立体图效果如图 15.1 所示。

图 15.1 棘轮立体图

15.1.1 实例分析

本例主要利用"阵列"和"拉伸"命令创建棘轮的轮齿及带有键槽的孔，再利用"圆角"命令对轮齿进行圆角处理。

15.1.2 本例知识点

在绘制棘轮立体图的过程中，用户可以使用"多段线"、"阵列"、"拉伸"和"差集"等命令完成整个图形的绘制。

15.1.3 绘制步骤

（1）单击"标准"工具栏中的"新建"按钮，弹出"选择样板"对话框，单击"打开"按钮右侧的下拉按钮，以"无样板打开-公制"方式新建文件，新建一个名为"15.1 棘轮立体图"的.dwg 格式文件。

（2）在命令行中输入 ISOLINES，再在命令行提示"输入 ISOLINES 的新值 <8>:"下输入 10。

（3）单击"绘图"工具栏中的"圆"按钮，根据命令行提示，绘制 3 个半径为 110、80、60 的同心圆，效果如图 15.2 所示。

（4）选择"格式"|"点样式"命令，在打开的"点样式"对话框中选择点样式，单击"确定"按钮，如图 15.3 所示。

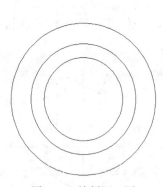

图 15.2 绘制同心圆

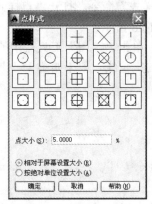

图 15.3 "点样式"对话框

（5）在命令行中输入 DIVIDE，根据命令行提示"选择要定数等分的对象:"选择半径为 110 的圆，"输入线段数目"为 10，等分圆效果如图 15.4 所示。

（6）以步骤（5）的操作，同样等分半径为 80 的圆，效果如图 15.5 所示。

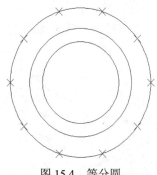

图 15.4 等分圆

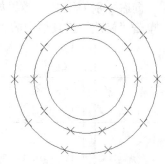

图 15.5 再次等分圆

（7）单击"绘图"工具栏中的"多段线"按钮，捕捉半径为 110 和 80 的圆，绘制棘轮齿轮截面，绘制效果如图 15.6 所示。

（8）单击"修改"工具栏中的"阵列"按钮，将绘制的多段线进行环形阵列，阵列中心为圆心，阵列数目为 10，效果如图 15.7 所示。

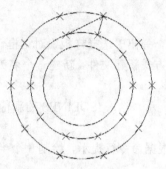

图 15.6　绘制多段线

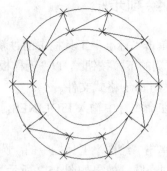

图 15.7　阵列多段线

（9）单击"修改"工具栏中的"删除"按钮 ，删除半径为 110 和 60 的圆。选择"格式"|"点样式"命令，打开"点样式"对话框，将点样式更改为无，单击"确定"按钮，效果如图 15.8 所示。

（10）单击"绘图"工具栏中的"构造线"按钮 ，利用正交功能，过圆心绘制两条互相垂直的定位线，效果如图 15.9 所示。

图 15.8　修剪对象（1）

图 15.9　绘制定位线

（11）单击"修改"工具栏中的"偏移"按钮 ，将水平定位线向上偏移 65，将垂直定位线向左、向右分别偏移 17，效果如图 15.10 所示。

（12）单击"修改"工具栏中的"修剪"按钮 ，修剪对象，效果如图 15.11 所示。

图 15.10　偏移处理（1）

图 15.11　修剪对象（2）

（13）单击"绘图"工具栏中的"面域"按钮 ，选择绘制的全部图形，创建面域。

（14）选择"绘图"|"建模"|"拉伸"命令，拉伸步骤（13）创建的面域，根据命令行提示，选择全部图形对象，选择"倾斜角（T）"，指定拉伸倾斜角度为 0，指定拉伸高度为 25；选择"视图"|"三维视图"|"东南等轴测"命令，将视图方向切换到东南等轴测视图，绘制效果如图 15.12 所示。

（15）选择"修改"|"实体编辑"|"差集"命令，将创建的棘轮与键槽进行差集运算；选择"视图"|"消隐"命令，效果如图 15.13 所示。

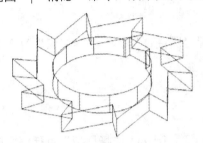 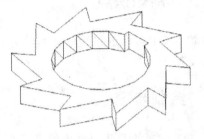

图 15.12　偏移处理（2）　　　　　　　　图 15.13　修剪对象（3）

（16）单击"修改"工具栏中的"圆角"按钮，圆角半径为 5，将棘轮进行圆角处理。最终完成的棘轮效果如图 15.14 所示。

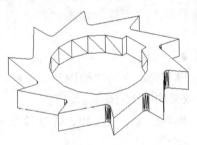

图 15.14　棘轮效果

15.2　带轮立体图

本例绘制的带轮立体图效果如图 15.15 所示。

图 15.15　带轮立体图

15.2.1 实例分析

本例首先利用"圆柱体"命令创建带轮的基体部分,利用"差集"命令进行求差运算,然后依次绘制其他外形轮廓,再利用"三维镜像"等命令得出带轮的立体图。

15.2.2 本例知识点

在绘制带轮立体图的过程中,用户可以使用"圆柱体"、"三维镜像"等命令完成整个图形的绘制。

15.2.3 绘制步骤

(1)单击"标准"工具栏中的"新建"按钮,弹出"选择样板"对话框,单击"打开"按钮右侧的下拉按钮,以"无样板打开-公制"方式,新建一个名为"带轮立体图"的.dwg格式文件。

(2)在命令行中输入 ISOLINES,在命令行提示"输入 ISOLINES 的新值 <8>:"下输入 10;选择"视图"|"三维视图"|"西南等轴测"命令,将视图方向切换到西南等轴测视图。

(3)选择"绘图"|"建模"|"圆柱体"命令,绘制一个以坐标原点(0,0,0)为圆心,底面半径为 80,高度为 42 的圆柱体;单击"绘图"工具栏中的"圆"按钮,以原点为圆心,绘制半径为 40 的圆,效果如图 15.16 所示。

(4)以坐标原点为圆心,创建一个半径为 60、高为 12 的圆柱体,效果如图 15.17 所示。

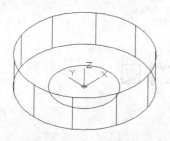

图 15.16 绘制圆柱体

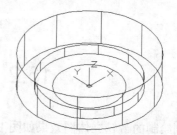

图 15.17 绘制同心圆柱体

(5)单击"修改"工具栏中的"复制"按钮,复制半径为 60 的圆柱体,根据命令行提示,指定基点为(0,0,0),指定位移第二点为(0,0,30),复制效果如图 15.18 所示。

(6)选择"修改"|"实体编辑"|"差集"命令,选择半径为 80 和 60 的两个圆进行差集运算,根据命令行提示,"选择要从中减去的实体、曲面和面域..."为半径 80 的圆柱体,"选择要减去的实体、曲面和面域..."为两个半径为 60 的圆柱体。

(7)选择"视图"|"三维视图"|"前视"命令,对视图进行切换。单击"绘图"工具栏中的"多段线"按钮,绘制多段线,效果如图 15.19 所示。

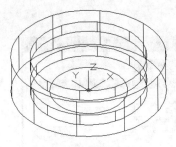

图 15.18 复制圆柱体

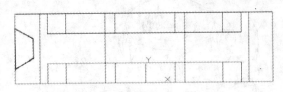

图 15.19 切换视图与绘制多段线

（8）选择"绘图"|"建模"|"旋转"命令，旋转多段线，根据命令行提示，指定旋转轴为 Y 轴，指定旋转角度为 360°，旋转效果如图 15.20 所示。

（9）选择"修改"|"实体编辑"|"差集"命令，将创建的圆柱体与旋转体进行差集运算。选择"视图"|"消隐"命令，消隐效果如图 15.21 所示。

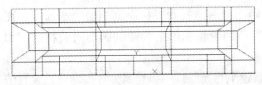

图 15.20 旋转多段线（1）

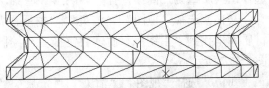

图 15.21 差集运算与消隐

（10）选择"视图"|"三维视图"|"西南等轴测"命令，将视图方向切换到西南等轴测视图；选择"绘图"|"建模"|"拉伸"命令，拉伸半径为 40 的圆，根据命令行提示，拉伸倾斜角度为-15°，拉伸高度为 21，效果如图 15.22 所示。

（11）选择"修改"|"三维操作"|"三维镜像"命令，根据命令行提示，指定镜像轴为 ZX，捕捉拉伸实体顶面的圆心为 ZX 平面上的点，三维镜像凸台，绘制效果如图 15.23 所示。

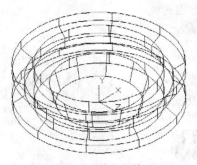

图 15.22 旋转多段线（2）

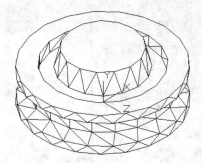

图 15.23 三维镜像

（12）选择"修改"|"实体编辑"|"并集"命令，将创建的凸台与带轮外轮廓实体进行并集运算。

（13）选择"绘图"|"建模"|"圆柱体"命令，以拉伸半径为 40 的圆顶面中心点为原点，创建半径为 25、高为-21 的圆柱体；选择"修改"|"实体编辑"|"差集"命令，进行差集运算，效果如图 15.24 所示。

（14）对带轮立体图进行渲染。选择"视图"|"渲染"|"渲染环境"命令，弹出"渲

染环境"对话框，设置参数如图 15.25 所示。

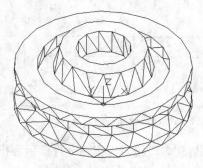

图 15.24　带轮立体图

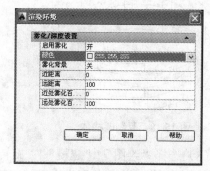

图 15.25　"渲染环境"对话框

（15）选择"视图"｜"渲染"｜"高级渲染设置"命令，打开"高级渲染设置"选项板，选择渲染质量为"高"，打开"阴影"渲染，设置如图 15.26 所示。

（16）选择"视图"｜"渲染"｜"材质浏览器"命令，打开"材质浏览器"选项板，在材质库里找到"生锈"材质，将它拖曳至绘图窗口的带轮图形上为绘制图形附着材质，如图 15.27 所示。

（17）选择"视图"｜"渲染"｜"光源"｜"新建平行光"或"新建聚光灯"命令，设置渲染的光源效果；选择"视图"｜"渲染"｜"渲染"命令，最终带轮立体图的渲染效果如图 15.28 所示。

图 15.26　"高级渲染设置"选项板

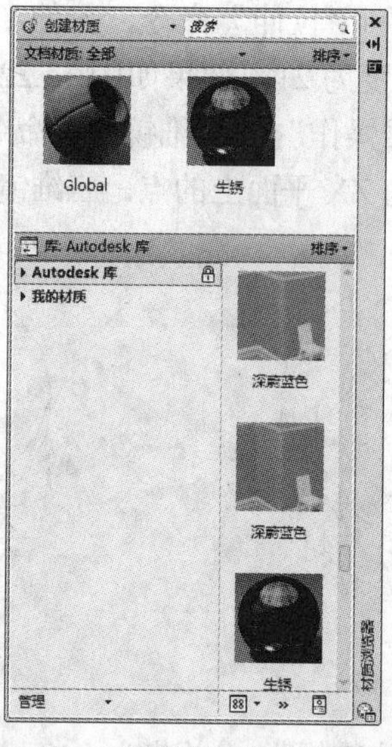

图 15.27　"材质浏览器"选项板

图 15.28　带轮立体图

15.3　弯管立体图

本例绘制的弯管立体图如图 15.29 所示。

图 15.29 弯管立体图

15.3.1 实例分析

首先利用平面图形通过拉伸创建实体的方法，完成弯管的主体部分，然后利用三维实体创建命令与旋转命令创建弯管的顶部，最后利用布尔运算将整个图形合并，使弯管成为一个整体。

15.3.2 本例知识点

在绘制弯管的过程中，用户可以使用"拉伸"、"差集"和"旋转"等命令完成整个图形的绘制。

15.3.3 绘制步骤

（1）单击"标准"工具栏中的"新建"按钮，弹出"选择样板"对话框，单击"打开"按钮右侧的下拉按钮，以"无样板打开-公制"方式，新建一个名为"15.29 弯管立体图"的.dwg 格式文件。

（2）在命令行中输入 ISOLINES，在命令行提示"输入 ISOLINES 的新值 <8>:"下输入 10，并将视图方向切换到西南等轴测视图。

（3）选择"绘图"|"建模"|"圆柱体"命令，以坐标原点为圆心，创建半径为 19、高为 4 的圆柱体；单击"绘图"工具栏中的"圆"按钮，以原点为圆心，分别绘制半径为 15.5、12 和 9 的圆，效果如图 15.30 所示。

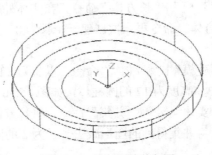

图 15.30 绘制圆柱体与圆

（4）选择"绘图"|"建模"|"圆柱体"命令，以半径为15.5的圆的象限点为圆心，绘制半径为2、高为4的圆柱体，如图15.31所示。

（5）选择"修改"|"三维操作"|"三维阵列"命令，将创建的半径为2的圆柱体进行环形阵列，阵列中心为坐标原点，阵列数目为4，填充角度为360°，效果如图15.32所示。

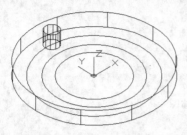
图15.31　绘制圆柱体（1）

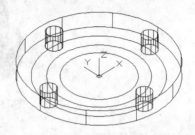
图15.32　三维阵列

（6）选择"修改"|"实体编辑"|"差集"命令，将外圆柱体与阵列的圆柱体进行差集运算。

（7）选择"视图"|"三维视图"|"前视"命令，对视图进行切换。单击"绘图"工具栏中的"圆弧"按钮，以坐标原点为起始点，绘制如图15.33所示的圆弧。

（8）切换到西南等轴测视图，选择"绘图"|"建模"|"拉伸"命令，选择"路径"拉伸方式，分别将半径为12、9的圆沿着绘制的圆弧进行拉伸，效果如图15.34所示。

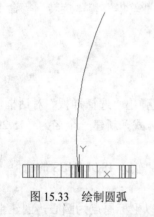
图15.33　绘制圆弧

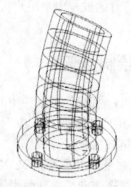
图15.34　拉伸圆弧

（9）选择"修改"|"实体编辑"|"并集"命令，将底座与拉伸而成的管筒进行并集运算。

（10）选择"绘图"|"建模"|"长方体"命令，在实体外部创建长为33、宽为4、高为33的长方体；利用"长方体"命令再一次创建一个长为8、宽为6、高为17的长方体，效果如图15.35所示。

（11）选择"绘图"|"建模"|"圆柱体"命令，以长为8的长方体前端面底边中点为圆心，分别创建半径为4、2，高度为17的圆柱体，如图15.36所示。

（12）选择"修改"|"实体编辑"|"并集"命令，将长方体及半径为4的圆柱体进行并集运算，再利用差集运算，将并集得到的图形减去半径为2的圆柱体，最后效果如图15.37所示。

（13）单击"修改"工具栏中的"圆角"按钮[■]，对弯管顶面长方体进行圆角操作，圆角半径为 5，效果如图 15.38 所示。

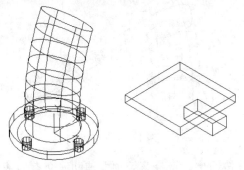

图 15.35　绘制长方体

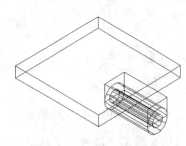

图 15.36　绘制圆柱体（2）

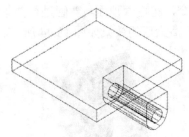

图 15.37　并集和差集运算

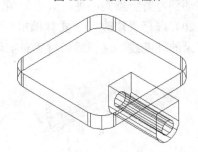

图 15.38　圆角处理

（14）选择"工具"|"新建 UCS"|"世界"命令，将用户坐标系设置为世界坐标系。选择"绘图"|"建模"|"圆柱体"命令，捕捉弯管底面圆角圆心作为中心点，创建半径为 2、高度为 4 的圆柱体，如图 15.39 所示。

（15）单击"修改"工具栏中的"复制"按钮[■]，复制半径为 2 的圆，其中心点均在弯管底面圆角圆心中心点处，如图 15.40 所示。

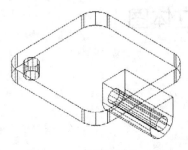

图 15.39　绘制圆柱体（3）

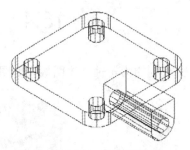

图 15.40　复制圆柱体

（16）选择"修改"|"实体编辑"|"差集"命令，将弯管顶面与 4 个半径为 2 的圆柱体进行差集运算，然后利用并集运算将弯管顶面进行并集处理。

（17）单击"绘图"工具栏中的"构造线"按钮[■]，过弯管顶面边的中点绘制两条互相垂直的辅助线，效果如图 15.41 所示。

（18）选择"修改"|"三维操作"|"三维旋转"命令，旋转弯管顶面及辅助线旋转

30°，如图 15.42 所示。

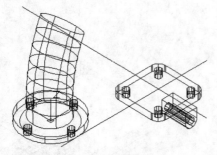

图 15.41　绘制构造线

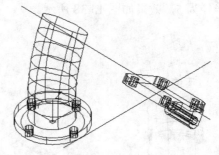

图 15.42　三维旋转

（19）单击"修改"工具栏中的"移动"按钮 ✛，选择弯管顶面辅助线交点为基点，将其移动到弯管上部圆心处，效果如图 15.43 所示。

（20）选择"修改"|"实体编辑"|"并集"命令，将弯管顶面与弯管进行并集运算；修剪多余的辅助线，选择适当材质对实体进行渲染。渲染后的效果如图 15.44 所示。

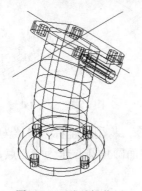

图 15.43　移动操作

图 15.44　弯管立体图效果

15.4　齿轮轴立体图

本例绘制的齿轮轴立体图效果如图 15.45 所示。

图 15.45　齿轮轴立体图

15.4.1　实例分析

齿轮轴由齿轮和轴两部分组成，其上还有键槽特征。本例首先创建齿轮部分，然后创建轴，再创建轴上键槽，最后进行渲染构成齿轮轴立体图。

15.4.2　本例知识点

在绘制齿轮轴立体图的过程中，用户可以使用"阵列"、"旋转"和"放样"等命令完成整个图形的绘制。

15.4.3　绘制步骤

（1）单击"标准"工具栏中的"新建"按钮，弹出"选择样板"对话框，单击"打开"按钮右侧的下拉按钮，以"无样板打开-公制"方式，新建一个名为"15.45 齿轮轴立体图"的.dwg 格式文件。

（2）在命令行中输入 ISOLINES，在命令行提示"输入 ISOLINES 的新值 <8>:"下输入 10。

（3）单击"修改"工具栏中的"旋转"按钮，以原点为圆心，绘制直径分别为 86 和 104 的同心圆，如图 15.46 所示。

（4）单击"绘图"工具栏中的"直线"按钮，绘制两条直线，起点坐标均以原点为坐标，第一条直线端点坐标为（0,0）、（@60<92），第二条直线端点坐标为（0,0）、（@60<95），效果如图 15.47 所示。

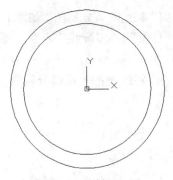

图 15.46　绘制同心圆

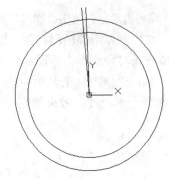

图 15.47　绘制直线

（5）单击"绘图"工具栏中的"圆弧"按钮，在如图 15.48 所示的位置绘制一条半径为 10 的圆弧。

（6）单击"修改"工具栏中的"删除"按钮，删除两条直线；单击"修改"工具栏中的"镜像"按钮，将所绘制的圆弧沿镜像线（0,0）、（0,20）作镜像处理，如图 15.49 所示。

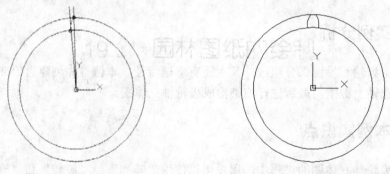

图 15.48 绘制圆弧   图 15.49 镜像圆弧

（7）单击"修改"工具栏中的"修剪"按钮，修剪效果如图 15.50 所示。

（8）执行 ARRAYCLASSIC（阵列）命令，弹出"阵列"对话框，选择环形阵列，设置参数如图 15.51 所示，单击"确定"按钮。

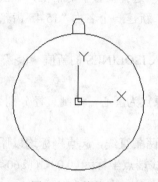

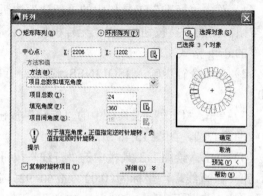

图 15.50 修剪处理   图 15.51 "阵列"对话框

（9）阵列齿形后，单击"修改"工具栏中的"修剪"按钮，修剪图形如图 15.52 所示。

（10）切换到西南等轴测视图，选择"修改"|"对象"|"多段线"命令，将图中所有图线编辑成一条多段线，为后面的放样操作做准备。

（11）单击"修改"工具栏中的"复制"按钮，将绘制的多段线分别向上偏移 45 和 90，复制两个多段线，效果如图 15.53 所示。

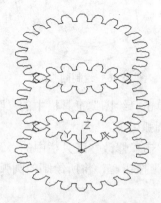

图 15.52 修剪效果   图 15.53 复制对象

（12）选择"绘图"|"建模"|"放样"命令，依次选择各个多段线，选择"仅横截面"方式生成放样特征，放样效果如图 15.54 所示。

（13）选择"视图"|"动态观察"|"自由动态观察"命令，将视图切换到如图 15.55 所示。

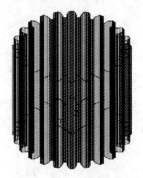

图 15.54　放样操作

图 15.55　切换视图（1）

（14）选择"绘图"|"建模"|"圆柱体"命令，分别创建以坐标原点为底面圆心、直径为 60、高度为-30 的圆柱体和以（0,0,-30）为底面圆心、直径为 50、高度为-30 的圆柱体，绘制效果如图 15.56 所示。

（15）单击"修改"工具栏中的"倒角"按钮 ⬚，对直径为 50 的圆的顶面边进行倒角处理，倒角长度为 3，消隐效果如图 15.57 所示。

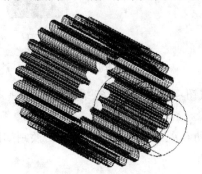

图 15.56　绘制圆柱体（1）

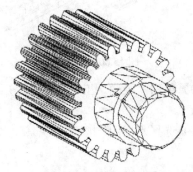

图 15.57　倒角处理

（16）选择"视图"|"动态观察"|"自由动态观察"命令，将视图切换到如图 15.58 所示的状态。

（17）选择"绘图"|"建模"|"圆柱体"命令，分别创建 4 个圆柱体：以（0,0,90）为底面中心点、直径为 60、高度为 30 绘制圆柱体；以（0,0,120）为底面中心点、直径为 50、高度为 30 绘制圆柱体；以（0,0,150）为底面中心点、直径为 46、高度为 100 绘制圆柱体；以（0,0,250）为底面中心点、直径为 40、高度为 70 绘制圆柱体；消隐后的效果如图 15.59 所示。

（18）单击"修改"工具栏中的"倒角"按钮 ⬚，对轴端圆柱体的边进行倒角处理，倒角长度为 3，消隐效果如图 15.60 所示。

（19）在命令行中输入 UCS，利用 UCS 命令将坐标系原点平移到（0,0,6），建立新的

用户坐标系。选择"视图"|"三维视图"|"左视"命令，将当前视图方向设置为左视图方向，如图 15.61 所示。

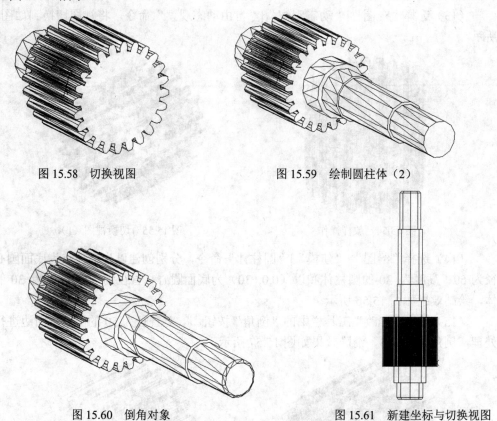

图 15.58　切换视图　　　　　　　　　图 15.59　绘制圆柱体（2）

图 15.60　倒角对象　　　　　　　　　图 15.61　新建坐标与切换视图

（20）单击"绘图"工具栏中的"矩形"按钮口，在图 15.62 所示位置绘制矩形，圆角半径为 5。

（21）选择"视图"|"动态观察"|"自由动态观察"命令，将视图切换到如图 15.63 所示。

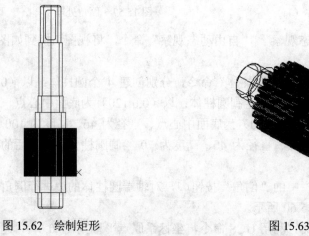

图 15.62　绘制矩形　　　　　　　　　图 15.63　切换视图（2）

（22）选择"绘图"|"建模"|"拉伸"命令，将步骤（20）绘制的圆角矩形拉伸 20，
效果如图 15.64 所示。

（23）选择"修改"|"实体编辑"|"差集"命令，将创建的圆柱体与拉伸后的实体进
行差集运算，消隐效果如图 15.65 所示。

图 15.64　拉伸圆角矩形

图 15.65　差集运算

（24）选择适当材质对实体进行渲染，渲染后的效果如图 15.66 所示。

图 15.66　齿轮轴立体图

Part 3

行业应用篇

不同的行业，对 CAD 的使用有不同的标准规范，同时也有不同的绘制流程。本篇通过 4 个典型的行业应用实例，全方位讲解 AutoCAD 2014 在专业领域的使用流程，如室内设计、电气设计、景观设计以及展示设计。希望通过这些应用讲解，能够让读者掌握 AutoCAD 2014 在实际应用中的一些技巧和方法。

第 16 章　设计室内基本单元

第 17 章　室内建筑设计

第 18 章　绘制电路图常用元器件

第 19 章　景观设计

第 20 章　展示设计

第16章　设计室内基本单元

内容摘要

本章主要介绍办公桌平面图、单人床、电冰箱立面图、西式沙发平面图和座便器平面图的设计。通过本章的学习，读者可以初步建立对 AutoCAD 建筑绘图的感性认识，掌握各种基本绘图和编辑命令的使用方法。

学习目标

📖　学习室内设计基本单元。
📖　掌握编辑命令使用方法。

16.1　办 公 桌

本例绘制的办公桌平面图效果如图 16.1 所示。

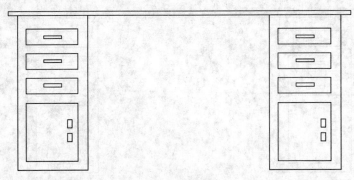

图 16.1　办公桌

16.1.1　实例分析

本例通过绘制一个办公桌平面图来讲解"复制"命令的运用。该命令可以从原对象以指定的角度和方向创建对象的副本。选择办公桌的左半部分进行复制，完成办公桌的绘制。

16.1.2　本例知识点

在绘制办公桌平面图的过程中，用户可以使用"矩形"、"复制"等命令完成整个图形的绘制。

16.1.3 绘制步骤

（1）单击"标准"工具栏中的"新建"按钮□，新建一个名为"16.1 办公桌"的.dwg 格式文件。

（2）单击"绘图"工具栏中的"矩形"按钮□，在绘图窗口合适的位置绘制初步轮廓图，如图 16.2 所示。

（3）重复使用"矩形"命令，在合适的位置绘制一系列的矩形，如图 16.3 所示。

图 16.2 绘制矩形（1）　　　　　　图 16.3 绘制矩形（2）

（4）重复使用"矩形"命令，绘制办公桌提手，效果如图 16.4 所示。

（5）使用"矩形"命令，绘制办公桌桌面，如图 16.5 所示。

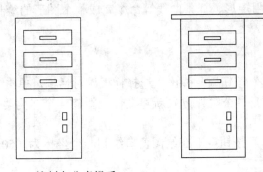

图 16.4 绘制办公桌提手　　　　　　图 16.5 绘制办公桌桌面

（6）单击"修改"工具栏中的"复制"按钮，选择办公桌左边图形到右边，根据命令行提示：

```
命令: _copy
选择对象:   //选择需复制的图形
选择对象:   //按 Enter 键确认
当前设置:   复制模式 = 多个
指定基点或 [位移(D)/模式(O)] <位移>:   <正交 关> 指定第二个点或 <使用第一个点作为位移>:
//打开"正交"功能，指定基点
指定第二个点或 [退出(E)/放弃(U)] <退出>:   //指定第二个点
```

打开"正交"功能，水平移动图形，办公桌效果如图 16.1 所示。

16.2 单 人 床

本例绘制的单人床效果如图 16.6 所示。

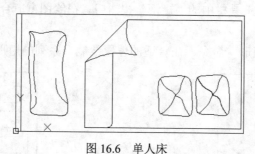

图 16.6 单人床

16.2.1 实例分析

在卧室设计图中，床是必不可少的内容。一般的建筑中，卧室的位置以及床的摆放均需要进行精心设计，以方便房主居住生活，同时，还要考虑舒适、采光、美观等因素。

16.2.2 本例知识点

在绘制单人床的过程中，用户可以使用矩形、样条曲线等命令完成整个图形的绘制。

16.2.3 绘制步骤

（1）单击"标准"工具栏中的"新建"按钮🗋，弹出"选择样板"对话框，单击"打开"按钮右侧的下拉按钮🔽，以"无样板打开-公制"方式新建文件，新建一个名为"16.6 单人床"的.dwg 格式文件。

（2）单击"绘图"工具栏中的"矩形"按钮🗖，在绘图窗口绘制一个坐标为（50,0）、（0,25）的矩形，如图 16.7 所示。

（3）单击"绘图"工具栏中的"直线"按钮✎，在床左侧绘制一条垂直的直线作为床头的平面图，如图 16.8 所示。

图 16.7 绘制床轮廓图

图 16.8 绘制直线

（4）在绘图窗口空白位置绘制一个坐标为（34,0）、（0,23）的矩形，并利用"移动"命令移动到床的右侧，注意距离床轮廓左、右两侧的间距要尽量相等，且矩形距床尾边缘稍近一些，效果如图 16.9 所示。

（5）在步骤（4）绘制的矩形上端左侧绘制一水平方向为 6、垂直方向为 23 的矩形，如图 16.10 所示。

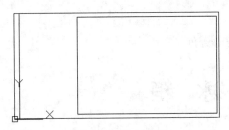

图 16.9　绘制被子

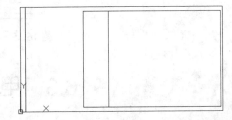

图 16.10　绘制被子边沿

（6）单击"修改"工具栏中的"圆角"按钮▢，修改矩形的角，如图 16.11 所示。

（7）单击"绘图"工具栏中的"直线"按钮╱，绘制一条水平直线，然后单击"修改"工具栏中的"旋转"按钮⟳，选择线段一端为旋转基点，在命令行提示角度选项中输入 45°，按 Enter 键确认旋转直线，得到如图 16.12 所示的斜线。

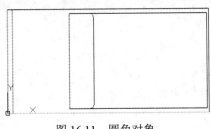

图 16.11　圆角对象

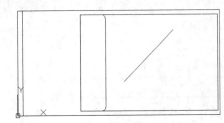

图 16.12　绘制倾斜线

（8）单击"修改"工具栏中的"移动"按钮✛，移动斜线至合适位置，并使用"修剪"命令修剪斜线，效果如图 16.13 所示。

（9）单击"绘图"工具栏中的"样条曲线"按钮〜，选择刚刚绘制的 45°斜线顶端端点，绘制样条曲线，效果如图 16.14 所示。

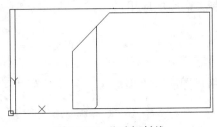

图 16.13　移动倾斜线

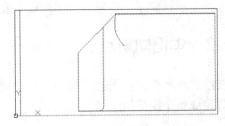

图 16.14　绘制样条曲线

（10）重复步骤（9），绘制另一条样条曲线，如图 16.15 所示，被子掀开角绘制完成。

（11）采用绘制被子掀开角的同样方法，绘制枕头，并修剪多余线段，单人床最终效果如图 16.6 所示。

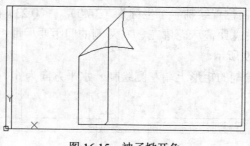

图 16.15　被子掀开角

16.3　电　冰　箱

本例绘制的电冰箱立面图效果如图 16.16 所示。

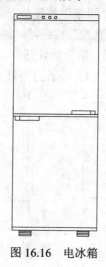

图 16.16　电冰箱

16.3.1　实例分析

本例主要讲解了"矩形"、"多段线"和"复制"命令的应用。

16.3.2　本例知识点

在绘制电冰箱立面图的过程中，用户可以使用"图层"、"矩形"、"多段线"、"复制"命令等完成整个图形的绘制。

16.3.3　绘制步骤

（1）单击"标准"工具栏中的"新建"按钮，弹出"选择样板"对话框，单击"打开"按钮右侧的下拉按钮，以"无样板打开-公制"方式新建文件，新建一个名为"16.16

电冰箱"的.dwg 格式文件。

（2）单击"绘图"工具栏中的"矩形"按钮□，在绘图窗口任意一处绘制矩形，效果如图 16.17 所示。

（3）单击"绘图"工具栏中的"多段线"按钮⊃，与下部轮廓一致比例，运用"捕捉"功能，绘制上部轮廓，如图 16.18 所示。

（4）单击"绘图"工具栏中的"矩形"按钮□，在冰箱顶部绘制矩形，如图 16.19 所示。

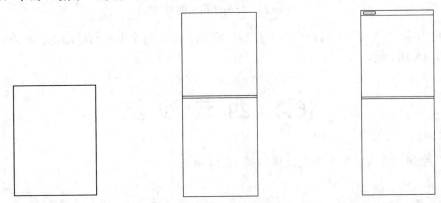

图 16.17　绘制矩形（1）　　图 16.18　绘制冰箱上部轮廓　　图 16.19　绘制矩形（2）

（5）单击"绘图"工具栏中的"圆"按钮◎，绘制圆；单击"修改"工具栏中的"复制"按钮❀，复制圆按钮，效果如图 16.20 所示。

（6）单击"绘图"工具栏中的"矩形"按钮□和"直线"按钮╱，绘制冰箱拉手，效果如图 16.21 所示。

（7）单击"修改"工具栏中的"镜像"按钮⚏，镜像拉手；单击"修改"工具栏中的"移动"按钮✛，移动拉手，如图 16.22 所示。

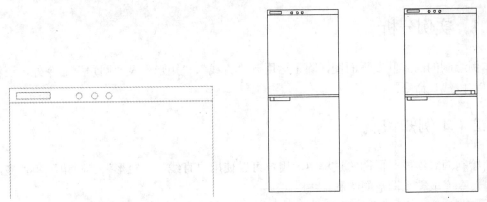

图 16.20　绘制圆和复制圆　　图 16.21　绘制冰箱拉手　图 16.22　镜像和移动拉手

✎ 技巧：因为上部冰箱门的轮廓与下部相同，所以可以通过镜像并移动其位置得到。

（8）单击"绘图"工具栏中的"矩形"按钮□，绘制冰箱底部造型；单击"绘图"工具栏中的"多段线"按钮⊃，绘制冰箱左侧滑动轮，效果如图 16.23 所示。

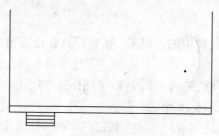

图 16.23   绘制冰箱左侧滑动轮

（9）单击"修改"工具栏中的"复制"按钮，复制冰箱底部滑动轮。冰箱最终绘制
效果如图 16.16 所示。

16.4   西式沙发

本例绘制的西式沙发平面图效果如图 16.24 所示。

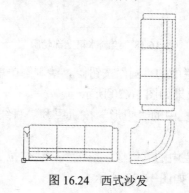

图 16.24   西式沙发

16.4.1   实例分析

本例绘制的西式沙发平面图，除了运用到"直线"、"矩形"及"圆角"命令外，还将
用到"多段线"命令。

16.4.2   本例知识点

在绘制西式沙发平面图的过程中，用户可以使用"直线"、"矩形"、"圆角"和"多段
线"等命令完成整个图形的绘制。

16.4.3   绘制步骤

（1）单击"标准"工具栏中的"新建"按钮，弹出"选择样板"对话框，单击"打
开"按钮右侧的下拉按钮，以"无样板打开-公制"方式新建文件，新建一个名为"16.24
西式沙发"的.dwg 格式文件。

（2）单击"图层"工具栏中的"图层特性管理器"按钮，新建两个图层："沙发1"图层和"沙发2"图层，详细设置如图16.25所示。

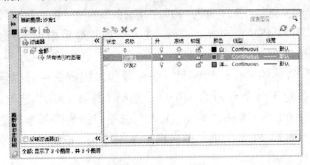

图16.25 设置图层

（3）将"沙发1"图层设置为当前图层，单击"绘图"工具栏中的"矩形"按钮，在绘图窗口分别绘制3个矩形，其坐标分别为（0,0）和（@25,150）、（25,0）和（@390,160）、（415,0）和（@25,150），效果如图16.26所示。

（4）单击"绘图"工具栏中的"直线"按钮，绘制直线，其坐标是（25,15）、（@390,0），效果如图16.27所示。

图16.26 绘制沙发外轮廓

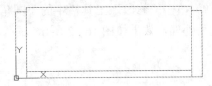

图16.27 绘制直线（1）

（5）运用"直线"命令，绘制另外4条直线，端点坐标分别为（25,40）和（@390,0）、（25,55）和（@390,0）、（155,15）和（@0,145）、（285,15）和（@0,145），效果如图16.28所示。

（6）将"沙发2"图层设置为当前图层，单击"绘图"工具栏中的"多段线"按钮，绘制多段线，根据命令行提示依次选择选项：指定多段线起点为（500,-10），下一个点为（@40,0），选择"圆弧（A）"选项，选择"角度（A）"选项，指定包含角为90°，选择"半径（R）"选项，指定圆弧半径为160，指定圆弧弦方向为45°，选择"直线（L）"选项，指定下一点为（@0,40），下一点（@-160,0），选择"圆弧（A）"选项，选择"角度（A）"选项，指定包含角为-90°，选择"半径（R）"选项，指定圆弧半径为40，指定圆弧弦方向为225°，选择"直线（L）"选项，最后选择"闭合（C）"选项，绘制的多段线效果如图16.29所示。

图16.28 绘制直线（2）

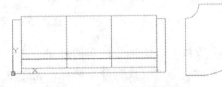

图16.29 绘制多段线（1）

（7）单击"绘图"工具栏中的"多段线"按钮，绘制多段线，根据命令行提示依次选择选项：指定起点（500,5），指定下一个点为（@40,0），选择"圆弧（A）"选项，选择"角度（A）"选项，指定包含角为 90°；选择"半径（R）"选项，指定圆弧半径为 145，指定圆弧弦方向为 45°；选择"直线（L）"项，最后指定下一点为（@0,40），绘制的多段线效果如图 16.30 所示。

（8）重复步骤（7）的操作，绘制另一条多段线，根据命令行提示依次选择选项：指定起点（500,30），指定下一个点为（@40,0），选择"圆弧（A）"选项，选择"角度（A）"选项，指定包含角为 90°；选择"半径（R）"选项，指定圆弧半径为 120，指定圆弧弦方向为 45°；选择"直线（L）"项，最后指定下一点为（@0,40），绘制的多段线效果如图 16.31 所示。

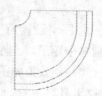

图 16.30　绘制多段线（2）　　　　　　图 16.31　绘制多段线（3）

（9）单击"修改"工具栏中的"圆角"按钮，将所有圆角半径均设为 7.5，对图形进行圆角处理，效果如图 16.32 所示。

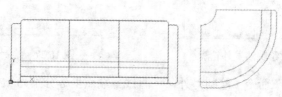

图 16.32　圆角处理

（10）单击"修改"工具栏中的"复制"按钮，复制左边沙发到右上角，效果如图 16.33 所示。

（11）单击"修改"工具栏中的"旋转"按钮，移动并旋转复制的沙发，效果如图 16.34 所示，完成西式沙发的绘制。

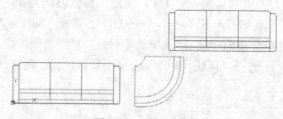

图 16.33　复制沙发

提示：多段线可以绘制直线和圆弧，并且可以指定所要绘制的图形元素的半宽。绘制直线时，与"直线"命令一样，指定下一点即可；绘制圆弧时，可以运用各种约束条件，如半径、角度、弦长等来绘制。

16.5　座　便　器

本例绘制的座便器效果如图 16.34 所示。

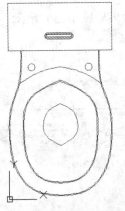

图 16.34　座便器平面图

16.5.1　实例分析

本例主要运用到"样条曲线"、"多段线"、"矩形"、"直线"以及"镜像"命令。

16.5.2　本例知识点

在绘制座便器平面图的过程中，用户可以使用"图层"、"样条曲线"和"圆"命令等完成整个图形的绘制。

16.5.3　绘制步骤

（1）单击"标准"工具栏中的"新建"按钮 □，弹出"选择样板"对话框，单击"打开"按钮右侧的下拉按钮 □，以"无样板打开-公制"方式新建文件，新建一个名为"16.34 座便器"的.dwg 格式文件。

（2）单击"图层"工具栏中的"图层特性管理器"按钮 ，新建两个图层："图层 1"图层和"图层 2"图层，详细设置如图 16.35 所示。

（3）将"图层 1"图层设置为当前图层，单击"绘图"工具栏中的"样条曲线"按钮 ，绘制轮廓线，根据命令行提示：

```
命令: _spline
当前设置: 方式=拟合    节点=弦
指定第一个点或 [方式(M)/节点(K)/对象(O)]:    //60,3
输入下一个点或 [起点切向(T)/公差(L)]:    //28.8,9.4
```

输入下一个点或 [端点相切(T)/公差(L)/放弃(U)/闭合(C)]: //7.6,33.7
输入下一个点或 [端点相切(T)/公差(L)/放弃(U)/闭合(C)]: //0.4,70.1
输入下一个点或 [端点相切(T)/公差(L)/放弃(U)/闭合(C)]: //3.7,107
输入下一个点或 [端点相切(T)/公差(L)/放弃(U)/闭合(C)]: //11.3,128.2
输入下一个点或 [端点相切(T)/公差(L)/放弃(U)/闭合(C)]: //13,136.2
输入下一个点或 [端点相切(T)/公差(L)/放弃(U)/闭合(C)]: //14.3,166.8
输入下一个点或 [端点相切(T)/公差(L)/放弃(U)/闭合(C)]:

输入样条曲线点坐标，绘制效果如图 16.36 所示。

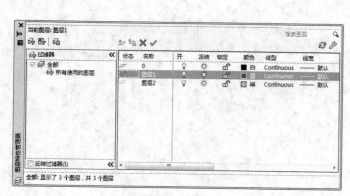

图 16.35　设置图层

图 16.36　绘制样条曲线（1）

（4）单击"绘图"工具栏中的"圆弧"按钮，绘制圆弧，指定圆弧起点为（11.3,128.3），指定圆弧第二个点为（30.4,140.2），指定第三个点为（59.6,148），绘制效果如图 16.37 所示。

（5）单击"绘图"工具栏中的"样条曲线"按钮，绘制轮廓线，根据命令行提示：

```
命令: _spline
当前设置: 方式=拟合　节点=弦
指定第一个点或 [方式(M)/节点(K)/对象(O)]:　//60,133.3
输入下一个点或 [起点切向(T)/公差(L)]:　//20.9,107.9
输入下一个点或 [端点相切(T)/公差(L)/放弃(U)/闭合(C)]:　//16.7,73.5
输入下一个点或 [端点相切(T)/公差(L)/放弃(U)/闭合(C)]:　//23.3,38.3
输入下一个点或 [端点相切(T)/公差(L)/放弃(U)/闭合(C)]:　//37.6,22.4
输入下一个点或 [端点相切(T)/公差(L)/放弃(U)/闭合(C)]:　//60,17.7
输入下一个点或 [端点相切(T)/公差(L)/放弃(U)/闭合(C)]:
```

输入样条曲线点坐标，绘制效果如图 16.38 所示。

（6）重复步骤（5）的操作，绘制样条曲线，根据命令行提示：

```
命令: _spline
当前设置: 方式=拟合　节点=弦
指定第一个点或 [方式(M)/节点(K)/对象(O)]:　//60,106.7
输入下一个点或 [起点切向(T)/公差(L)]:　//44,96.6
输入下一个点或 [端点相切(T)/公差(L)/放弃(U)/闭合(C)]:　//40.4,87
输入下一个点或 [端点相切(T)/公差(L)/放弃(U)/闭合(C)]:　//40.3,76.7
```

输入下一个点或 [端点相切(T)/公差(L)/放弃(U)/闭合(C)]:　　//60,60
输入下一个点或 [端点相切(T)/公差(L)/放弃(U)/闭合(C)]:

输入样条曲线点坐标，绘制效果如图 16.39 所示。

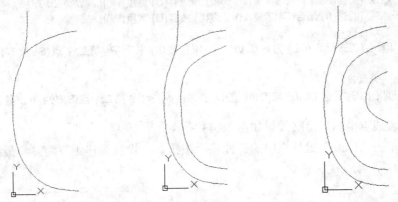

　　图 16.37　绘制圆弧　　　　图 16.38　绘制样条曲线（2）　　图 16.39　绘制样条曲线（3）

（7）单击"绘图"工具栏中的"圆"按钮⊙，绘制圆，指定圆心为（26.7,148），直径为 8，效果如图 16.40 所示。

（8）单击"修改"工具栏中的"镜像"按钮⚐，将全部绘制的对象，以过点（60,0）和（60,6）的直线为轴进行镜像，绘制效果如图 16.41 所示。

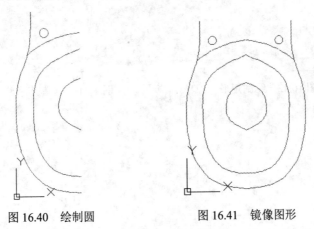

　　　　图 16.40　绘制圆　　　　　　　　图 16.41　镜像图形

（9）单击"绘图"工具栏中的"矩形"按钮▢，以（0,166.8）、（@120,53.3）为角点绘制矩形，效果如图 16.42 所示。

（10）单击"绘图"工具栏中的"多段线"按钮↵，绘制多段线，根据命令行提示：

```
命令: _pline
指定起点:　　//45.7,186.7
当前线宽为 0.0000
指定下一个点或 [圆弧(A)/半宽(H)/长度(L)/放弃(U)/宽度(W)]:　　//@26.7,0
指定下一点或 [圆弧(A)/闭合(C)/半宽(H)/长度(L)/放弃(U)/宽度(W)]:　　//A
指定圆弧的端点或
```

[角度(A)/圆心(CE)/闭合(CL)/方向(D)/半宽(H)/直线(L)/半径(R)/第二个点(S)/放弃(U)/宽度(W)]:
//@0,-6.7
指定圆弧的端点或

[角度(A)/圆心(CE)/闭合(CL)/方向(D)/半宽(H)/直线(L)/半径(R)/第二个点(S)/放弃(U)/宽度(W)]:   //L
指定下一点或 [圆弧(A)/闭合(C)/半宽(H)/长度(L)/放弃(U)/宽度(W)]:   //@-26.7,0
指定下一点或 [圆弧(A)/闭合(C)/半宽(H)/长度(L)/放弃(U)/宽度(W)]:   //A
指定圆弧的端点或

[角度(A)/圆心(CE)/闭合(CL)/方向(D)/半宽(H)/直线(L)/半径(R)/第二个点(S)/放弃(U)/宽度(W)]:
//@0,6.7
指定圆弧的端点或

[角度(A)/圆心(CE)/闭合(CL)/方向(D)/半宽(H)/直线(L)/半径(R)/第二个点(S)/放弃(U)/宽度(W)]:

输入多段线点坐标，绘制效果如图 16.43 所示。

（11）单击"修改"工具栏中的"偏移"按钮，设置偏移距离为 1。最终座便器效果如图 16.34 所示。

图 16.42　绘制矩形

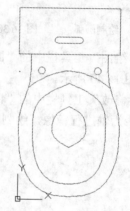

图 16.43　绘制多段线

第17章 室内建筑设计

内容摘要

本章主要介绍民用家庭住宅室内设计图的绘制，包括小户型室内建筑平面图、布置图和地坪图。通过本章的学习，使读者对家庭住宅的室内设计有一定的了解，并根据不同的户型进行装饰，进一步掌握 AutoCAD 2014 室内设计的绘制方法和技巧。

学习目标

📖 了解家庭住宅的室内设计。
📖 掌握室内设计的绘制方法。

17.1 小户型室内建筑平面图

本例绘制的小户型室内建筑平面图效果如图 17.1 所示。

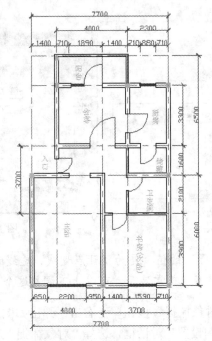

图 17.1 小户型室内建筑平面图

17.1.1　实例分析

小户型室内建筑平面图是建筑平面中最常见的。先绘制轴线，再绘制墙体，最后为图形添加标注。

17.1.2　本例知识点

在绘制室内建筑平面图的过程中，用户可以先绘制轴线及墙体，再为绘制的室内建筑平面图添加标注等步骤来完成整个图形的绘制。

17.1.3　绘制步骤

（1）单击"标准"工具栏中的"新建"按钮，弹出"选择样板"对话框，单击"打开"按钮右侧的下拉按钮，以"无样板打开-公制"方式新建文件，新建一个名为"17.1小户型室内建筑平面图"的.dwg格式文件。

（2）单击"图层"工具栏中的"图层特性管理器"按钮，在弹出的"图层特性管理器"选项板中建立一个新图层，命名为"轴线"，颜色选取洋红色，线型为CENTER，线宽为默认，将其设置为当前图层，如图17.2所示。

（3）选择"格式" | "线型"命令，弹出"线型管理器"对话框，单击右上角的"显示细节"按钮，对话框的下部呈现详细信息，将"全局比例因子"设置为50，如图17.3所示。

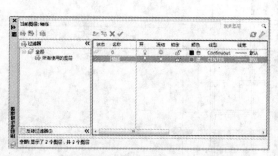

图17.2　新建图层（1）

图17.3　设置线型

💡 提示：设置"全局比例因子"的值，是为了让点划线、虚线的式样能在屏幕上以适当的比例显示，如果仍不能正常显示，可以上下调整这个值。

（4）在状态栏中的"对象捕捉"按钮上右击，弹出如图17.4所示的快捷菜单，选择"设置"命令，弹出"草图设置"对话框，选择"对象捕捉"选项卡，参数设置如图17.5所示，然后单击"确定"按钮。

9787302348979

（5）单击“绘图”工具栏中的“直线”按钮，在绘图窗口左下角适当位置选取直线的初始点，输入第二点的相对坐标（@0,12500），按 Enter 键确认，绘制第一条竖向轴线，如图 17.6 所示。

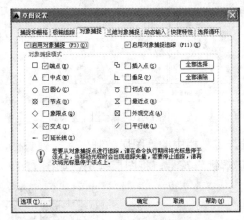

图 17.4 “对象捕捉”快捷菜单　　　图 17.5 “草图设置”对话框　　　图 17.6 绘制直线（1）

（6）单击“修改”工具栏中的“偏移”按钮，将第一条垂直轴线向右偏移并复制 4 条，偏移距离依次为 1400、2600、1400 和 2300，如图 17.7 所示。

（7）单击“绘图”工具栏中的“直线”按钮，用鼠标捕捉第一条垂直轴线上的端点作为第一条横向轴线的起点，单击最后一条垂直轴线上的端点作为第一条横向轴线的终点，绘制直线如图 17.8 所示

（8）单击“修改”工具栏中的“偏移”按钮，将第一条水平轴线向下复制 5 条，偏移距离分别为 1600、3300、1600、2100 和 3900，完成轴线网的绘制，效果如图 17.9 所示。

图 17.7 偏移直线（1）　　　　图 17.8 绘制直线（2）　　　　图 17.9 偏移直线（2）

（9）单击“图层”工具栏中的“图层特性管理器”按钮，在弹出的“图层特性管理器”选项板中建立一个新图层，命名为“墙体”，线型为实线 Continuous，颜色为白色，线宽为 0.30mm，并将其置为当前图层，如图 17.10 所示。

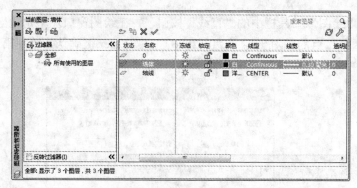

图 17.10　新建图层（2）

（10）单击"图层"工具栏中的"图层控制"下拉列表框，如图 17.11 所示，单击"轴线"图层前面的"锁定/解锁"符号，将图层锁定，如图 17.12 所示。

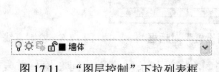

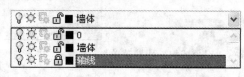

图 17.11　"图层控制"下拉列表框　　　　　图 17.12　锁定"轴线"图层

（11）选择"绘图"|"多线"命令，根据命令行提示，设置"对正"为无、"比例"为 240.5，选取左下角轴线交点为多线起点，绘制第一段墙体，如图 17.13 所示。

（12）重复上述步骤，绘制出剩余的 240.5 厚度的墙体，效果如图 17.14 所示。

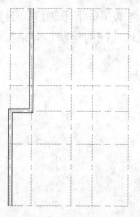

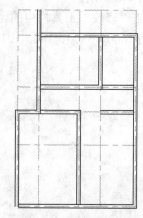

图 17.13　绘制多线（1）　　　　　　　图 17.14　绘制多线（2）

（13）选择"绘图"|"多线"命令，根据命令行提示，设置"对正"为无、"比例"为 120.5，绘制多段线如图 17.15 所示。

（14）单击"修改"工具栏中的"分解"按钮 ，将所有墙体选中，按 Enter 键确认操作，将所有墙体进行分解。

（15）关闭"轴线"图层，运用"修剪"和"合并"命令对墙体图进行修剪，修剪效果如图 17.16 所示。

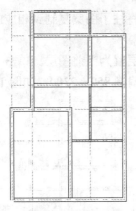

图 17.15　绘制多线（3）

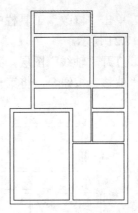

图 17.16　修剪图形

（16）单击"图层"工具栏中的"图层特性管理器"按钮，在弹出的"图层特性管理器"选项板中建立一个新图层，命名为"柱子"，线型为实线 Continuous，颜色为绿色，线宽为"默认"，并将其置为当前图层，如图 17.17 所示。

（17）单击"绘图"工具栏中的"矩形"按钮，捕捉内外墙线的两个角点作为矩形对角线上的两个角点，绘制柱子轮廓，效果如图 17.18 所示。

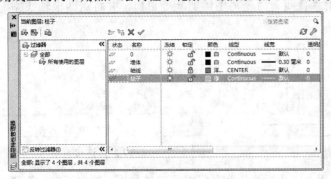

图 17.17　新建图层（3）

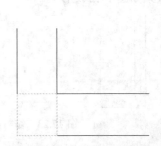

图 17.18　绘制柱子轮廓

（18）单击"绘图"工具栏中的"图案填充"按钮，为绘制的矩形填充图案，"样例"选择 SOLID 选项，如图 17.19 所示，填充效果如图 17.20 所示。

图 17.19　"填充图案选项板"对话框

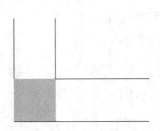

图 17.20　填充图案

（19）单击"修改"工具栏中的"复制"按钮，将柱子图案复制到相应的位置上，效果如图 17.21 所示。

（20）打开"轴线"图层，并解锁，将"墙体"图层置为当前图层。单击"修改"工具栏中的"偏移"按钮，将第一根垂直轴线依次向右偏移 850、2300，如图 17.22 所示。

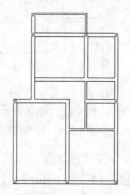
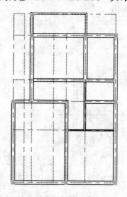

图 17.21　布置柱子　　　　　　　　　图 17.22　偏移轴线

（21）单击"修改"工具栏中的"修剪"按钮，将偏移所得的两根轴线间的墙线剪掉，如图 17.23 所示。最后运用"直线"命令将墙体剪断处封口，并将这两根轴线删除，效果如图 17.24 所示。

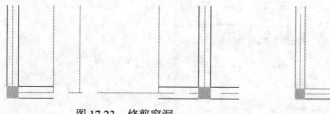
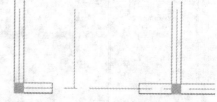

图 17.23　修剪窗洞　　　　　　　　　图 17.24　连接窗洞

（22）采用同样的方法，利用"尺寸标注"确定门窗洞口的位置，绘制洞口，隐藏"轴线"图层，效果如图 17.25 所示。

（23）建立一个新图层，命名为"门窗"，线型为实线 Continuous，颜色为蓝色，线宽为 0.20mm，并将其置为当前图层，如图 17.26 所示。

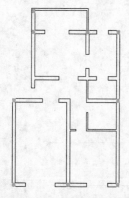
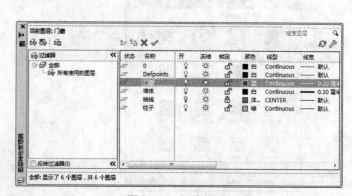

图 17.25　绘制门窗洞口　　　　　　　图 17.26　新建图层（4）

（24）单击"绘图"工具栏中的"插入块"按钮，在弹出的对话框中单击"浏览"按钮，选择随书光盘中的"素材文件/第 17 章/"门"图块.dwg"文件，将其插入到合适位置，并利用"缩放"命令调整其大小，利用"复制"和"移动"命令将其复制后放置到具体的门洞处。放置时须注意门的开取方向，若方向不对，则选择"镜像"和"旋转"命令进行左右翻转或内外翻转，或者使用绘图命令直接绘制门，并复制到各个洞口上去，绘制门效果如图 17.27 所示。

（25）选择"绘图"|"多线"命令，绘制一扇窗户，并将其复制到其他窗户洞口上。当窗宽不相等时，可以使用"拉伸"命令进行处理，效果如图 17.28 所示。

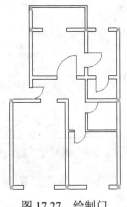

图 17.27 绘制门

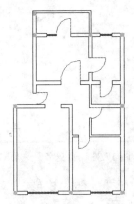

图 17.28 绘制门窗

（26）建立"尺寸标注"图层，线型为实线 Continuous，颜色为红色，线宽为"默认"，并将其置为当前图层。

（27）选择"标注"|"标注样式"命令，弹出"创建新标注样式"对话框，新建一个标注样式，命名为"建筑"，单击"继续"按钮，如图 17.29 所示。

（28）弹出"新建标注样式"对话框，选择"符号和箭头"选项卡，设置"第一个"和"第二个"箭头为"建筑标记"、"引线"为"建筑标记"，其他参数保持默认，如图 17.30 所示。

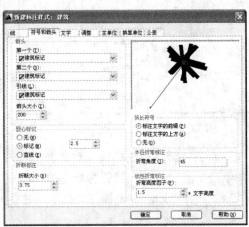

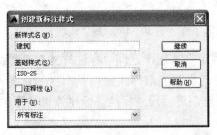

图 17.29 "创建新标注样式"对话框

图 17.30 "符号和箭头"选项卡

（29）在"新建标注样式"对话框中选择"文字"选项卡，设置"文字高度"为250，如图17.31所示。

（30）在"新建标注样式"对话框中选择"调整"选项卡，选中"使用全局比例"单选按钮，并设置数值为1，如图17.32所示。

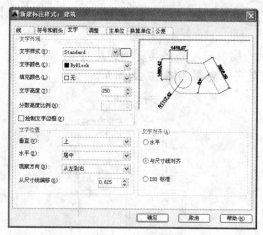

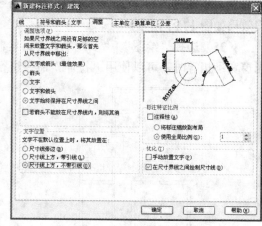

图17.31　"文字"选项卡　　　　　　　　图17.32　"调整"选项卡

（31）在"新建标注样式"对话框中选择"主单位"选项卡，设置"精度"为0.00，如图17.33所示。

（32）在"新建标注样式"对话框中选择"线"选项卡，设置"基线间距"为3.75，"超出尺寸线"和"起点编移量"都为200，如图17.34所示。

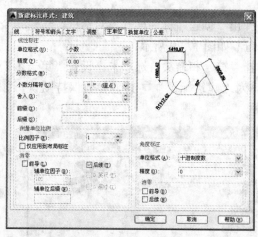

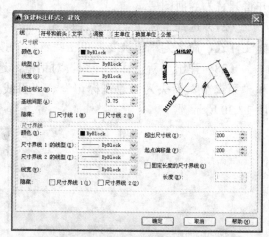

图17.33　"主单位"选项卡　　　　　　　图17.34　"线"选项卡

（33）在"新建标注样式"对话框中单击"确定"按钮，返回"标注样式管理器"对话框，单击"置为当前"按钮将新建的"建筑"样式设为当前样式。

（34）选择"标注"|"线性"命令，对室内建筑图进行尺寸标注，标注效果如图17.35所示。

（35）建立"文字"图层，线型为实线Continuous，颜色为绿色，线宽为"默认"，并将其置为当前图层。

（36）选择"格式"|"文字样式"命令，设置文字样式，选择"绘图"|"文字"|"单行文字"命令，在绘图窗口中输入要标注的文字，文字标注效果如图 17.36 所示，完成小户型室内建筑平面图的绘制操作。

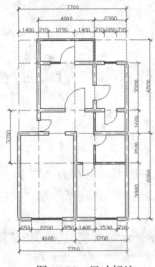

图 17.35　尺寸标注

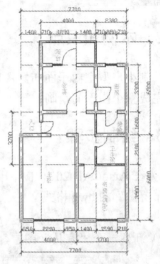

图 17.36　文字标注

17.2　小户型室内平面布置图

本例绘制的小户型室内平面布置图效果如图 17.37 所示。

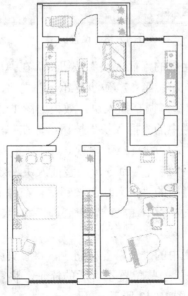

图 17.37　小户型室内平面布置图

17.2.1 实例分析

本例介绍了小户型室内平面布置图的绘制方法与技巧，在绘制过程中主要运用了"插入块"命令。

17.2.2 本例知识点

在绘制小户型室内平面布置图的过程中，用户可以配置家具，再配置植物、装饰品等步骤来完成整个图形的绘制。

17.2.3 绘制步骤

（1）在 AutoCAD 2014 中打开 17.1 节绘制好的建筑平面图，另存为"17.37 小户型室内平面布置图"的.dwg 格式文件，然后将"尺寸"、"轴线"、"柱子"和"文字"图层关闭。

（2）新建一个"家具"图层，其参数设置如图 17.38 所示，并将其置为当前图层。

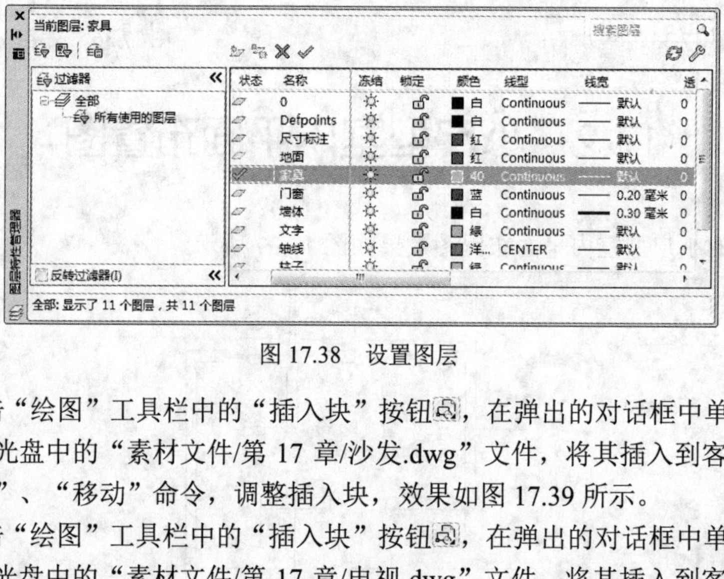

图 17.38　设置图层

（3）单击"绘图"工具栏中的"插入块"按钮，在弹出的对话框中单击"浏览"按钮，选择随书光盘中的"素材文件/第 17 章/沙发.dwg"文件，将其插入到客厅合适位置，并运用"缩放"、"移动"命令，调整插入块，效果如图 17.39 所示。

（4）单击"绘图"工具栏中的"插入块"按钮，在弹出的对话框中单击"浏览"按钮，选择随书光盘中的"素材文件/第 17 章/电视.dwg"文件，将其插入到客厅合适位置，并运用"缩放"、"移动"、"旋转"命令，调整插入块，效果如图 17.40 所示。

（5）单击"绘图"工具栏中的"插入块"按钮，在弹出的对话框中单击"浏览"按钮，选择随书光盘中的"素材文件/第 17 章/餐桌.dwg"文件，将其插入到客厅合适位置，如图 17.41 所示。

（6）单击"修改"工具栏中的"分解"按钮，将餐桌图块分解，再单击"修改"工具栏中的"删除"按钮，删除一些位置不合适的椅子，将重新处理后的餐桌创建为块，并移动到墙边的适当位置，如图 17.42 所示。

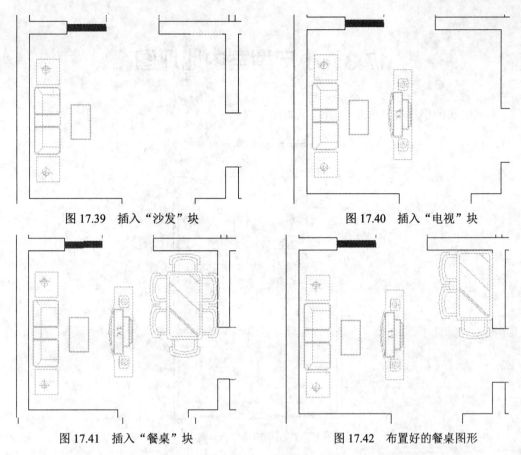

图 17.39　插入"沙发"块　　　　　　　图 17.40　插入"电视"块

图 17.41　插入"餐桌"块　　　　　　　图 17.42　布置好的餐桌图形

（7）在客厅中继续插入"饮水机"、"花草"图块，运用"缩放"、"旋转"、"移动"等命令调整插入块，最终客厅效果如图 17.43 所示。

（8）运用布置客厅的方法，继续布置室内建筑的其他房间，最终小户型室内平面布置图效果如图 17.44 所示。

图 17.43　布置好的客厅　　　　　　　图 17.44　小户型室内平面布置图

17.3　小户型室内地坪图

本例绘制的小户型室内地坪图效果如图 17.45 所示。

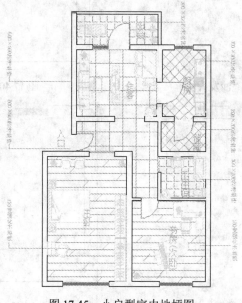

图 17.45　小户型室内地坪图

17.3.1　实例分析

在本例中，将在客厅、过道部位铺设 600mm×600mm 深红色防滑地砖，厨房、卫生间、阳台及储藏室铺设 300mm×300mm 白色防滑地砖，卧室和书房铺设 150mm 宽强化木地板。

17.3.2　本例知识点

在绘制小户型室内地坪图的过程中，用户可以先建立图层，然后绘制地面图案，再填充图层等来完成整个图形的绘制。

17.3.3　绘制步骤

（1）在 AutoCAD 2014 中打开 17.2 节绘制好的平面布置图，另存为"17.45 小户型室内地坪图"的.dwg 格式文件，然后将"家具"、"植物"等图层关闭。

（2）新建一个"地面材料"图层，其参数设置如图 17.46 所示，将其置为当前图层。

（3）单击"绘图"工具栏中的"直线"按钮，把平面图中不同地面材料分隔处用直线划分出来，如图 17.47 所示。

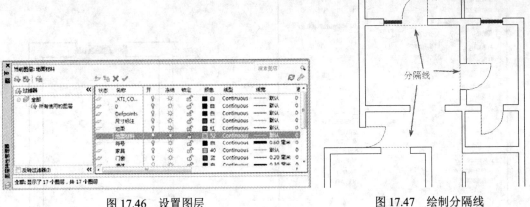

图 17.46　设置图层

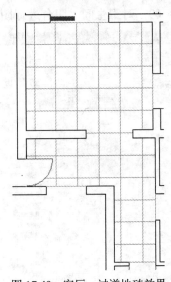

图 17.47　绘制分隔线

（4）单击"绘图"工具栏中的"图案填充"按钮，设置图案填充参数，对话框设置如图 17.48 所示。

（5）对客厅、过道部位进行图案填充，地砖效果如图 17.49 所示。

图 17.48　"图案填充和渐变色"对话框（1）

图 17.49　客厅、过道地砖效果

提示：地面材料是需要在室内平面图中表示的内容之一。当地面做法比较简单时，只要用文字对材料、规格进行说明，但是，很多时候要求用材料图例在平面图上直观地表示，同时进行文字说明。当室内平面图比较拥挤时，可以单独绘制一张地面材料平面图。

（6）采用步骤（4）的方法，设置图案填充参数，对话框设置如图 17.50 所示。

（7）对厨房、储藏室进行图案填充，其中厨房地砖效果如图 17.51 所示。

图 17.50　"图案填充和渐变色"对话框（2）

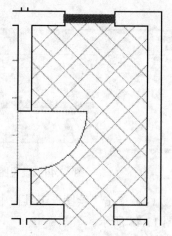

图 17.51　厨房地砖效果

（8）采用步骤（4）的方法，设置图案填充参数，对话框设置如图 17.52 所示。

（9）对卫生间、阳台进行图案填充，其中阳台地砖效果如图 17.53 所示。

图 17.52　"图案填充和渐变色"对话框（3）

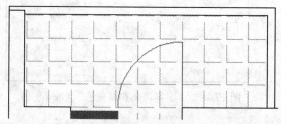

图 17.53　阳台地砖效果

（10）采用步骤（4）的方法，设置图案填充参数，对话框设置如图 17.54 所示。

（11）对卧室和书房进行图案填充，卧室和书房地砖效果如图 17.55 所示。

（12）选择"绘图"|"文字"|"单行文字"命令，标注地面材料说明文字，如图 17.56 所示。

（13）单击"修改"工具栏中的"分解"按钮，将底面填充图案打散；单击"修改"

工具栏中的"修剪"按钮 ，将家具被线条覆盖部分的线条剪掉，局部零散线条直接利用
"删除"命令将其删除即可，效果如图 17.57 所示。

图 17.54 "图案填充和渐变色"对话框（4）

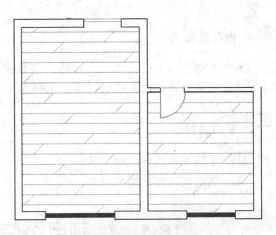

图 17.55 卧室和书房地砖效果

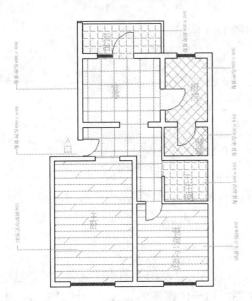

图 17.56 标注地面材料说明文字

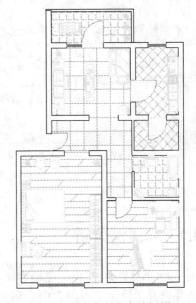

图 17.57 小户型室内地坪图

第 18 章　绘制电路图常用元器件

内容摘要

本章主要掌握电阻、电容、电感、二极管、三极管等电路原理图常用元器件的绘制，以帮助读者更好地识读电路图，具备电路图绘图和识图能力。

学习目标

- 掌握各元器件块的定义。
- 熟悉线路结构图的绘制。

18.1　绘制电路原理图常用元器件

本例绘制的电路原理图常用元器件效果如图 18.1 所示。

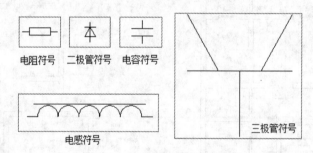

图 18.1　电路原理图常用元器件

18.1.1　实例分析

AutoCAD 2014 在电子电路方面，通常为绘制电路图以及相关的电子元器件。通过电子元器件以及电路，可以组合成一幅完整的电路图。由于电路图的设计中会涉及专业的电学知识，本章就对常用的电子元器符号的绘制方法进行讲解。

18.1.2　本例知识点

在绘制电路原理图常用元器件的过程中，用户可以运用正交功能、对象捕捉功能、对象捕捉追踪等绘图辅助功能来完成整个图形的绘制。

18.1.3　绘制步骤

（1）单击"标准"工具栏中的"新建"按钮，弹出"选择样板"对话框，单击"打开"按钮右侧的下拉按钮，以"无样板打开-公制"方式新建一个名为"18.1 电路原理图常用元器件"的.dwg 格式文件。

（2）绘制电阻符号。单击"绘图"工具栏中的"矩形"按钮，绘制一个长 20、宽 6.7 的矩形，其角点分别为（20,0）和（0,6.7），绘制效果如图 18.2 所示。

（3）单击"绘图"工具栏中的"直线"按钮，运用"对象捕捉"功能捕捉矩形左侧垂直边中点，如图 18.3 所示，绘制一条直线，输入端点坐标为（@-7,0）。

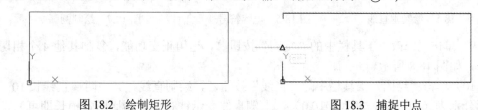

图 18.2　绘制矩形　　　　　　　　　　　　　图 18.3　捕捉中点

（4）用同样的方法绘制另一边直线，输入直线端点坐标为（@7,0），即完成绘制电阻图形的操作，绘制效果如图 18.4 所示。

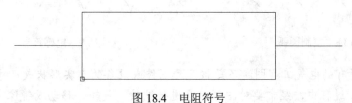

图 18.4　电阻符号

（5）绘制电容符号。单击"绘图"工具栏中的"矩形"按钮，在绘图窗口中任意位置绘制一个长 20、宽 6.7 的矩形，命令行提示如下：

```
命令: _rectang
指定第一个角点或 [倒角(C)/标高(E)/圆角(F)/厚度(T)/宽度(W)]:  //指定任意一点
指定另一个角点或 [面积(A)/尺寸(D)/旋转(R)]:  //D
指定矩形的长度 <10.0000>:  //20
指定矩形的宽度 <10.0000>:  //6.7
指定另一个角点或 [面积(A)/尺寸(D)/旋转(R)]:  //按 Enter 键结束操作
```

（6）单击"绘图"工具栏中的"直线"按钮，捕捉矩形上侧中点，用相对坐标输入直线长度为 7，绘制垂直线，用同样方法绘制矩形下侧垂直线，两条垂直线端点坐标分别为（@0,7）和（@0,-7），绘制效果如图 18.5 所示。

（7）单击"修改"工具栏中的"分解"按钮，打散矩形，删除左右两根直线，即可得到电容符号，效果如图 18.6 所示。

（8）绘制电感符号。单击"绘图"工具栏中的"圆弧"按钮，绘制半径为 10 的圆弧，命令行提示如下：

命令: _arc 指定圆弧的起点或 [圆心(C)]: //C
指定圆弧的圆心: //任意一点
指定圆弧的起点: //@10,0
指定圆弧的端点或 [角度(A)/弦长(L)]: //@-10,0

绘制圆弧效果如图 18.7 所示。

图 18.5　绘制垂直线　　　　图 18.6　电容符号　　　　图 18.7　绘制圆弧

（9）单击"修改"工具栏中的"复制"按钮，运用正交功能，复制其他 4 个相切的半圆弧，如图 18.8 所示。

（10）单击"绘图"工具栏中的"直线"按钮，绘制直线，其中两端直线长 10，端点坐标分别为（@-10,0）和（@10,0），上侧直线表示铁芯（两端比圆弧稍长即可），绘制完毕即可得到电感符号，绘制效果如图 18.9 所示。

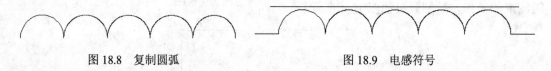

图 18.8　复制圆弧　　　　　　　　　图 18.9　电感符号

提示：几乎所有的电气工程图都不是按照元器件或设备的真实形状或尺寸绘制的，因此在绘制过程中，经常要对图形对象进行缩放、旋转、移动或镜像来插入元器件、调整布局，同时对于相同或相似的元器件，采用"复制"命令可提高绘图效率。

（11）绘制二极管符号。单击"绘图"工具栏中的"多边形"按钮，在正交模式下，命令行提示如下：

命令: _polygon 输入侧面数 <3>: //3
指定正多边形的中心点或 [边(E)]: //e
指定边的第一个端点: //任意指定一点
指定边的第二个端点: //@10,0

绘制效果如图 18.10 所示。

（12）单击"绘图"工具栏中的"直线"按钮，连接顶点和底边中点，如图 18.11 所示。

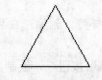

图 18.10　绘制三角形　　　　　　　图 18.11　绘制直线（1）

（13）单击"绘图"工具栏中的"直线"按钮 ，在刚才绘制的直线两侧向外各画一条长 4.5 的直线，如图 18.12 所示。

（14）继续运用"直线"命令和"对象追踪"功能，捕捉顶点为第一点，从底边端点向上移动鼠标，通过追踪确定如图 18.13 所示的第二点。

（15）确认步骤（14）中捕捉的点，由此点作为直线起点绘制如图 18.14 所示的直线。

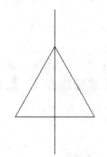

图 18.12 绘制直线（2）

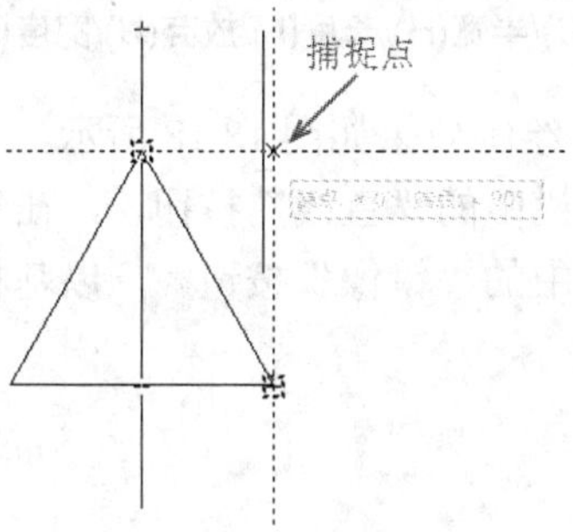

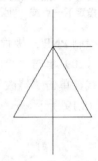

图 18.13 捕捉点

图 18.14 绘制直线（3）

（16）用同样的方法绘制另一条直线，如图 18.15 所示，最终完成二极管符号的绘制。

（17）绘制三极管符号。单击"绘图"工具栏中的"直线"按钮 ，在绘图窗口任意位置绘制如图 18.16 所示的直线。

（18）继续运用"直线"命令，命令行提示如下：

```
命令: _line
指定第一点: //在先绘制的直线右侧中间部位指定位置合适的一点
指定下一点或 [放弃(U)]: //@60<60
指定下一点或 [放弃(U)]:
```

绘制的直线如图 18.17 所示。

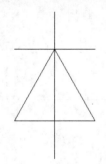

图 18.15 二极管符号

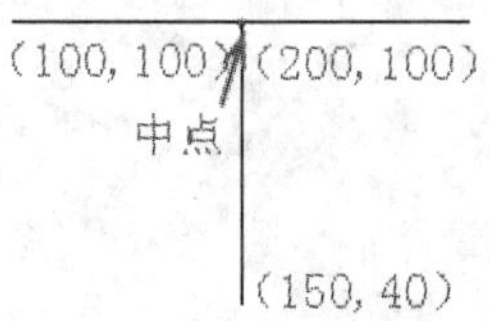

图 18.16 绘制直线（4）

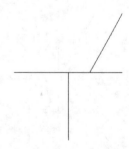

图 18.17 绘制倾斜线

（19）单击"绘图"工具栏中的"多段线"按钮 ，命令行提示如下：

```
命令: _pline
指定起点: //指定多段线起点
当前线宽为 0.0000
指定下一个点或 [圆弧(A)/半宽(H)/长度(L)/放弃(U)/宽度(W)]: //@20<120
指定下一点或 [圆弧(A)/闭合(C)/半宽(H)/长度(L)/放弃(U)/宽度(W)]: //W
```

```
指定起点宽度 <0.0000>:
指定端点宽度 <0.0000>:      //0.5
指定下一点或 [圆弧(A)/闭合(C)/半宽(H)/长度(L)/放弃(U)/宽度(W)]:      //@10<120
指定下一点或 [圆弧(A)/闭合(C)/半宽(H)/长度(L)/放弃(U)/宽度(W)]:      //W
指定起点宽度 <0.5000>:      //0
指定端点宽度 <0.0000>:
指定下一点或 [圆弧(A)/闭合(C)/半宽(H)/长度(L)/放弃(U)/宽度(W)]:      //@30<120
指定下一点或 [圆弧(A)/闭合(C)/半宽(H)/长度(L)/放弃(U)/宽度(W)]:
```

绘制 PNP 三极管发射极，绘制效果如图 18.18 所示。

（20）单击"绘图"工具栏中的"直线"按钮✎，在集电极右下方画一短直线，选中该直线，单击"修改"工具栏中的"镜像"按钮⚊，以基极为镜像线，镜像该直线，效果如图 18.19 所示。

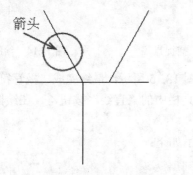
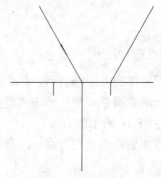

图 18.18　绘制多段线　　　　　　　　图 18.19　绘制垂直短线

（21）单击"修改"工具栏中的"移动"按钮✛，移动绘制的多段线至左侧短直线与水平线交点处，如图 18.20 所示，再删除多余线段，最终绘制完成三极管符号，如图 18.21 所示。

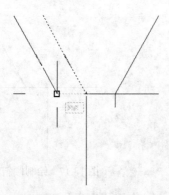
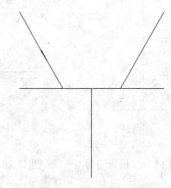

图 18.20　移动多段线　　　　　　　　图 18.21　三极管符号

（22）单击"绘图"工具栏中的"创建块"按钮▣，将绘制的电路原理图常用元器件生成块并保存。使用元件时，可以使用"插入块"命令或对块进行多次复制即可。

💡 提示：电子线路常用元器件的图形符号及说明如表 18.1 所示。

表 18.1　电子线路常用元器件的图形符号及说明表

类　型	图　形　符　号	说　　明
电阻		电阻的一般符号
		可变电阻器/可调电阻器
		滑线式变阻器
		带触点电位器
电容		电容器一般符号
		极性电容器
		可变电容器/可调电容器
电感		电感器线圈扼流线圈
		带铁芯的电感
		可变电感器
半导体二极管		半导体二极管一般符号
		发光二极管一般符号
		单向击穿二极管、电压调整二极管、江崎二极管
		双向击穿二极管
半导体三极管		PNP 型半导体三极管
		NPN 型半导体三极管、集电极接外壳
晶体管		三极晶体闸流管
		反向阻断三极晶体闸流管、N 型控制极（阳极侧受控）
		反向阻断三极晶体闸流管、P 型控制极（阴极侧受控）
		光控晶体闸流管
灯及信号器件		灯、信号灯一般符号
		闪光型信号灯
		电铃
		蜂鸣器
		电警笛、报警器

续表

类　型	图　形　符　号
逻辑单元	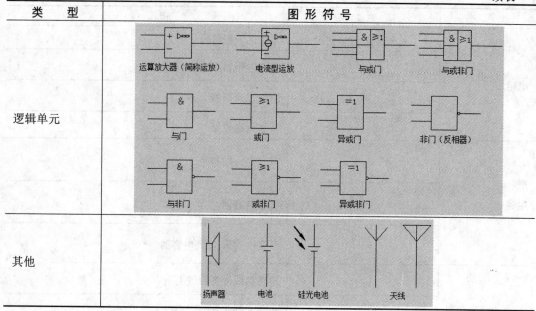
其他	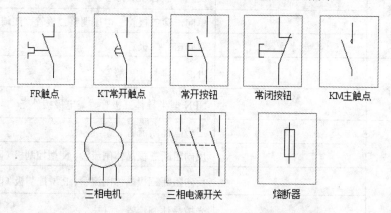

18.2　绘制控制电路原理图元器件和电机

本例绘制的控制电路原理图元器件和电机效果图如图 18.22 所示。

图 18.22　控制电路原理图元器件和电机效果图

18.2.1　实例分析

本例主要用"创建块"的方法将控制电路中的元器件和电机分别绘出。绘制过程中注意体会辅助线的作用。辅助线不是设计对象的一部分，是为了绘图定位而画的图线，在完成图形对象的绘制后必须删除或隐藏。

18.2.2 本例知识点

在绘制控制电路原理图元器件和电机的过程中，用户可以运用正交功能、对象捕捉功能、对象捕捉追踪等绘图辅助功能来完成整个图形的绘制，并熟悉创建块的操作。

18.2.3 绘制步骤

（1）单击"标准"工具栏中的"新建"按钮□，弹出"选择样板"对话框，单击"打开"按钮右侧的下拉按钮▾，以"无样板打开-公制"方式新建文件，新建一个名为"18.22 控制电路原理图元器件和电机"的.dwg 格式文件。

（2）绘制三相电机块。单击"绘图"工具栏中的"直线"按钮☑，绘制直线，其坐标分别为（0,0）、（100,0）和（50,50），绘制效果如图 18.23 所示。

（3）单击"绘图"工具栏中的"圆"按钮☑，以直线交点为圆心，绘制半径为 30 的圆，效果如图 18.24 所示。

（4）单击"修改"工具栏中的"偏移"按钮☑，向左和向右偏移垂直直线，距离为 20，向上偏移水平直线，距离为 30，如图 18.25 所示。

图 18.23 绘制直线（1）　　　　图 18.24 绘制圆　　　　图 18.25 偏移直线（1）

（5）单击"绘图"工具栏中的"直线"按钮☑，绘制倾斜直线，如图 18.26 所示。

（6）单击"修改"工具栏中的"修剪"按钮☑，修剪多余直线，得到电机基本图形，效果如图 18.27 所示。

（7）单击"修改"工具栏中的"镜像"按钮☑，镜像对象，得到另一个电机图形，如图 18.28 所示。

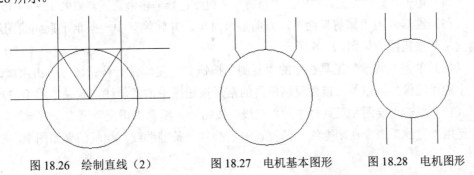

图 18.26 绘制直线（2）　　　图 18.27 电机基本图形　　　图 18.28 电机图形

（8）绘制按钮。单击"绘图"工具栏中的"直线"按钮 ✐，绘制直线，其坐标分别为（200,200）、（300,200）和（270,200）、（@50<90），如图18.29所示。

（9）单击"修改"工具栏中的"镜像"按钮 ⚐，镜像垂直直线，效果如图18.30所示。

（10）单击"修改"工具栏中的"偏移"按钮 ⚎，分别在水平线两侧绘制偏移距离为20的直线，在垂直直线左侧绘制偏移距离为15的直线，如图18.31所示。

图18.29　绘制直线（3）　　图18.30　镜像垂直直线　　图18.31　偏移直线（2）

（11）单击"绘图"工具栏中的"直线"按钮 ✐，利用捕捉功能绘制直线，效果如图18.32所示。

（12）单击"修改"工具栏中的"删除"按钮 ✐，删除多余直线，效果如图18.33所示。

（13）单击"修改"工具栏中的"偏移"按钮 ⚎，偏移直线，如图18.34所示。

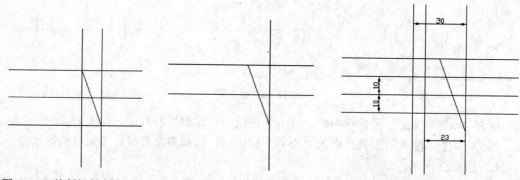

图18.32　绘制倾斜直线（1）　　图18.33　删除多余直线　　图18.34　偏移直线（3）

（14）单击"修改"工具栏中的"修剪"按钮 ⚍，修剪多余直线，效果如图18.35所示。

（15）继续使用"修剪"命令，修剪多余对象，并转换其中一条水平直线的图层，最后得到常开按钮图，如图18.36所示。

（16）单击"修改"工具栏中的"复制"按钮 ⚏，复制常开按钮图；单击"修改"工具栏中的"镜像"按钮 ⚐，镜像复制所得的常开按钮图中的倾斜线，效果如图18.37所示。

（17）单击"绘图"工具栏中的"直线"按钮 ✐，结合"正交"模式，画一条闭合线，继续运用"直线"命令在闭合线上部位置附近绘制一条辅助线，绘制结果如图18.38所示。

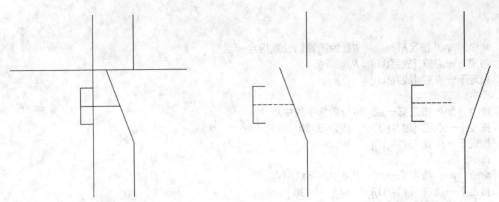

图 18.35　修剪多余直线　　　　　图 18.36　常开按钮　　　　　图 18.37　镜像倾斜线

（18）单击"修改"工具栏中的"延伸"按钮，延伸直线，如图 18.39 所示。

（19）单击"修改"工具栏中的"复制"按钮，复制倾斜线，如图 18.40 所示。

图 18.38　绘制辅助线　　　　　图 18.39　延伸直线　　　　　图 18.40　复制倾斜线

（20）单击"修改"工具栏中的"延伸"按钮，延伸对象，如图 18.41 所示。

（21）运用"删除"、"打断"命令，对图形进行调整，最终完成常闭按钮的绘制，如图 18.42 所示。

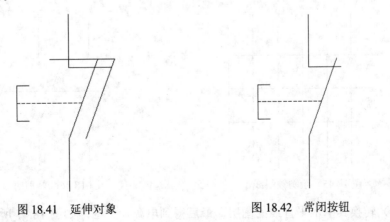

图 18.41　延伸对象　　　　　图 18.42　常闭按钮

（22）三相电源开关的绘制。单击"绘图"工具栏中的"直线"按钮，命令行提示如下：

```
命令：_line 指定第一点：//在绘图窗口任意指定一点
指定下一点或 [放弃(U)]：//@90<0
指定下一点或 [放弃(U)]：
命令：
命令：_line 指定第一点：//指定水平线中点
指定下一点或 [放弃(U)]：  //@45<90
指定下一点或 [放弃(U)]：
命令：
命令：_line 指定第一点：//指定水平线中点
指定下一点或 [放弃(U)]：  //@-45<90
指定下一点或 [放弃(U)]：
```

绘制十字交叉线，如图 18.43 所示。

（23）单击"修改"工具栏中的"偏移"按钮，偏移水平线 2 次，设置偏移距离为 20；偏移垂直直线 5 次，设置偏移距离为 15，偏移效果如图 18.44 所示。

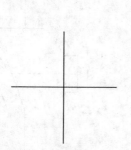

图 18.43　绘制十字交叉线（1）

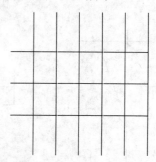

图 18.44　偏移直线（2）

（24）单击"绘图"工具栏中的"直线"按钮，运用"捕捉"功能，绘制倾斜线，如图 18.45 所示。

（25）单击"修改"工具栏中的"删除"按钮和"修剪"按钮，修剪效果如图 18.46 所示。

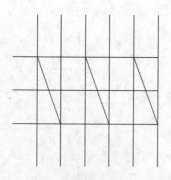

图 18.45　绘制倾斜线

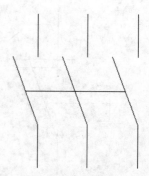

图 18.46　修剪对象

（26）转换其中水平直线的图层，最后得到电源开关图，如图 18.47 所示。

（27）绘制熔断器。单击"绘图"工具栏中的"矩形"按钮，绘制一个长为 15、宽为 40 的矩形，如图 18.48 所示。

（28）单击"绘图"工具栏中的"直线"按钮，运用"正交"、"对象捕捉"和"追踪"功能，捕捉如图 18.49 所示的距离矩形顶端为 10 左右的一点。

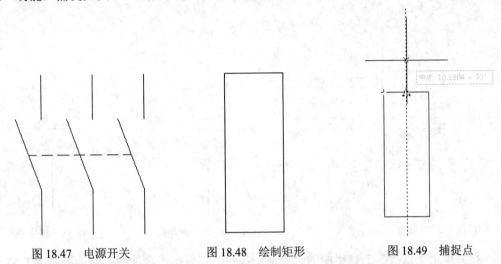

图 18.47 电源开关   图 18.48 绘制矩形   图 18.49 捕捉点

（29）用步骤（28）中的方法，捕捉距离矩形下侧为 60 左右的一点，绘制直线，完成绘制熔断器的操作，如图 18.50 所示。

（30）绘制 KT 常闭触点。单击"绘图"工具栏中的"直线"按钮，绘制长度为 100 的十字交叉线，如图 18.51 所示。

（31）单击"修改"工具栏中的"偏移"按钮，偏移所得的 7 条辅助线，如图 18.52 所示。

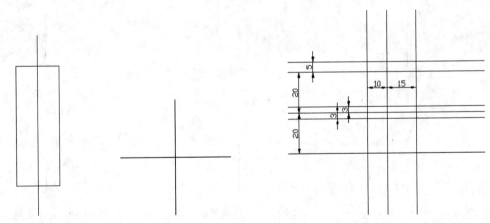

图 18.50 熔断器   图 18.51 绘制十字交叉线（2）   图 18.52 偏移直线（5）

（32）单击"绘图"工具栏中的"直线"按钮，绘制一条倾斜线，并延伸至最上端一条水平线处；单击"绘图"工具栏中的"圆"按钮，绘制一个半径为 8 的圆，如图 18.53 所示。

（33）单击"修改"工具栏中的"修剪"按钮，修剪多余的线，完成绘制 KT 常闭触点的操作，效果如图 18.54 所示。

　　（34）单击"修改"工具栏中的"复制"按钮，复制"KT 常闭触点"图；单击"修改"工具栏中的"镜像"按钮，镜像复制所得的 KT 常闭触点图中的倾斜线，如图 18.55 所示。

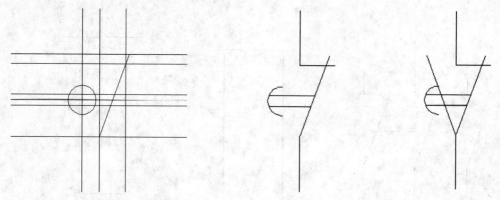

图 18.53　绘制圆和倾斜线　　　　　　图 18.54　KT 常闭触点　　　图 18.55　镜像操作

　　（35）单击"修改"工具栏中的"修剪"按钮，修剪多余的线，完成绘制 KT 常开触点的操作，效果如图 18.56 所示。

　　（36）绘制 KM 主触点。单击"修改"工具栏中的"复制"按钮，复制"KT 常开触点"图；单击"绘图"工具栏中的"圆弧"按钮，运用捕捉功能，绘制如图 18.57 所示的圆弧。

　　（37）单击"修改"工具栏中的"修剪"按钮，修剪多余的线，完成绘制 KM 主触点的操作，效果如图 18.58 所示。

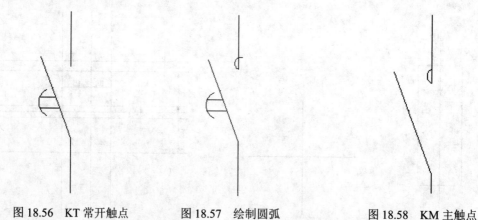

图 18.56　KT 常开触点　　　　　图 18.57　绘制圆弧　　　　　图 18.58　KM 主触点

　　（38）绘制 FR 触点。单击"绘图"工具栏中的"直线"按钮，绘制长度约 80 的十字交叉线，命令行提示如下：

命令: _line
指定第一点:　//任意指定一点
指定下一点或 [放弃(U)]: @80,0

```
指定下一点或 [放弃(U)]:
命令: _line
指定第一点:   //指定水平线中点
指定下一点或 [放弃(U)]: @-7,0
指定下一点或 [放弃(U)]: @40<90
指定下一点或 [闭合(C)/放弃(U)]:
命令: _line
指定第一点:   //指定水平线交叉线交点
指定下一点或 [放弃(U)]: @-40<90
指定下一点或 [放弃(U)]:
```

绘制效果如图 18.59 所示。

（39）单击"修改"工具栏中的"偏移"按钮 ，偏移得出 10 条辅助线，如图 18.60 所示。

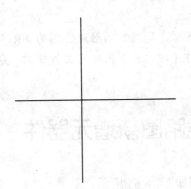

图 18.59　绘制十字交叉线（3）

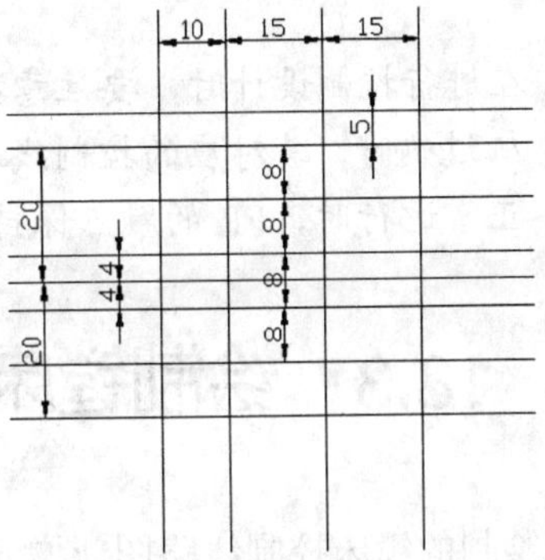

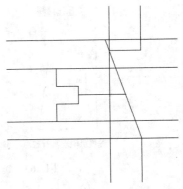

图 18.60　偏移直线（6）

（40）单击"绘图"工具栏中的"直线"按钮 ，绘制倾斜线，并通过"延伸"命令延伸斜线，如图 18.61 所示。

（41）单击"修改"工具栏中的"修剪"按钮 ，修剪多余直线，修剪效果如图 18.62 所示。

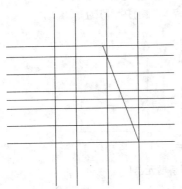

图 18.61　绘制倾斜直线（2）

图 18.62　修剪操作

（42）进一步运用"修剪"命令，修剪对象所得效果如图 18.63 所示。

（43）转换其中一条水平直线的图层，最后得到 FR 触点图，如图 18.64 所示。

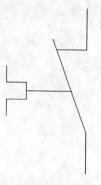

图 18.63　修剪图形

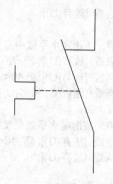

图 18.64　FR 触点

（44）单击"绘图"工具栏中的"创建块"按钮，将绘制的控制电路原理图元器件和电机图生成块并保存。

提示：在进行控制设计时，要注意提到 FR 触点时，均指常闭触点。因为 FR 是在主电机过热时，其对应的控制线路中触点动作（即打开）来断开工作回路，所以电路正常运行时，FR 的触点保持闭合状态。

18.3　绘制镗床控制线路图新增元器件

本例绘制的镗床控制线路图新增元器件效果图如图 18.65 所示。

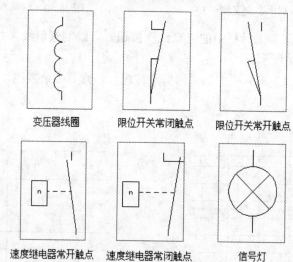

图 18.65　镗床控制线路图新增元器件

18.3.1　实例分析

镗床控制电路中大多数元器件的绘制方法在前面的实例中已经讲过，这里只给出新增元器件的绘制方法。

18.3.2 本例知识点

在绘制镗床控制线路图新增元器件的过程中，用户可以在预定尺寸空间内绘制图形方法，以在同一设计中保持图形对象尺寸的一致性。

18.3.3 绘制步骤

（1）单击"标准"工具栏中的"新建"按钮□，弹出"选择样板"对话框，单击"打开"按钮右侧的下拉按钮▾，以"无样板打开-公制"方式新建一个名为"18.65 镗床控制线路图新增元器件"的.dwg 格式文件。

（2）单击"绘图"工具栏中的"矩形"按钮□，绘制长为 10、宽为 20 的矩形为绘图边界，如图 16.66 所示，并单击"修改"工具栏中的"分解"按钮⬚，打散该矩形。

（3）单击"修改"工具栏中的"偏移"按钮⬀，对矩形上下两侧向内偏移为 2；单击"绘图"工具栏中的"直线"按钮╱，运用"捕捉"功能，捕捉中点绘制两条直线，如图 16.67 所示。

（4）单击"修改"工具栏中的"偏移"按钮⬀，如图 18.68 所示，在矩形内侧偏移直线 3 次，偏移距离为 4。

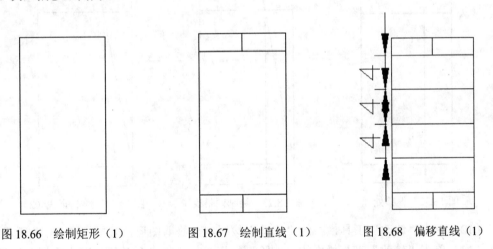

图 18.66 绘制矩形（1）　　　图 18.67 绘制直线（1）　　　图 18.68 偏移直线（1）

（5）单击"绘图"工具栏中的"圆弧"按钮⌒，以间隔水平线为端点，绘制圆弧半径为 2 的圆弧，如图 18.69 所示。

（6）单击"修改"工具栏中的"复制"按钮⬚，复制圆弧 3 次，效果如图 18.70 所示。

（7）单击"修改"工具栏中的"修剪"按钮⊢和"删除"按钮✎，对图形进行修剪和删除操作，完成绘制变压器线圈的操作，效果如图 18.71 所示。

（8）绘制限位开关常闭触点。单击"绘图"工具栏中的"矩形"按钮□，绘制长为 10、宽为 20 的矩形为绘图边界，并单击"修改"工具栏中的"分解"按钮⬚，打散该矩形。

（9）单击"修改"工具栏中的"偏移"按钮⊆，对矩形上下两侧向内偏移，距离为2，向左偏移，距离为3，如图18.72所示。

（10）单击"绘图"工具栏中的"直线"按钮✎，运用"捕捉"功能，绘制一条倾斜直线，并延长该直线与上边界相交，如图18.73所示。

（11）单击"绘图"工具栏中的"直线"按钮✎，捕捉斜线中点绘制直线垂直左侧，如图18.74所示。

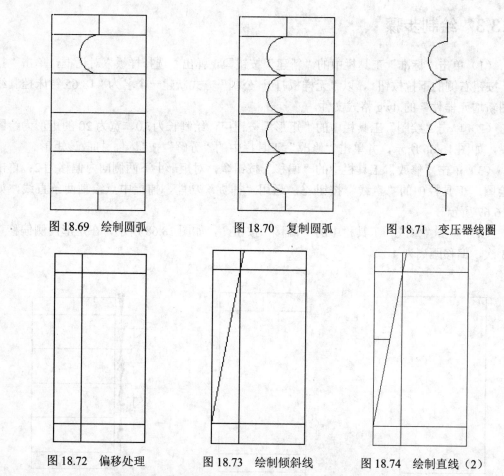

图 18.69　绘制圆弧　　　　　图 18.70　复制圆弧　　　　　图 18.71　变压器线圈

图 18.72　偏移处理　　　　　图 18.73　绘制倾斜线　　　　　图 18.74　绘制直线（2）

（12）单击"修改"工具栏中的"修剪"按钮┼，修剪图形，效果如图18.75所示。

（13）单击"修改"工具栏中的"删除"按钮✐，删除多余对象，完成绘制限位开关常闭触点的操作，效果如图18.76所示。

（14）绘制限位开关常开触点。单击"修改"工具栏中的"镜像"按钮◭，镜像限位开关常闭触点图，如图18.77所示。

（15）单击"修改"工具栏中的"删除"按钮✐，删除多余线，如图18.78所示。

（16）单击"修改"工具栏中的"镜像"按钮◭，镜像效果如图18.79所示。

（17）单击"修改"工具栏中的"修剪"按钮┼，修剪多余对象，完成绘制限位开关常开触点的操作，效果如图18.80所示。

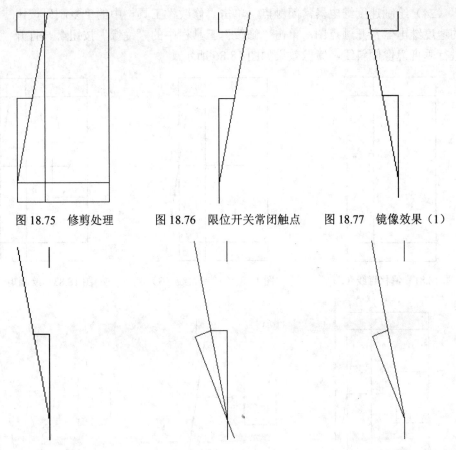

图 18.75　修剪处理　　　　图 18.76　限位开关常闭触点　　　图 18.77　镜像效果（1）

图 18.78　删除多余对象　　　　图 18.79　镜像效果（2）　　　图 18.80　限位开关常开触点

（18）绘制速度继电器常开触点。单击"绘图"工具栏中的"矩形"按钮口，绘制长为 10、宽为 20 的矩形为绘图边界，并单击"修改"工具栏中的"分解"按钮，打散该矩形。

（19）单击"修改"工具栏中的"偏移"按钮，对矩形上下两侧向内偏移，距离为 2，向右侧偏移，距离为 3，如图 18.81 所示。

（20）单击"绘图"工具栏中的"直线"按钮，捕捉合适端点绘制一条倾斜线，捕捉倾斜线与直线交点绘制水平直线，效果如图 18.82 所示。

（21）单击"绘图"工具栏中的"矩形"按钮口，绘制长为 4、宽为 6 的矩形，单击"修改"工具栏中的"移动"按钮，捕捉该矩形左侧直线为中点，移动至如图 18.83 所示的左侧边界中点处。

（22）单击"绘图"工具栏中的"直线"按钮，运用"正交"、"追踪"和"捕捉"功能，捕捉端点绘制直线，如图 18.84 所示。

（23）单击"修改"工具栏中的"修剪"按钮和"删除"按钮，修剪图形，并对开关中间直线做虚线处理，在矩形内写入字母 n，完成速度继电器常开触点的绘制，如图 18.85 所示。

（24）绘制速度继电器常闭触点。单击"修改"工具栏中的"复制"按钮，复制绘制的速度继电器常开触点图，单击"修改"工具栏中的"镜像"按钮，打开"正交"功能进行垂直镜像倾斜线，镜像效果如图18.86所示。

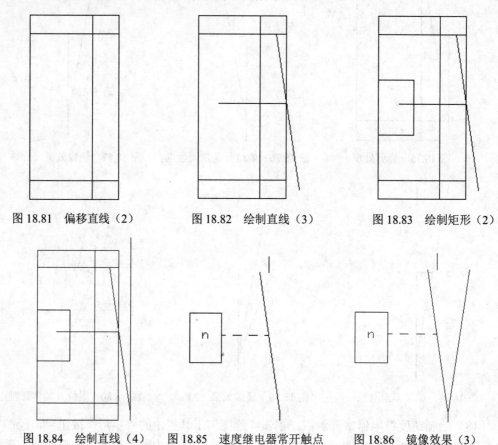

图18.81　偏移直线（2）　　　图18.82　绘制直线（3）　　　图18.83　绘制矩形（2）

图18.84　绘制直线（4）　　　图18.85　速度继电器常开触点　　　图18.86　镜像效果（3）

（25）单击"绘图"工具栏中的"直线"按钮，绘制直线，如图18.87所示。

（26）单击"修改"工具栏中的"延伸"按钮，延伸直线，效果如图18.88所示。

（27）运用"复制"和"延伸"命令，绘制如图18.89所示的直线。

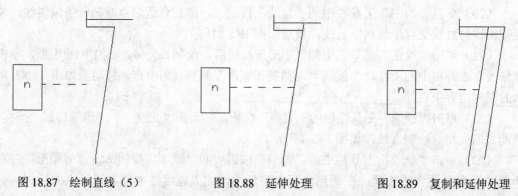

图18.87　绘制直线（5）　　　图18.88　延伸处理　　　图18.89　复制和延伸处理

（28）单击"修改"工具栏中的"删除"按钮，删除多余的对象，完成绘制速度继电器常闭触点的操作，绘制效果如图 18.90 所示。

（29）绘制信号灯及指示灯。单击"绘图"工具栏中的"矩形"按钮口，绘制长为 10、宽为 20 的矩形为绘图边界，并单击"修改"工具栏中的"分解"按钮，打散该矩形，并运用"直线"命令将其左右两侧的中间位置连接起来，效果如图 18.91 所示。

（30）单击"修改"工具栏中的"偏移"按钮，对矩形上下两侧向内偏移，距离为 4，如图 18.92 所示。

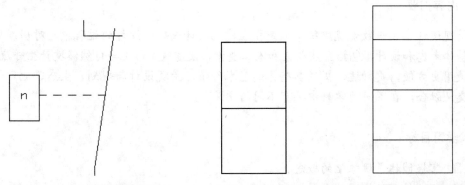

图 18.90　速度继电器常闭触点　　　　图 18.91　绘制矩形（3）　　　图 18.92　偏移直线（3）

（31）单击"绘图"工具栏中的"圆"按钮，捕捉中间水平线与右侧边界的交点为圆心，绘制半径为 6 的圆；单击"绘图"工具栏中的"直线"按钮，捕捉圆左侧交点，垂点向上绘制切线。继续运用"直线"命令，捕捉圆心、交点绘制倾斜线，如图 18.93 所示。

（32）单击"修改"工具栏中的"修剪"按钮和"删除"按钮，修剪和删除图形中的多余对象，效果如图 18.94 所示。

（33）单击"修改"工具栏中的"阵列"按钮，弹出"阵列"对话框，设置项目总数为 4，填充角度为 360°，单击"选择对象"按钮选择倾斜线，单击"拾取中心点"按钮在绘图窗口中捕捉圆心，阵列效果如图 18.95 所示，即完成绘制信号灯的操作。

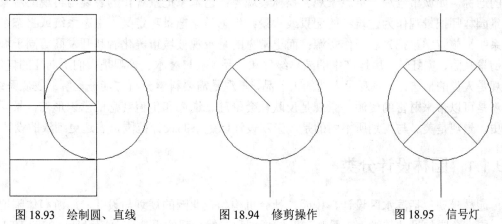

图 18.93　绘制圆、直线　　　　图 18.94　修剪操作　　　　图 18.95　信号灯

第 19 章 景观设计

内容摘要

景观设计（又叫做景观建筑学）是指在建筑设计或规划设计的过程中，对周围环境要素的整体考虑和设计，包括自然要素和人工要素，使建筑（群）与自然环境产生呼应关系，使其使用更方便，更舒适，提高其整体的艺术价值。景观设计与规划、生态、地理等多种学科交叉融合，在不同的学科中具有不同的意义。

学习目标

- 📖 掌握园林景观绿化的概念。
- 📖 园林景观的构图要素。
- 📖 绘制建筑景观平面详图。
- 📖 绘制园林常用图块。

19.1　园林设计概述

景观（landscape），无论在西方还是在中国，都是一个美丽而难以说清的概念。地理学家把景观作为一个科学名词，定义为一种表景象，或综合自然地理区，或呈一种类型单位的通称，如城市景观、草原景观、森林景观等；艺术家把景观作为表现与再现的对象；风景园林师把景观作为建筑物的配景或背景；生态学家把景观定义为生态系统或生态系统的系统；旅游学家把景观当作资源；而更常见的是景观被城市美化者和开发商等同于城市的街景立面、霓虹灯、房地产中的园林绿化和小品、喷泉叠水。景观是人们所向往的自然，景观是人类的栖居地，景观是人造的工艺品，景观是需要科学分析方能被理解的物质系统，景观是可以带来财富的资源，景观是反映社会伦理、道德和价值观念的意识形态，景观是历史，景观是美。与规划所不同的是，景观设计以更小的设计范围，表达更细致的设计。

19.1.1　园林设计分类

园林景观包括滨水区设计，校园、社会机构和企业园的规划与设计，旅游和休闲地设计，国家公园的设计与管理，景观与区域规划和自然景观的重建和墓园设计。如图 19.1 所示为某小游园的景观设计平面图。

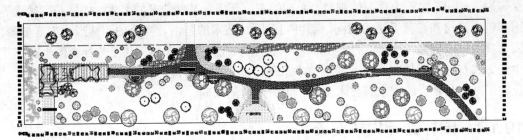

图 19.1　某小游园景观设计方案

19.1.2　园林设计内容

　　景观设计的内容根据出发点的不同有很大不同，大面积的河域治理，城镇总体规划大多是从地理、生态角度出发；中等规模的主题公园设计、街道景观设计常常从规划和园林的角度出发；面积相对较小的城市广场、小区绿地，甚至住宅庭院等又是从详细规划与建筑角度出发，但无疑这些项目都涉及景观因素。通常接触到的，在规划及设计过程中对景观因素的考虑，通常分为硬景观（hardscape）和软景观（softscape）。硬景观是指人工设施，通常包括铺装、雕塑、凉棚、座椅、灯光、果皮箱等，软景观是指人工植被、河流等仿自然景观，如喷泉、水池、抗压草皮、修剪过的树木等。如图 19.2 所示为某景观小品的结构详图。

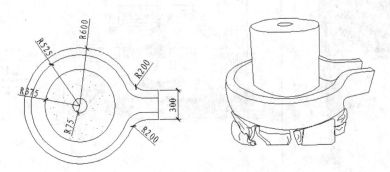

图 19.2　某景观小品的设计图

19.1.3　园林设计的历史意义

　　在人类的历史发展过程中，美丽的环境是人们无时无刻都在追求的。最早的造园造诣可以追溯到二千多年祭奠神灵的场地、供帝王贵族狩猎游乐的场地和居民为改善环境而进行的绿化栽植等。初期的园林主要是植物与建筑物相结合，园林造型比较简单，建筑物是主体，园林仅充当建筑物的附属品。随着社会的发展，园林逐渐摆脱建筑的束缚，园林的范围也不仅局限于庭园、庄园、别墅等单个相对独立的空间范围，而是扩大到城市环境、风景区、保护区、大地景观等区域，涉及人类的各种生存空间。然而总体来说，建造园林的目的是在一定的地域，运用工程技术和艺术手段，通过整地、理水、植物栽植和建筑布置等途径，创造出一个供人们观赏、游憩的美丽环境。某些非凡的艺术，如插花、盆景等，因其创作素材和经营手法的相同，都可归于园林艺术的范围。当今的园林形式丰富多彩，园林技术日趋提高，几千年的实践证实，具有长久生命力的园林应该是与社会的生产方式、生活方式有着密切的联系，和科学技术水平、文化艺术特征、历史、地理等密切相关，它反映了时代与社会的需求、技术发展和审美价值的取向。

19.1.4　园林设计构成要素

一个完整的园林规划，通常包含景观平面布局图、植物配置图、园林设施图、网格放样图、各种景观详图以及给排水图等。

1.　园林景观平面布局图

园林景观平面布局图主要作用是体现各种植物、景观小品、道路、铺装等元素的位置、体量以及数量关系等。如图 19.3 所示为某景观的平面结构图。

2.　网格放样图

网格放样图用于更加精确地定位植物、汀步以及铺装的位置，如图 19.4 所示。

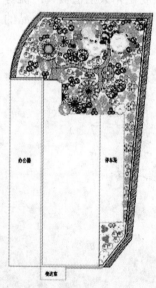

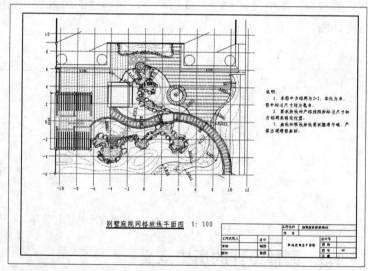

图 19.3　某景观平面结构图　　　　　　　　图 19.4　网格放样图

3.　景观详图

详图是因为在原图纸上无法进行表述而进行详细制作的图纸，也叫节点大样等。详图是景观中的某一景点的剖面构造，要选整个景观图中比较有特点的部位做详细说明。包括用料、用料的比例、多少、颜色都要在详图中体现。

详图可以是景观小品单独的立面剖面图。为了便于看图，常采用详图标志和详图索引标志。详图标志又称详图符号，画在详图的下方；详图索引标志又称索引符号，表示建筑平、立、剖面图中某个部位需另画详图表示，故详图索引符号是标注在需要画出详图的位置附近，并用引线引出。如图 19.5 所示为各景观的施工详图。

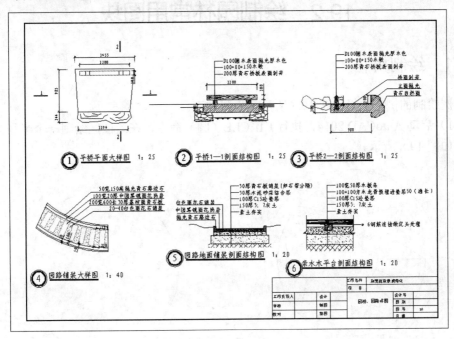

图 19.5　各种景观施工图

4. 立面图

为了更加形象地表达景观的立面效果，可以绘制相应景观的立面图，如图 19.6 所示。

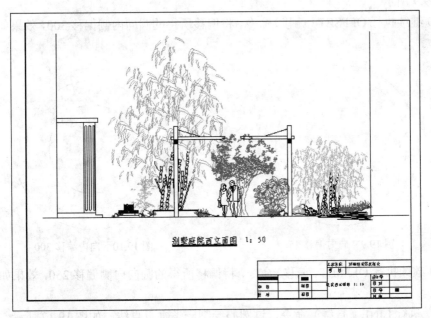

图 19.6　景观立面图

19.2 绘制园林常用图块

19.2.1 绘制拼花

本例绘制的拼花效果如图 19.7 所示。步骤如下。

（1）启动 AutoCAD 2014，执行 CIRCLE（圆）命令，在绘图区绘制一个半径为 1000 的圆，如图 19.8 所示。

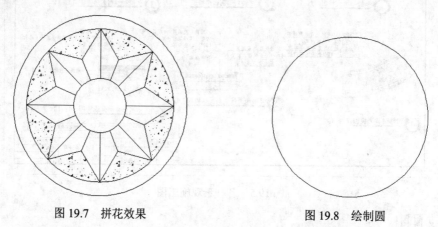

图 19.7　拼花效果　　　　　　　　　　　图 19.8　绘制圆

（2）执行 OFFSET（偏移）命令，设置偏移距离为 150，将绘制的圆向内侧偏移，效果如图 19.9 所示。

（3）继续执行 OFFSET（偏移）命令，将偏移所得的圆向内侧偏移 300，效果如图 19.10 所示。

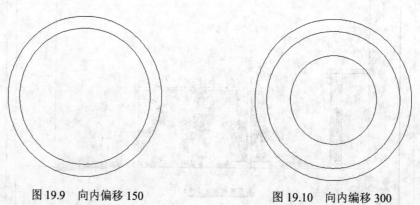

图 19.9　向内偏移 150　　　　　　　　　图 19.10　向内编移 300

（4）继续执行 OFFSET（偏移）命令，将偏移所得的圆向内侧偏移 250，效果如图 19.11 所示。

（5）执行 LINE（直线）命令，过圆心绘制一条垂直直线，如图 19.12 所示。

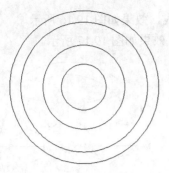
图 19.11　向内偏移 250

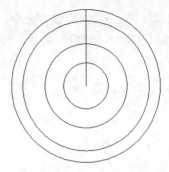
图 19.12　绘制直线（1）

（6）执行 ARRAYCLASSIC（阵列）命令，在弹出的"阵列"对话框中设置阵列参数，选中"环形阵列"单选按钮，设置"项目总数"为 16、"填充角度"为 360，单击"确定"按钮，如图 19.13 所示。

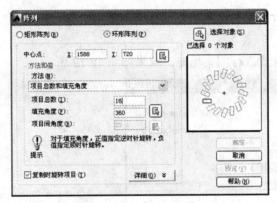
图 19.13　"阵列"对话框

提示：在进行阵列操作时，可以先选择对象，然后执行"阵列"命令；也可以先执行"阵列"命令，然后通过"阵列"对话框中的"选择对象"按钮选择对象，再进行阵列操作。

（7）选择直线进行阵列复制，效果如图 19.14 所示。

（8）执行 LINE（直线）命令，绘制直线，效果如图 19.15 所示。

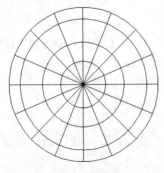
图 19.14　阵列图形

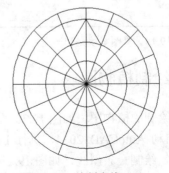
图 19.15　绘制直线（2）

（9）继续使用 LINE（直线）命令，绘制直线，效果如图 19.16 所示。

（10）执行 TRIM（修剪）命令，修剪直线，效果如图 19.17 所示。

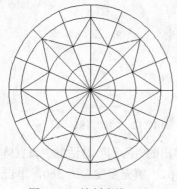 

图 19.16　绘制直线（3）　　　　　　　　　图 19.17　修剪图形

（11）执行 HATCH（填充）命令，弹出"图案填充和渐变色"对话框，在其中设置填充参数，如图 19.18 所示。

（12）对相应的位置进行图案填充，效果如图 19.19 所示。

图 19.18　"图案填充和渐变色"对话框　　　　　图 19.19　图案填充结果

19.2.2　绘制植物图块

本实例绘制的植物图块如图 19.20 所示。步骤如下。

（1）启动 AutoCAD 2014，执行 LINE（直线）命令，在绘图区任意位置单击，输入（300<45），绘制一条斜线，如图 19.21 所示。

（2）执行 LINE（直线）命令，随意绘制叶子形状，如图 19.22 所示。

图 19.20　植物图块

图 19.21　绘制斜线

图 19.22　绘制叶子

（3）执行 ARRAY（阵列）命令，弹出"阵列"对话框，单击"选择对象"按钮，在绘图区选择所有图形，如图 19.23 所示。

（4）返回"阵列"对话框，设置阵列类型为"环形阵列"，"项目总数"为 6，如图 19.24 所示。

图 19.23　选择图形

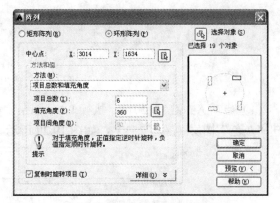

图 19.24　"阵列"对话框

（5）在"阵列"对话框中，单击"中心点"右侧的按钮，在绘图区拾取直线端点，如图 19.25 所示。

（6）返回"阵列"对话框，单击"确定"按钮，效果如图 19.26 所示。

（7）执行 LINE（直线）命令，绘制其他叶子作为点缀，效果如图 19.27 所示。

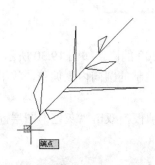

图 19.25　拾取阵列中心

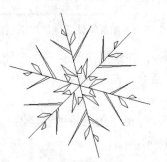

图 19.26　阵列效果

图 19.27　绘制其他树叶

💡提示：由于阵列的图形的规律性非常强，而现实中的植物是不规则物品，为了打破这种规律性，可以在完成阵列后，适当添加一些小图形，以获得更加真实的效果。

19.2.3　绘制休闲圆桌

本实例绘制的休闲桌效果如图 19.28 所示。步骤如下。

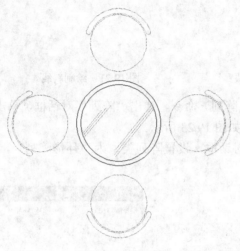

图 19.28　休闲桌

（1）启动 AutoCAD 2014，执行 LA（图层）命令，弹出"图层特性管理器"选项板，新建"灰色"图层（颜色 253），如图 19.29 所示。

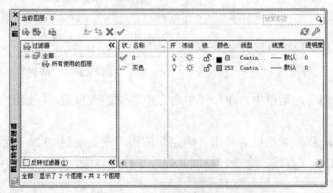

图 19.29　"图层特性管理器"选项板

（2）执行 CIRCLE（圆）命令，在绘图区绘制一个半径为 300 的圆，如图 19.30 所示。

（3）执行 OFFSET（偏移）命令，设置偏移距离为 30，将绘制的圆向内侧偏移，效果如图 19.31 所示。

（4）执行 LA（图层）命令，弹出"图层特性管理器"选项板，双击"灰色"图层，将其置为当前图层，如图 19.32 所示。

图 19.30 绘制圆（1）

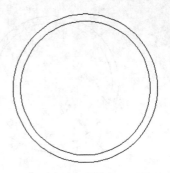

图 19.31 偏移圆（1）

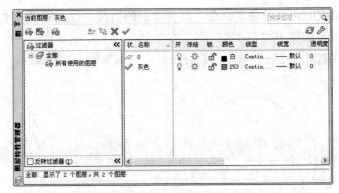

图 19.32 设置"灰色"图层为当前图层

（5）执行 LINE（直线）命令，随意绘制玻璃条纹效果，如图 19.33 所示。

（6）执行 CIRCLE（圆）命令，在圆桌左侧绘制半径为 200 的圆，效果如图 19.34 所示。

图 19.33 绘制玻璃条纹

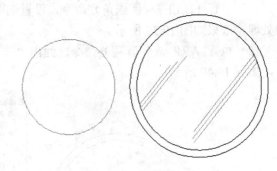

图 19.34 绘制圆（2）

💡 提示：在绘制玻璃条纹时，应尽可能保持各线条平行，若无法保障，用户可以使用"偏移"、"修剪"等命令进行绘制。

（7）执行 OFFSET（偏移）命令，将绘制的圆向外侧偏移 8，并再次将偏移所得的圆向外偏移 35，效果如图 19.35 所示。

（8）执行 LINE（直线）命令，根据命令行提示，捕捉圆心，然后输入（@300<105），按 Enter 键，绘制斜线，如图 19.36 所示。

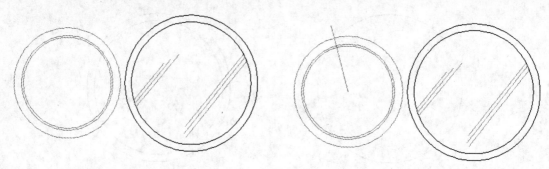

图 19.35　偏移圆（2）　　　　　　　　　　　　　　图 19.36　绘制斜线

（9）执行 MIRROR（镜像）命令，选择绘制的斜线，以过圆点的水平轴线为镜像线进行镜像复制，效果如图 19.37 所示。

（10）执行 TRIM（修剪）命令，修剪图形，效果如图 19.38 所示。

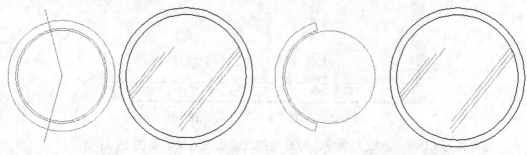

图 19.37　镜像斜线　　　　　　　　　　　　　　　图 19.38　修剪图形

（11）执行 FILLET（倒圆角）命令，设置倒圆角半径为 20，对椅子的扶手处进行倒圆角处理，效果如图 19.39 所示。

（12）执行 ARRAY（阵列）命令，弹出"阵列"对话框，设置阵列类型为"环形阵列"，如图 19.40 所示。

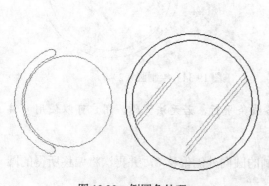

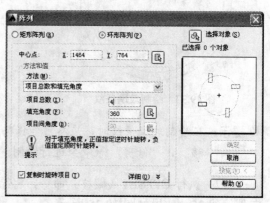

图 19.39　倒圆角处理　　　　　　　　　　　　　　图 19.40　"阵列"对话框

（13）在"阵列"对话框中单击"选择对象"按钮，在绘图区选择椅子，如图 19.41 所示。

（14）按 Enter 键，返回"阵列"对话框，单击"中心点"右侧的 🖭 按钮，在绘图区拾取圆心，如图 19.42 所示。

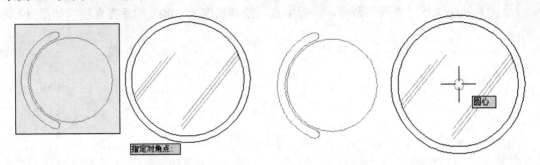

图 19.41 选择图形　　　　　　　　图 19.42 拾取阵列中心

（15）在"阵列"对话框中单击"确定"按钮，阵列图形，效果如图 19.43 所示。

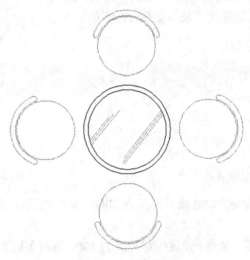

图 19.43 阵列图形

19.2.4 绘制廊架平面图

本实例绘制的廊架平面图如图 19.44 所示。步骤如下。

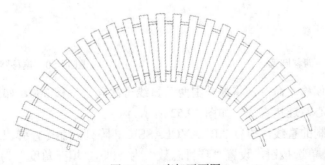

图 19.44 廊架平面图

（1）打开 AutoCAD 2014，执行"直线"命令，绘制一条长度为 8000 的水平直线，效果如图 19.45 所示。

（2）继续执行"直线"命令，捕捉中点，绘制长度为 3000 的垂直直线，如图 19.46 所示。

图 19.45　绘制直线　　　　　　　　　　　　图 19.46　绘制垂线

（3）按 A 键，激活"圆弧"命令，依次单击 A、B、C 点，绘制圆弧，如图 19.47 所示。

（4）删除用于辅助绘图的直线，如图 19.48 所示。

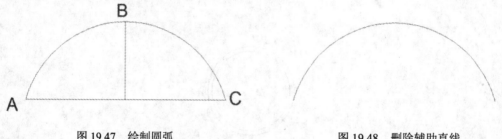

图 19.47　绘制圆弧　　　　　　　　　　　　图 19.48　删除辅助直线

（5）执行"偏移"命令，设置偏移距离为 2000，将绘制的圆弧向外侧偏移，如图 19.49 所示。

（6）继续执行"偏移"命令，设置偏移距离为 100，将两条圆弧向依次偏移，如图 19.50 所示。

图 19.49　偏移圆弧（1）　　　　　　　　　　图 19.50　偏移圆弧（2）

（7）使用"偏移"命令，将最外围两条弧线再次向外偏移 300，如图 19.51 所示。

（8）捕捉圆心，连接直线，如图 19.52 所示。

（9）选择绘制的直线，执行 ARRAYCLASSIC（阵列）命令，弹出"阵列"对话框，选中"环形阵列"单选按钮，设置"项目总数"为 60、"填充角度"为-180，如图 19.53 所示。

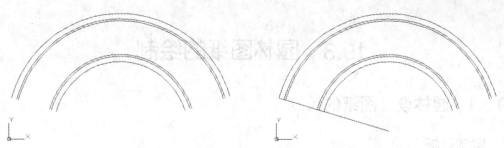

图 19.51　偏移圆弧（3）　　　　　　　　图 19.52　捕捉圆心

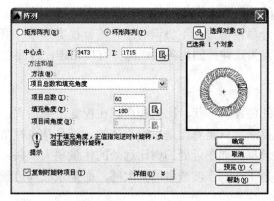

图 19.53　"阵列"对话框

（10）单击"确定"按钮，效果如图 19.54 所示。

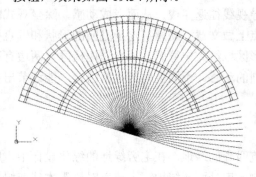

图 19.54　阵列效果

（11）使用"删除"和"修剪"命令，修剪图形，最终效果如图 19.55 所示。

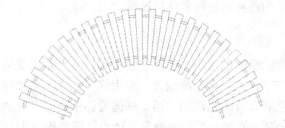

图 19.55　廊架平面图

19.3 园林图纸的绘制

19.3.1 园林设计图纸的绘制

实例分析

对私家庭院或别墅区的庭院来讲,园林设计图纸中包括 3 个方面:庭园应与周边环境协调一致,能利用的部分尽量借景,不协调的部分进行视觉遮蔽;庭园应与自家建筑浑然一体,与室内装饰风格互为延伸;园内各组成部分有机相连,过渡自然。

1. 视觉平衡

庭园的各构成要素的位置、形状、比例和质感在视觉上要适宜,以取得"平衡",类同于绘画和摄影的构图要求,只是庭园是三维立体的,而且是多视角观赏。在庭园设计上还要充分利用人的视觉假象,如在近处的树比远处的体量稍大一些,会使庭院看起来比实际的大。苏州的网师园为了达到水波浩渺的扩大感,而把水域周边景观按比例缩小,也是同理。

2. 动感

多观赏点的庭园引导视线往返穿梭,从而形成动感,除坐观式的日式微型园林外,几乎所有庭园都应在这一点上做文章。动感决定于庭园的形状和垂直要素(如绿篱、墙壁和植被)。如正方形和圆形区域给人宁静感,适合作座椅区,两边有高隔的狭长区域让人急步趋前,有神秘性和强烈的动感。不同区间的平衡组合,能调节出各种节奏的动感。使庭园独具魅力。

3. 宅旁绿地

宅旁绿地即居住建筑四周的绿地。在宅旁绿地的绿化设计中,应注意与建筑物关系密切的细部处理,如建筑物入口处两侧绿地,一般以对植灌木球或绿篱的形式来强调入口,不要栽种有尖刺的园林植物,以免刺伤行人;墙基、角隅的绿化,墙基可铺植树冠低矮紧凑的常绿灌木,墙角栽植常绿大灌木丛,这样可以改变建筑物生硬的轮廓,调和建筑物与绿地在景观质地色彩上的差异,使两者自然过渡。

4. 色彩

色彩的冷暖感会影响空间的大小、远近和轻重等。随着距离变远,物体固有的色彩会深者变浅淡,亮者变灰暗,色相会偏冷偏青。应用这一原理,可知暖而亮的色彩有拉近距离的作用,冷而暗的色彩有收缩距离的作用。庭园设计中把暖而亮的元素设计在近处,冷而暗的元素布置在远处就会有增加景深的效果。使小庭园显得更为深远。

本例知识点

在绘制建筑景观平面图中，用户可以运用"正交"、"对象捕捉"、"对象捕捉追踪"等绘图辅助功能来完成整个图形的绘制。

本例通过绘制如图 19.56 所示的某建筑景观平面详图，介绍景观平面详图的绘制方法。

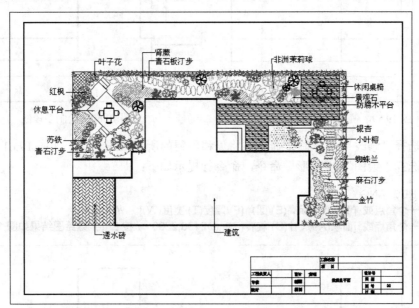

图 19.56　某建筑景观平面详图

绘制步骤

（1）选择"绘图"|"矩形"命令，在绘图区绘制一个宽度和高度分别为 22750 和 12500 的矩形，如图 19.57 所示。

（2）选择"修改"|"分解"命令，将矩形分解。选择"修改"|"偏移"命令，将矩形左侧垂直边向右进行偏移，偏移距离分别为 3500、1400、1100、6000、6800 和 900，如图 19.58 所示。

图 19.57　绘制矩形（1）

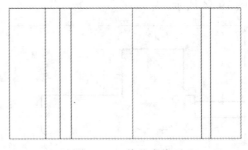

图 19.58　偏移直线（1）

（3）继续选择"修改"|"偏移"命令，绘制直线将矩形上侧水平边向下偏移，偏移距离分别为 2200、4300、2100 和 1500，结果如图 19.59 所示。

（4）执行 PLINE（多段线）命令，在绘图区任意一点单击后，根据命令行提示，输入 W（宽度），指定多段线的起点和端点宽度均为 80，然后依次捕捉交点，绘制多段线，结果如图 19.60 所示。

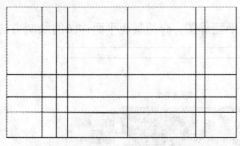

图 19.59 偏移直线（2）　　　　　图 19.60 绘制多段线

（5）选择"修改"|"擦除"命令，将偏移所得的所有直线删除，如图 19.61 所示。

（6）选择"绘图"|"矩形"命令，命令行提示如下：

```
命令：  RECTANG
指定第一个角点或 [倒角(C)/标高(E)/圆角(F)/厚度(T)/宽度(W)]：   //捕捉 A 点
指定另一个角点或 [面积(A)/尺寸(D)/旋转(R)]：@2400,2200   //按 Enter 键绘图结果如图 19.62 所示
```

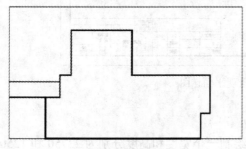
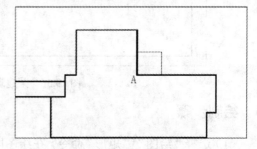

图 19.61 删除直线　　　　　　　图 19.62 绘制矩形（2）

（7）选择"修改"|"分解"命令，分解矩形。选择"修改"|"偏移"命令，设置偏移距离为 300，将矩形相应边向内侧偏移，结果如图 19.63 所示。

（8）选择"修改"|"倒角"命令，设置倒角半径为 0，对偏移的直线进行倒角处理，如图 19.64 所示。

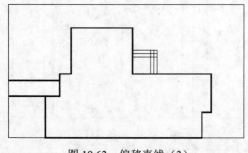
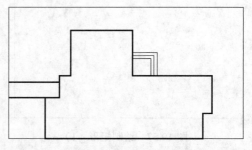

图 19.63 偏移直线（3）　　　　　图 19.64 倒角图形

（9）选择"绘图"|"矩形"命令，根据给出的尺寸标注绘制矩形，如图 19.65 所示。

（10）选择"绘图"|"矩形"命令，捕捉绘制的矩形上侧水平边中点为起点，输入（@1200,966），结果如图 19.66 所示。

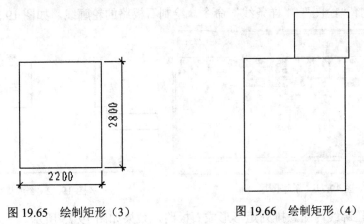

图 19.65　绘制矩形（3）　　　　　图 19.66　绘制矩形（4）

（11）继续执行 RECTANG（矩形）命令，捕捉端点，输入（@250,800），绘制矩形，结果如图 19.67 所示。

（12）使用"复制"命令复制矩形，结果如图 19.68 所示。

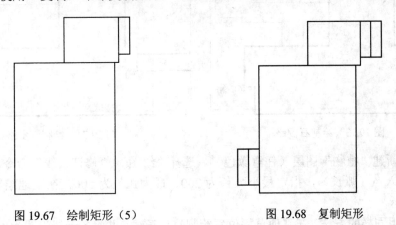

图 19.67　绘制矩形（5）　　　　　图 19.68　复制矩形

（13）选择"修改"|"旋转"命令，将绘制的图形旋转 45°，移动至合适位置，效果如图 19.69 所示。

（14）使用"直线"命令，绘制道路，效果如图 19.70 所示。

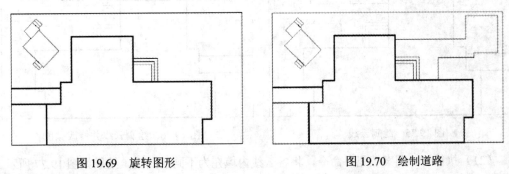

图 19.69　旋转图形　　　　　　　图 19.70　绘制道路

（15）新建"石板路"图层。设置该图层的颜色为253，并将该图层置为当前图层，如图19.71所示。

（16）选择"绘图"|"样条线"命令，绘制石板路的轮廓线，如图19.72所示。

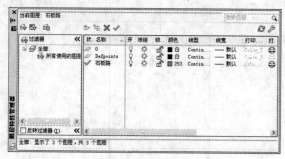

图 19.71　新建图层

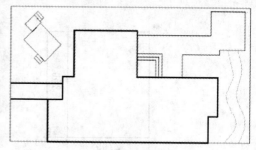

图 19.72　绘制轮廓线

（17）在轮廓线内随意排列矩形形成石板路，效果如图19.73所示。

（18）用同样的方法，绘制另一条汀步路，如图19.74所示。

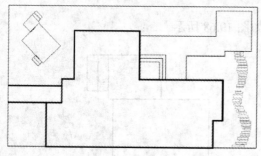

图 19.73　绘制石板路

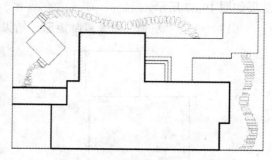

图 19.74　绘制汀步路

（19）新建"植物"图层（任意颜色）。选择"绘图"|"修订云线"命令，根据命令行提示，输入A（弧长），指定最小弧长为200、最大弧长为500，在空地绘制云线，如图19.75所示。

（20）用同样的方法，在其他草坪位置绘制修订云线，并将各云线设置为不同的颜色，结果如图19.76所示。

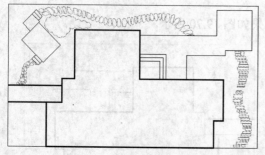

图 19.75　绘制云线

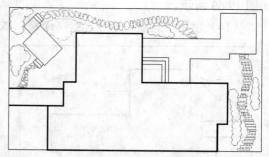

图 19.76　绘制云线并修改颜色

（21）执行H（图案填充）命令，将各云线内填充为不同的图案，结果如图19.77所示。

（22）打开随书光盘中的"素材文件/第 19 章/景观图块.dwg"文件，如图 19.78 所示。

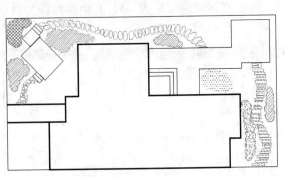

图 19.77　填充图案

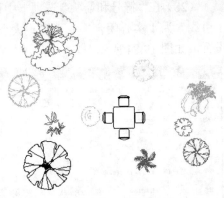

图 19.78　素材文件

（23）执行 CO（复制）命令，复制"金竹"图块，如图 19.79 所示。

（24）用复制的方法，将植物复制当前文件，结果如图 19.80 所示。

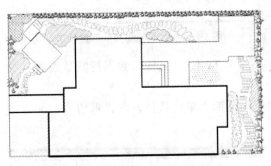

图 19.79　复制植物（1）

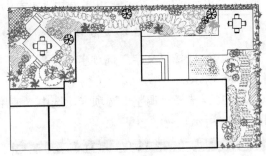

图 19.80　复制植物（2）

（25）选择"绘图"|"填充"命令，对建筑西侧的空地进行了填充，填充类型为 AR.HBONE，填充比例为 50，颜色为 252，效果如图 19.81 所示。

（26）选择"绘图"|"填充"命令，对建筑东北侧的平地进行填充，填充类型为 CORK，填充比例为 1000，颜色为 32，效果如图 19.82 所示。

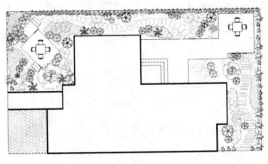

图 19.81　填充硬质路面

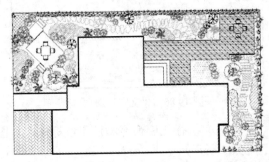

图 19.82　填充木平台

（27）按 D 键激活"标注样式管理器"对话框，在"线"选项卡中设置"超出尺寸线"

为 0.6、"起点偏移量"为 0.6，如图 19.83 所示。

（28）在"符号和箭头"选项卡中设置"第一个"和"第二个"箭头样式均为"斜线"、"引线"为"实心闭合"、"箭头大小"为 0.6、"折弯角度"为 45，其他参数保持默认设置，如图 19.84 所示。

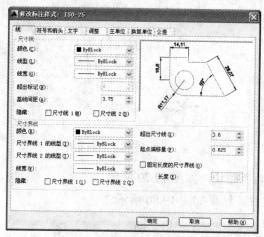

图 19.83　"线"选项卡

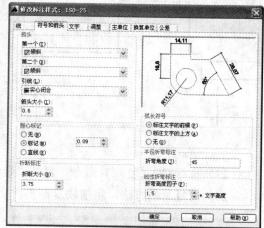

图 19.84　"符号和箭头"选项卡

（29）选择"文字"选项卡，设置"文字高度"为 1.5，其他参数保持默认设置，如图 19.85 所示。

（30）选择"调整"选项卡，选中"使用全局比例"单选按钮，并设置值为 300，如图 19.86 所示。

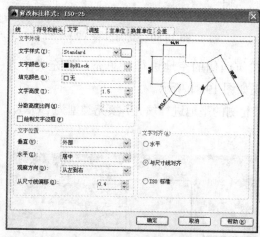

图 19.85　"文字"选项卡

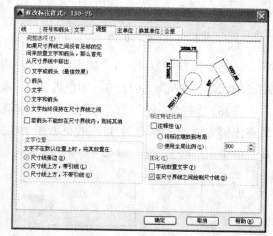

图 19.86　"调整"选项卡

（31）执行 LE 命令激活引线标注，对图纸中使用植物及其他小品进行标注，结果如图 19.87 所示。

（32）为图形添加图框，最终效果如图 19.88 所示。

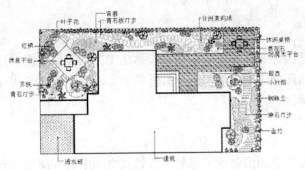

图 19.87　引线标注

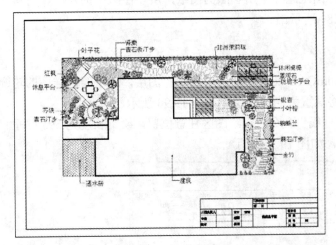

图 19.88　添加图框

19.3.2　园林施工图纸的绘制

本例绘制的园林施工图纸为一景观水池剖面图，如图 19.89 所示。

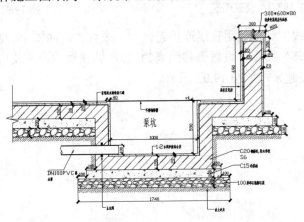

景观水池剖面图

图 19.89　喷水池详图

实例分析

园林施工图纸是园林设计图纸的细化。园林施工图纸需要根据实际场地的情况，绘制出可以给施工人员按图施工的图纸，因此必须做到非常详细。无论尺寸、材料和标高都需要非常细致地进行标注。

本例知识点

通过本实例，可以更加清楚地了解到建筑景观小品中的详图绘制方法，详图与普通三视图的区别是，详图是施工中所参照的图纸，所以图纸中的尺寸、材料的使用都应做到非常详细，如图 19.89 所示。

绘制步骤

（1）启动 AutoCAD 2014，新建"轮廓"图层，用于绘制详图的轮廓线，线型默认，颜色使用青色，将其置为当前图层，如图 19.90 所示。

（2）执行"直线"命令，在绘图区任意位置，绘制长度为 595 的垂直直线，然后将其向右侧偏移 1000，如图 19.91 所示。

图 19.90　设置图层　　　　　　　　　　图 19.91　绘制直线

（3）将两根直线的底部使用直线连接起来，形成坑体，如图 19.92 所示。

（4）执行"偏移"命令，设置偏移距离为 20，偏移直线，并使用"倒角"命令，将偏移所得的直线连接起来，如图 19.93 所示。

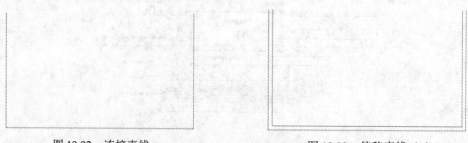

图 19.92　连接直线　　　　　　　　　　图 19.93　偏移直线（1）

（5）执行"偏移"命令，设置偏移距离为 500，偏移右侧壁第一条直线，如图 19.94

所示。

（6）根据偏移的辅助直线，结合给出的尺寸绘制水平和垂直直线，辅助直线删除后的效果如图 19.95 所示。

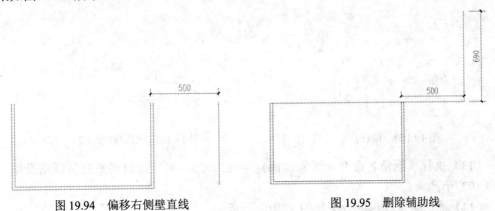

图 19.94　偏移右侧壁直线　　　　　　　　图 19.95　删除辅助线

（7）将坑体上侧的水平直线进行夹点编辑，将左侧夹点向左侧移动一段距离，此距离大致相似即可，如图 19.96 所示。

（8）执行"偏移"命令，设置偏移距离为 20，偏移直线，如图 19.97 所示。

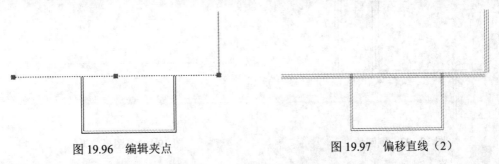

图 19.96　编辑夹点　　　　　　　　　　　图 19.97　偏移直线（2）

（9）综合使用"修剪"、"倒角"、"延伸"等命令，对图形进行修整，如图 19.98 所示。

（10）继续使用上述命令，对细节处进行绘制，如图 19.99 所示。

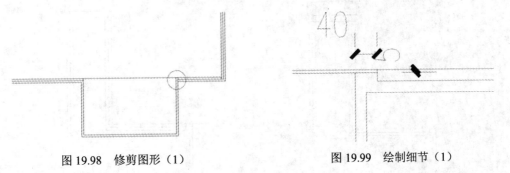

图 19.98　修剪图形（1）　　　　　　　　　图 19.99　绘制细节（1）

（11）执行"偏移"命令，偏移垂直直线，如图 19.100 所示。

（12）继续使用上述命令，对细节处进行绘制，如图 19.101 所示。

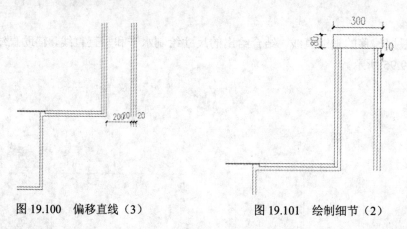

图 19.100　偏移直线（3）　　　　　图 19.101　绘制细节（2）

（13）执行"倒角"命令，设置倒圆角半径为 20，对压顶材料进行倒圆角操作，如图 19.102 所示。

（14）此时整个图形的效果如图 19.103 所示。

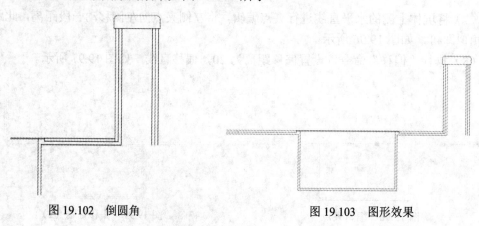

图 19.102　倒圆角　　　　　　　图 19.103　图形效果

（15）执行"偏移"命令，设置偏移距离为 40，偏移直线，如图 19.104 所示。

（16）修剪图形，效果如图 19.105 所示。

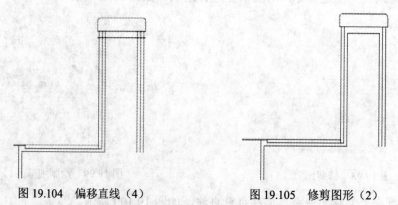

图 19.104　偏移直线（4）　　　　　图 19.105　修剪图形（2）

（17）到现在为止，主体图形基本完成，接下来绘制垫层轮廓线。执行"偏移"命令，设置偏移距离为 150，偏移直线，并对部分直线进行直角倒角操作，如图 19.106 所示。

（18）根据给出的尺寸，偏移出垫层以及其突出部分，效果如图 19.107 所示。

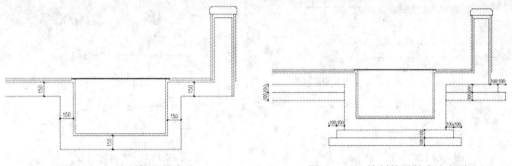

图 19.106　绘制垫层轮廓线　　　　　图 19.107　绘制垫层的突出部分

（19）选择"偏移"命令，设置偏移距离为 150，绘制出机切面，如图 19.108 所示。

（20）现在的整体图形效果如图 19.109 所示。

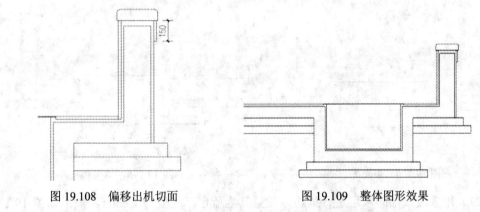

图 19.108　偏移出机切面　　　　　图 19.109　整体图形效果

（21）绘制排水管。绘制一个长度为 650、高度为 100 的矩形放置在坑体内，如图 19.110 所示。

（22）将矩形打散，向内偏移出 5 个宽度的线体，并对图形进行修剪，效果如图 19.111 所示。

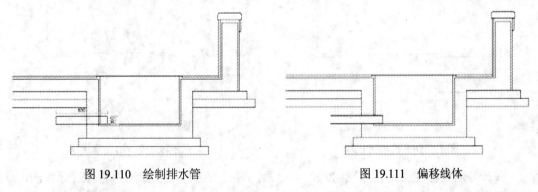

图 19.110　绘制排水管　　　　　图 19.111　偏移线体

（23）使用宽度为 25 的多段线，绘制止水阀，并用"样条线"命令，绘制水管截面，如图 19.112 所示。

（24）使用零厚度的多段线，绘制折断线，如图 19.113 所示。

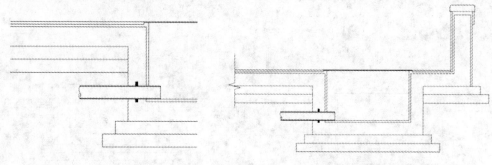

图 19.112　绘制止水阀　　　　　　　　图 19.113　绘制折断线

（25）新建"填充"图层，将颜色设置为灰色 251，并将其置为当前图层，执行"图案填充"命令，对砼垫层进行图案填充，效果如图 19.114 所示。

（26）用同样的方法，对其他垫层进行图案填充，效果如图 19.115 所示。

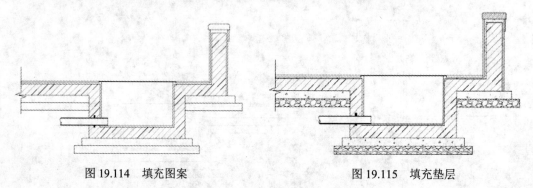

图 19.114　填充图案　　　　　　　　　图 19.115　填充垫层

（27）用多段线沿防水层进行描边，设置其为蓝色，线型为 Center，效果如图 19.116 所示。

（28）将最底层的直线再次向外偏移 50，填充图案作为素土层，并将偏移所得的轮廓线删除，效果如图 19.117 所示。

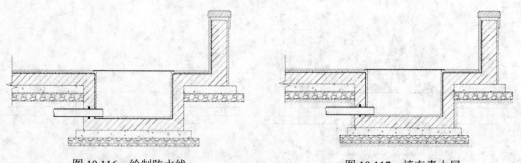

图 19.116　绘制防水线　　　　　　　　图 19.117　填充素土层

（29）新建标注层，设置图层颜色为绿色，对需要进行尺寸标注的位置进行标注，尽量做到详尽，效果如图 19.118 所示。

（30）使用 LE 命令，对材料的使用以及厚度进行说明，效果如图 19.119 所示。

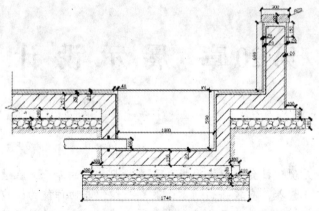

图 19.118　标注尺寸

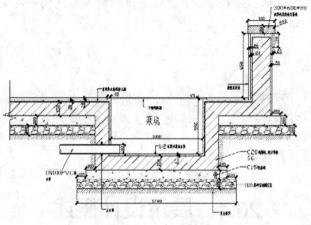

图 19.119　标注材料

（31）加入图名，最终效果如图 19.120 所示。

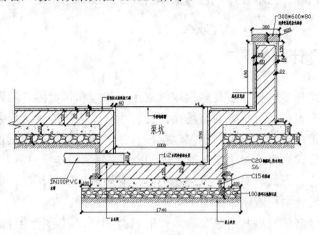

景观水池剖面图

图 19.120　添加图名

第20章 展示设计

内容摘要

展示设计专业是现代社会综合性很强并具备行业特点的专业。在展示设计领域，设计师应具备丰富的文化素养，有较强的创意、策划、组织与协作能力；应熟练掌握系统设计的方法和技能，能把握时代特征及展示专业发展规律，对专业设计所涉及的空间、造型、声光和电等方面具备很强的创造和综合表达能力，同时具备现代科技技术和心理学、人机工程学等相关学科知识。

学习目标

- 掌握展示设计的概念。
- 了解展示设计的特点。
- 绘制展示设计平面方案图。
- 绘制展示设计柜体施工详图。

20.1 展示设计概述

展示设计是一门综合艺术设计，它的主体为商品。展示空间是伴随着人类社会政治、经济的阶段性发展逐渐形成的。

20.1.1 展示设计的发展

展示设计属于跨越多学科，涉及多领域，立足于策划和传播的艺术设计专业范畴，相对于其他设计门类来说，具有更强的市场操作性，包含了广泛的视觉形象设计领域，是一切展示活动的形象策划者和实施者。不仅包括设计创意的策划，还包括使用更现代的艺术手段和最新的科技形式来突出表达展示的主体，以便使信息的传播更具有时代感和艺术性。同时，又在展示内容、形式、时间、规模和范围上有着较大的灵活性，成为伴随着经济发展社会进步而展示设计学科最新成果的不可缺少的重要舞台。

随着我国国民经济的发展和信息交流步伐的日益加快，展示行业将辐射并影响各个相关产业，其前景极为广阔。展示行业的发展离不开展示设计，一个展示设计能影响一个展示活动能否取得成功，特别是近年的"世博会"的举办，更加集中地表现出展示设计对于提高人民生活品味，提升商业营销水平，增强产品宣传力度，给人们以美的享受的重要作用。可以预计，展示设计艺术的发展前途潜力无穷，展示设计必将越来越受到人们的重视，愈发显示出它特有的艺术魅力。

20.1.2　展示设计的概念

在既定的时间和空间范围内，运用艺术设计语言，通过对空间与平面的精心创造，使其产生独特的空间范围，不仅含有解释展品宣传主题的意图，并使观众能参与其中，达到完美沟通的目的，这样的空间形式一般称为展示空间，展示空间的创作过程，称为展示设计。

20.1.3　展示设计的分类

展示设计分为经济和人文两种。各种规模的商展、促销活动、交易会、订货会、新产品发布会等都可视为经济类展示活动，其表现形式也许多种多样，但最终目的还是确立企业形象，促成消费行为。

人文类展示包括科学馆、纪念馆、美术馆、博物馆、森林公园和自然保护区等，其主要目的是传承人类文明，传播科学知识，促进文化交流等。从时间上区分，展示可以分为长期和短期或者临时和永久几种，由于展示的时间的不同，对展示环境的要求也有所不同，包括展示的材料、灵活性、折装形式等都要加以考虑。

从形式上区分，展示可以分为动态和静态展示，这里的"动态"与"静态"并不是指展示手法上的动态与静态，而是指展示区域。动态展示包括巡回展示、交流展示等，而静态展示多是固定地点的展示活动。从参展人群区分，展示可以分为纵向和横向两种，纵向展示主要指相对同一领域中的单位或人士。横向展示则适用范围较广，参展单位众多而且不局限在同一领域，如世界博览会。从规模上区分，还可分为巨型、大型、中型和小型展示。如果以一个单元展位 $9m^2$ 计算，巨型展位展示空间一般面积超过 $162m^2$，中型展示空间一般占据在 1~3 个展位，面积小于 $27m^2$。

20.1.4　展示设计的特点

展示设计有如下特点：

- 突显公司形象，展台的设计需体现设计企业公司精神、公司文化及特征。
- 可持续性发展，展台造型可随意变化，材料回收性高。
- 整体价格合理，整体造价相对于长期展示项目要低得多。
- 工作周期较短，一般而言，都会先于工厂制作加工后，再到现场予以拼装，拼装时间基本控制在 1~3 天以内。

20.1.5　展示设计的作用

展示设计是一种多元整合的信息传播媒介，同时也是与时俱进的设计形式，因此在教学上需要了解展示设计的发展历史和现状、时代要求，明确专业学科的概念以及所涉及的范畴，建立科学有效的教学体系来指引教学工作，使教学工作与社会，与科技文化，与经济水平的发展相同步，这样才能给展示设计的发展拓展美好的前景，使展示设计能更好地为建设有中国特色的市场经济服务。

20.2　展示设计的基本法则

展示设计的艺术美是由形式要素构成的，通常表现为建筑、空间、色彩、道具、展品、照明、材质等一系列要素构成的整体环境。展示设计的形式法则要求所有艺术的形式规律相一致，包括比例与尺度、对称与均衡、对比与调和、变化与统一、条理与反复、节奏与韵律、动感与静感等。

1. 展示设计中视觉元素的运用

视觉元素是视觉传达设计（概念元素、视觉元素、关系元素和实用元素）的一部分，包括形体大小、形体形状和色彩等在空间艺术中的直接体现。现代展示空间中的视觉元素是一种通过物质材料塑造直观形象的艺术，是大众最先接触的感觉方式。现代展示空间设计实质是有关信息传播的环境设计，所以说视觉元素必然是艺术设计的主导，它丰富了现代展示空间中的信息传递手段。如图 20.1 所示中几何视觉元素，起到了丰富视觉空间的作用。

图 20.1　某展示空间效果图

2. 展示设计的形式法则

展示设计中常采用反复的形式，使不同规格、款式的展品做连续均等的陈列，富于条理性和秩序感。反复的内容成相同或相近形象的连续递增或递减的逐渐变化为渐变，渐变是指形象相近、程度类似的有序排列形式。在对立的要素之间采用渐变的手段加以过渡可形成统一的效果。两极的对立也可转换为和谐的、有规律的循序变化，造成视觉上的幻觉和递进的速度感。在家居家纺展示表现中，条理营造整齐的秩序，反复强化形式的重复，能形成有条不紊和规模整体的感觉，如图 20.2 所示。

图 20.2　某家纺展示表现

20.3　绘制展示设计方案图

20.3.1　绘制手机展厅平面图

本例绘制的手机展厅平面图如图 20.3 所示。步骤如下。

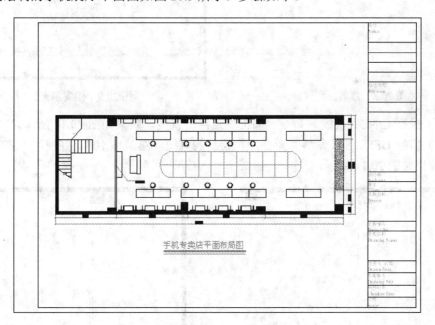

图 20.3　手机展厅平面图

（1）启动 AutoCAD 2014，执行 RECTANG（矩形）命令，在绘图区绘制宽度和高度分别为 20260 和 6810 的矩形，效果如图 20.4 所示。

（2）执行 OFFSET（偏移）命令，将矩形向内侧偏移 200，效果如图 20.5 所示。

图 20.4　绘制矩形（1）　　　　　　　　　图 20.5　偏移矩形

（3）分解矩形。执行 OFFSET（偏移）命令，偏移垂直边，如图 20.6 所示。

（4）执行 OFFSET（偏移）命令，偏移出水平直线，并对图形进行修剪，如图 20.7 所示。

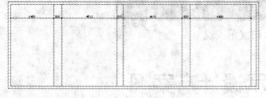

图 20.6　偏移直线（1）　　　　　　　　　　图 20.7　偏移并修剪直线

（5）执行 TRIM（修剪）命令，修剪图形，结果如图 20.8 所示。

（6）执行 H（图案填充）命令，将图形填充为黑色，效果如图 20.9 所示。

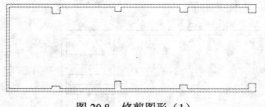

图 20.8　修剪图形（1）　　　　　　　　　　图 20.9　图案填充（1）

（7）执行 LINE（直线）命令，捕捉端点绘制直线，效果如图 20.10 所示。

（8）执行 OFFSET（偏移）命令，将绘制的直线向左偏移 100，并使用"直线"命令封口，效果如图 20.11 所示。

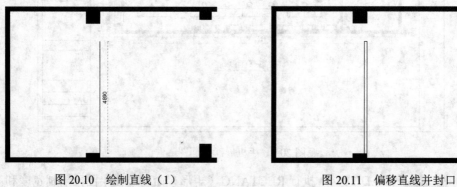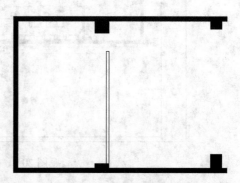

图 20.10　绘制直线（1）　　　　　　　　　　图 20.11　偏移直线并封口

（9）执行 REC（矩形）命令，在命令行中输入 FROM，按 Enter 键后，捕捉 A 点，输入（@0,-985）、（@380,-1800）绘制一个矩形，效果如图 20.12 所示。

（10）执行 LINE（直线）命令，捕捉端点连接直线，效果如图 20.13 所示。

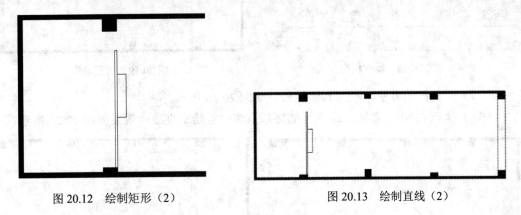

图 20.12　绘制矩形（2）　　　　　图 20.13　绘制直线（2）

（11）根据尺寸标注，偏移直线，如图 20.14 所示。

（12）执行 H（图案填充）命令，将进门区域填充图案，并将图案修改为灰色，效果如图 20.15 所示。

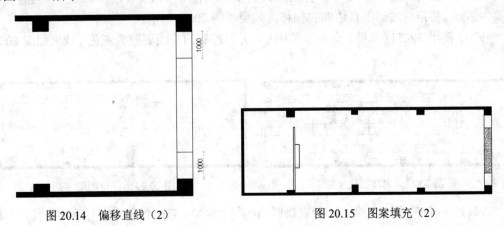

图 20.14　偏移直线（2）　　　　　图 20.15　图案填充（2）

（13）使用"矩形"、"偏移"、"修剪"等命令，绘制收银台，如图 20.16 所示。

（14）将绘制的收银台移动至合适位置，效果如图 20.17 所示。

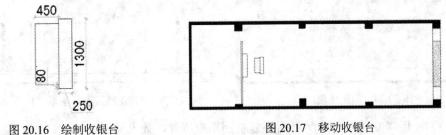

图 20.16　绘制收银台　　　　　图 20.17　移动收银台

（15）使用 REC（矩形）命令，绘制柜台，如图 20.18 所示。

（16）将绘制的柜台摆放至合适位置，如图 20.19 所示。

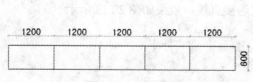

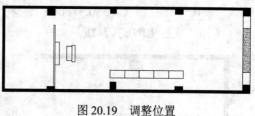

图 20.18　绘制柜台　　　　　　　　　　图 20.19　调整位置

（17）用同样的方法，绘制其他柜台，如图 20.20 所示。

（18）执行 LINE（直线）命令，捕捉端点和中点绘制直线，效果如图 20.21 所示。

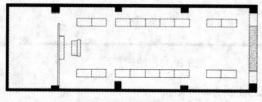

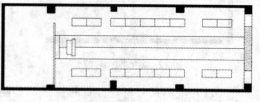

图 20.20　绘制其他柜台　　　　　　　　图 20.21　绘制直线（3）

（19）执行 X（分解）命令，将矩形 R 打散。执行 OFFSET（偏移）命令，设置偏移距离为 900，将矩形右侧垂直边向右偏移，效果如图 20.22 所示。

（20）使用 TRIM（修剪）命令修剪图形，并将绘制的直线更改为灰色，效果如图 20.23 所示。

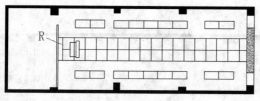

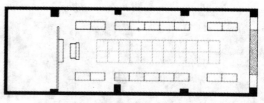

图 20.22　偏移直线（3）　　　　　　　　图 20.23　修剪图形（2）

（21）执行 F（倒角）命令，设置倒圆角半径为 800，对柜台角点进行倒角操作，效果如图 20.24 所示。

（22）打开随书光盘中的"素材文件/第 20 章/椅子 1.dwg"文件，如图 20.25 所示。

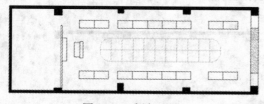

图 20.24　倒角处理　　　　　　　　　　图 20.25　素材图形（1）

（23）使用"复制"命令，将图块复制到相应位置，效果如图 20.26 所示。

（24）打开随书光盘中的"素材文件/第 20 章/椅子 2.dwg"文件，如图 20.27 所示。

（25）使用"复制"命令，将椅子图形复制到相应位置，效果如图 20.28 所示。

（26）使用"直线"、"偏移"、"修剪"等命令，绘制卫生间，如图 20.29 所示。

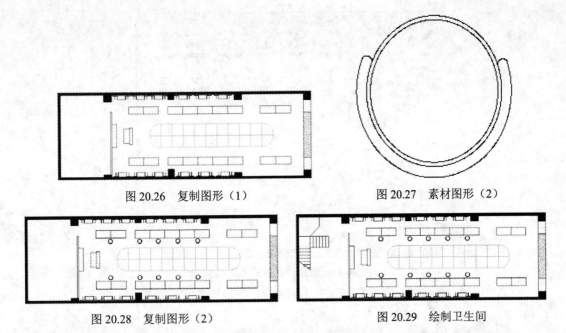

图 20.26 复制图形（1）   图 20.27 素材图形（2）

图 20.28 复制图形（2）   图 20.29 绘制卫生间

（27）按 Ctrl＋2 快捷键，打开"设计中心"选项板，选择随书光盘中的"素材文件/第 20 章/标注样式.dwg"素材标注样式文件，如图 20.30 所示。

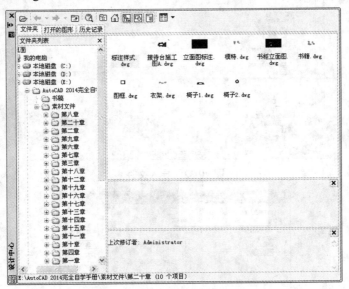

图 20.30 "设计中心"选项板

（28）双击"标注样式"图标，效果如图 20.31 所示。

（29）双击"标注样式"图标，将其导入当前文件，如图 20.32 所示。

（30）执行 D（标注样式）命令，在"标注样式管理器"对话框中将导入的标注样式置为当前，如图 20.33 所示。

（31）执行 DLI（线性标注）和 DCO（连续标注）命令，标注尺寸，如图 20.34 所示。

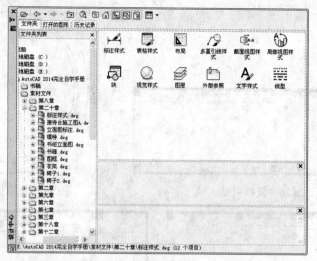

图 20.31 双击"标注样式"图标

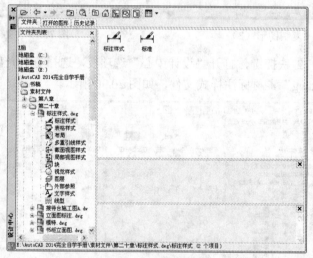

图 20.32 导入文件

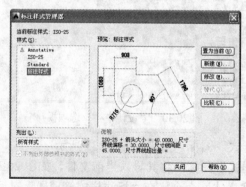

图 20.33 "标注样式管理器"对话框

（32）使用"文本"、"引线标注"等命令，标注文本，如图 20.35 所示。

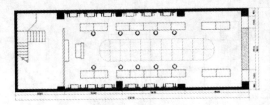

图 20.34　标注尺寸

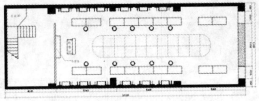

图 20.35　标注文本

（33）使用合适的字体和直线，输入图纸名称，如图 20.36 所示。

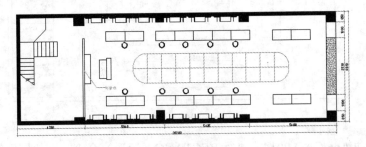

手机专卖店平面布局图

图 20.36　输入图纸名称

（34）执行 INSERT（插入）命令，插入随书光盘中的"素材文件/第 20 章/图框.dwg"文件，使用"缩放"、"移动"命令，将图框放置到合适位置，效果如图 20.37 所示。

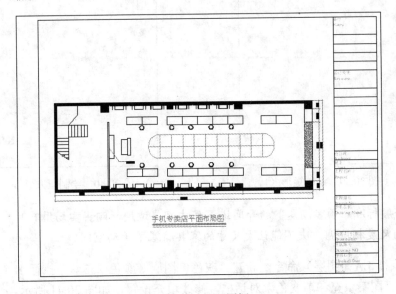

图 20.37　插入图框

20.3.2　绘制服装展厅平面图

本例绘制的服装展厅平面图效果如图 20.38 所示。步骤如下。

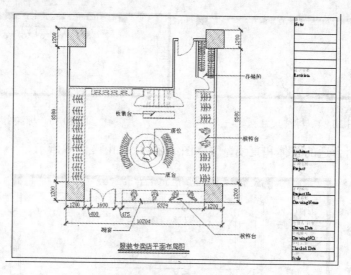

图 20.38　某服装展厅平面图

（1）启动 AutoCAD 2014，执行 RECTANG（矩形）命令，在绘图区绘制宽度和高度分别为 10204 和 10980 的矩形，效果如图 20.39 所示。

（2）执行 REC（矩形）命令，捕捉角点，绘制边长为 1200 的正方形，效果如图 20.40 所示。

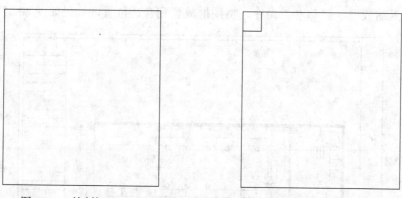

图 20.39　绘制矩形（1）　　　　　　　图 20.40　绘制正方形

💡 **提示：**一般标准"顾客满意"的开间进深尺寸都要适度，购买卖场用具时应与室内空间的尺度相协调，决不能让大尺寸的家具睹塞了活动空间。

（3）执行 LA（图层）命令，新建"灰色"图层（颜色 253）。执行 H（图案填充）命令，弹出"图案填充和渐变色"对话框，修改填充设置，如图 20.41 所示。

（4）对正方形区域进行图案填充，并将图案填充放置为"灰色"图层，效果如图 20.42 所示。

（5）执行 CO（复制）命令，以合适的基点复制图形，结果如图 20.43 所示。

（6）将绘制的矩形删除。执行 MLINE（多线）命令，设置多线比例为 130，对正为下，捕捉端点，绘制多线，效果如图 20.44 所示。

图 20.41　"图案填充和渐变色"对话框

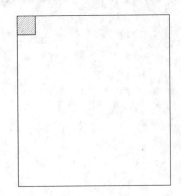

图 20.42　填充图案

图 20.43　复制图形（1）

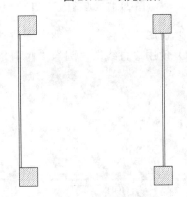

图 20.44　绘制多线

（7）继续执行 MLINE（多线）命令，根据给出的尺寸，绘制多线，效果如图 20.45 所示。

（8）执行 MLINE（多线）命令，修改多线比例为 20，按照给出的尺寸绘制多线，效果如图 20.46 所示。

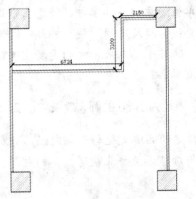

图 20.45　继续绘制多线

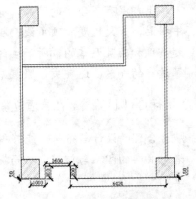

图 20.46　修改比例并绘制多线

（9）执行 X（分解）命令，将所有多线分解。执行 TRIM（修剪）命令，修剪图形，将相应图形放置在"灰色"图层，效果如图 20.47 所示。

（10）使用"偏移"、"直线"、"夹点编辑"和"修剪"等命令，绘制隔墙，效果如图 20.48 所示。

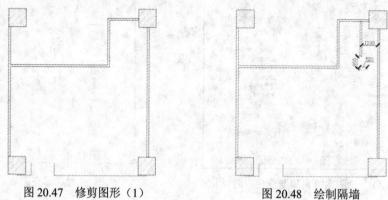

图 20.47　修剪图形（1）　　　　　图 20.48　绘制隔墙

（11）使用"偏移"、"修剪"等命令，绘制门洞，效果如图 20.49 所示。

（12）使用"直线"、"圆"、"修剪"、"镜像"等命令，绘制门，效果如图 20.50 所示。

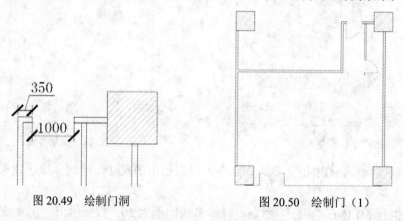

图 20.49　绘制门洞　　　　　图 20.50　绘制门（1）

💡 提示：在室内装修中，有时需要一些装饰性的线脚、贴脸和花饰等。但是，在装饰材料市场上却混有不合格的产品，有的施工单位随意购买其零件，任意在服装店装修中拼贴，如大尺度的顶角线、粗糙的门套线、超尺度的圆型顶棚线，因为细部是超尺度和杂乱无章的，所产生的后果是，既缩小了本来不大的卖场空间，又失掉了该有的气韵，还丧失了服装店装修应有的品位。

（13）执行 C（圆）命令，在合适位置绘制一个半径为 1080 的圆，效果如图 20.51 所示。

💡 提示：展台合理的设计与布局，能够赋予产品特定的品牌文化与形象内涵，并加深消费者对品牌的印象与信赖，从而提高产品附加值，使企业获得更高的利润，增强企业的竞争力。

（14）执行 OFFSET（偏移）命令，将圆向内侧依次偏移 400、360 和 80，效果如

图 20.52 所示。

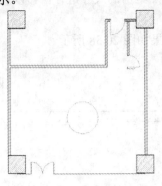 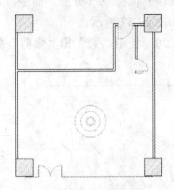

图 20.51 绘制圆（1）　　　　　　　　　图 20.52 偏移圆

（15）执行 DIV（等分）命令，将第 2 层圆进行 6 等分。执行 LINE（直线）命令，捕捉节点和圆心，绘制直线，效果如图 20.53 所示。

（16）执行 TRIM（修剪）命令，修剪图形，效果如图 20.54 所示。

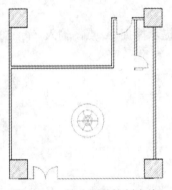 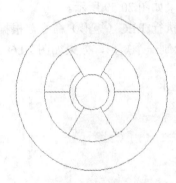

图 20.53 等分圆并绘制直线　　　　　　图 20.54 修剪图形（2）

（17）执行 REC（矩形）命令，捕捉 A 点，输入（@-2020,-1100），按 Enter 键绘制一个矩形，效果如图 20.55 所示。

（18）执行 OFFSET（偏移）命令，设置偏移距离为 40，将矩形向内侧偏移，效果如图 20.56 所示。

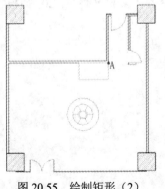 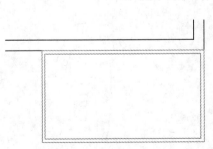

图 20.55 绘制矩形（2）　　　　　　　　图 20.56 偏移矩形

（19）执行 X（分解）命令，将矩形分解，按照给出的尺寸进行偏移以及修剪操作，效果如图 20.57 所示。

（20）使用"圆"和"修剪"命令绘制门，效果如图 20.58 所示。

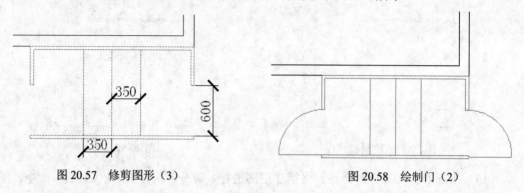

图 20.57　修剪图形（3）　　　　　　　　　图 20.58　绘制门（2）

（21）执行 REC（矩形）命令，在合适位置绘制一个宽度和高度分别为 2020 和 450 的矩形，并将其进行分解操作。将矩形下边向上偏移 40（如有需要，可适当调整各图形的位置），效果如图 20.59 所示。

（22）执行 REC（矩形）命令，根据命令行提示捕捉 A 点，输入（@-5329,700）按 Enter 键，绘制一个矩形，效果如图 20.60 所示。

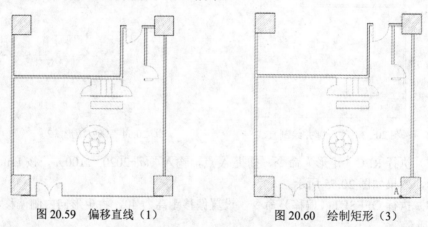

图 20.59　偏移直线（1）　　　　　　　　　图 20.60　绘制矩形（3）

（23）执行 OPEN（打开）命令，打开随书光盘中的"素材文件/第 20 章/模特.dwg"文件，效果如图 20.61 所示。

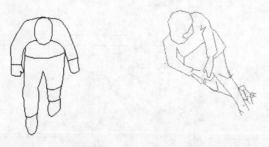

图 20.61　素材图形（1）

（24）执行 CO（复制）命令，将模特图块复制到当前文档，如图 20.62 所示。

（25）执行 REC（矩形）命令，捕捉端点，绘制矩形，效果如图 20.63 所示。

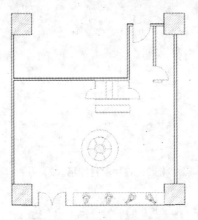
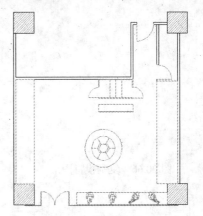

图 20.62　复制图形（2）　　　　　图 20.63　绘制矩形（4）

（26）根据尺寸标注，绘制矩形，效果如图 20.64 所示。

（27）执行 X（分解）命令，将相应矩形分解。根据尺寸标注，偏移直线，效果如图 20.65 所示。

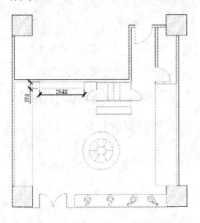
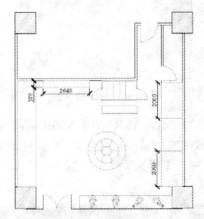

图 20.64　根据标注绘制矩形　　　　图 20.65　偏移直线（2）

💡 提示：人形模特是目前广为使用的服装陈列器具。通常情况下，在进行模具陈列时，同一姿势的模特，要穿上同一造型、同一系列的服饰，而且颜色要协调，不宜使过杂的颜色混在一起。

（28）执行 CO（复制）命令，复制模特图形，效果如图 20.66 所示。

（29）执行 INSERT（插入）命令，插入随书光盘中的"素材文件/第 20 章/衣架.dwg"文件，如图 20.67 所示。

（30）执行 C（圆）命令，捕捉中央展台的圆心，绘制半径为 1500 的圆，如图 20.68 所示。

（31）将衣架图形移动复制到合适位置，如图 20.69 所示。

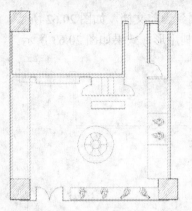

图 20.66　复制模特图形

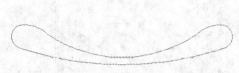

图 20.67　素材图形（2）

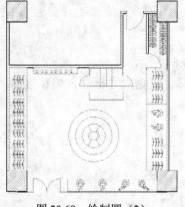

图 20.68　绘制圆（2）

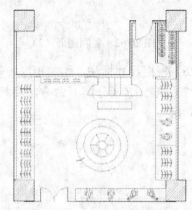

图 20.69　复制移动图形

（32）执行 ARRAYCLASSIC（阵列）命令，将衣架图形进行环形阵列，阵列参数设置如图 20.70 所示。

（33）阵列的效果如图 20.71 所示。

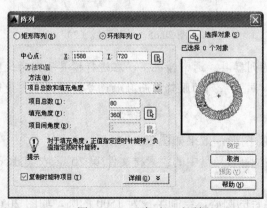

图 20.70　"阵列"对话框

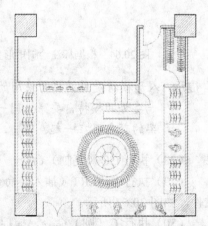

图 20.71　阵列结果

（34）删除圆和部分衣架图形，效果如图 20.72 所示。

提示：衣物的展示对产品的销售起着至关重要的作用，一般来说，顾客习惯的浏览路线
即是店内的主通道。大型店铺常为环形或井字形；小型店铺则为 L 或反 Y 字形。
其中热销款及流行款应摆放在主通道的货架上，以便使顾客容易看到、摸到。

（35）执行 LA（图层）命令，新建"标注（蓝色）"图层，并将该图层置为当前图层，
如图 20.73 所示。

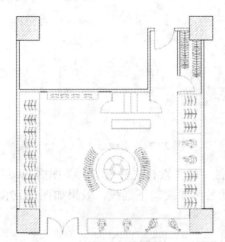

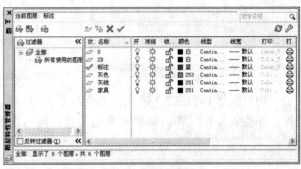

图 20.72　删除图形　　　　　　　　图 20.73　"图层特性管理器"选项板

（36）执行 D（标注样式）命令，修改标注样式。在"符号和箭头"选项卡中修改箭
头样式，如图 20.74 所示。

（37）在"调整"选项卡中，修改全局比例，如图 20.75 所示。

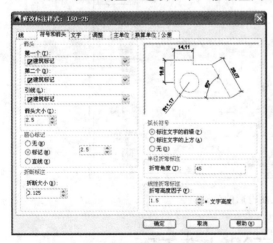

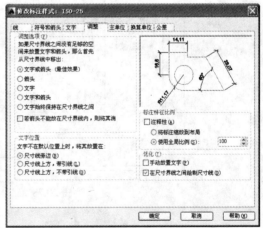

图 20.74　"符号和箭头"选项卡　　　　　图 20.75　调整全局比例

（38）将修改后的标注样式置为当前，使用 DLI 和 DCO 命令标注线性尺寸，如图 20.76
所示。

（39）执行 QLEADER（引线标注）命令，标注各功能区，效果如图 20.77 所示。

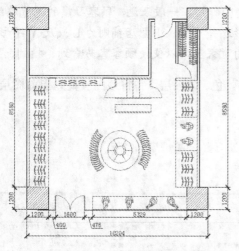

图 20.76   标注线性尺寸

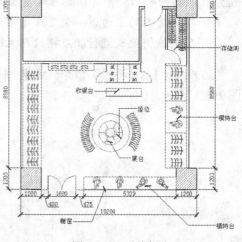

图 20.77   引线标注

（40）执行 INSERT（插入）命令，插入随书光盘中的"素材文件/第 20 章/图框.dwg"文件，并输入图纸名称，调整至合适位置，输入图纸名称并绘制下划线，效果如图 20.78 所示。

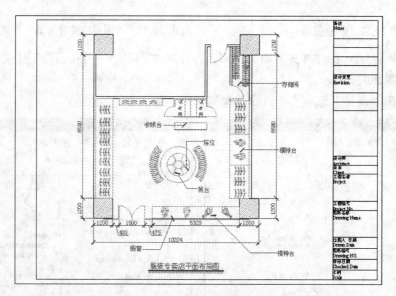

图 20.78   插入图框后的效果

20.4   绘制展示设计施工图

20.4.1   绘制前台施工图

施工图通常是由平面图、立面图和剖面图构成的。由于展示柜通常由比较简单的板材构成，因此施工图通常也比较简单。本实例绘制的前台施工图如图 20.79 所示。步骤如下。

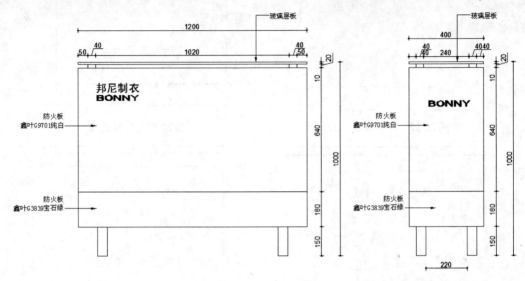

图 20.79 前台施工图

（1）使用"矩形"命令，在绘图区绘制一个宽度为 1200、高度为 820 的矩形，如图 20.80 所示。

（2）使用"分解"命令，将矩形分解。选择"偏移"命令，设置偏移距离为150，偏移底侧直线，如图 20.81 所示。

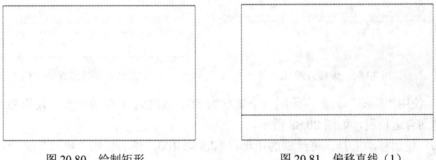

图 20.80 绘制矩形   图 20.81 偏移直线（1）

（3）使用"偏移"命令，设置偏移距离为 20，将上面的直线向上偏移，然后再次将偏移所得的直线向上偏移 10，如图 20.82 所示。

（4）使用"直线"命令，对上面的两条直线进行封口操作，使其成为玻璃构件，如图 20.83 所示。

（5）使用"直线"命令捕捉端点，连接直线，创建一条辅助线，如图 20.84 所示。

（6）使用"偏移"命令，设置偏移距离为 50，偏移步骤（5）创建的辅助线，然后将创建的辅助线删除，如图 20.85 所示。

（7）继续使用"偏移"命令，设置偏移距离为 40，偏移直线，如图 20.86 所示。

（8）用同样的方法，创建另一侧的玻璃垫结构，如图 20.87 所示。

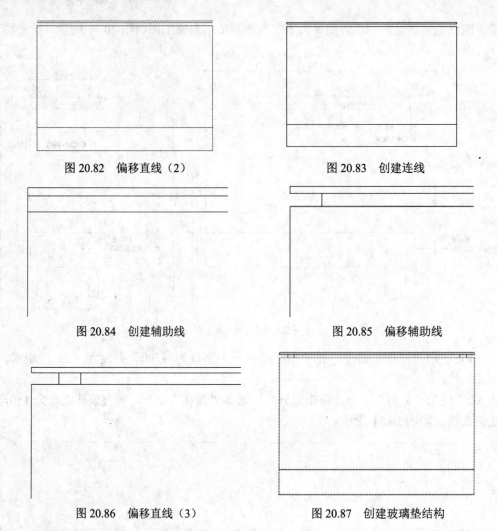

图 20.82　偏移直线（2）　　　　　图 20.83　创建连线

图 20.84　创建辅助线　　　　　图 20.85　偏移辅助线

图 20.86　偏移直线（3）　　　　　图 20.87　创建玻璃垫结构

（9）使用"矩形"命令，绘制一个宽度为 50、高度为 150 的矩形，使用移动工具，将其移动到合适位置，如图 20.88 所示。

（10）使用移动工具，将绘制的矩形向右移动 100，然后使用"镜像"命令，镜像复制绘制的矩形，如图 20.89 所示。

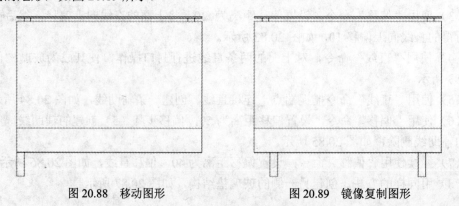

图 20.88　移动图形　　　　　图 20.89　镜像复制图形

（11）使用文字工具，绘制"邦尼制衣"文本，设置其字体为黑体，字高为 40，并在其下方输入 BONNY 文本，字体为黑体、颜色为 24、字体大小为 30、宽度因子为 2.1，如图 20.90 所示。

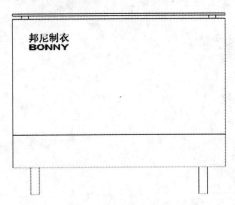

图 20.90　输入文本

（12）使用"构造线"命令，捕捉端点，绘制水平构造线，如图 20.91 所示。

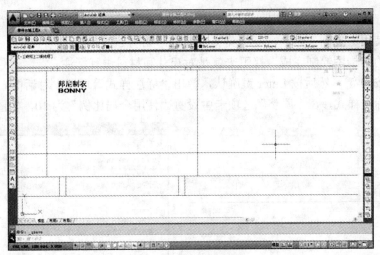

图 20.91　创建构造线

（13）在绘制好的柜体正面图右侧合适位置，绘制一条垂直直线，如图 20.92 所示。

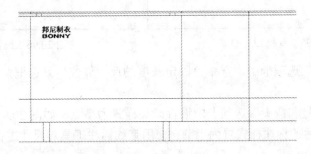

图 20.92　绘制垂直直线

（14）使用"偏移"命令，设置偏移距离为 400，偏移垂直直线，然后使用"修剪"和"删除"命令，修剪图形，如图 20.93 所示。

（15）参照步骤（5）~步骤（8）绘制玻璃垫和桌脚，如图 20.94 所示。

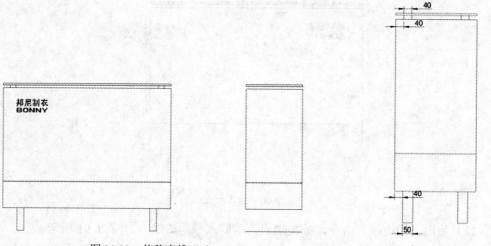

图 20.93　偏移直线（4）　　　　　　　　　图 20.94　绘制玻璃垫和桌脚

（16）使用"复制"命令，复制英文 LOGO，如图 20.95 所示。

接待台的结构图绘制完成，接下来就是对尺寸和材料进行标注。

（17）按 D 键，然后按 Enter 键确认，弹出"标注样式管理器"对话框，单击"修改"按钮，修改标注样式，在"调整"选项卡中设置"使用全局比例"为 10，如图 20.96 所示。

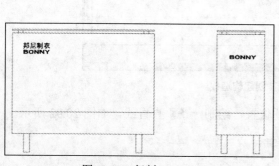

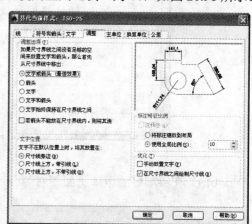

图 20.95　复制 LOGO　　　　　　　　　　　图 20.96　设置全局比例

（18）在"线"选项卡中，选中"固定长度的尺寸界线"复选框，数值保持默认值，如图 20.97 所示。

（19）在"符号和箭头"选项卡中设置箭头样式为小点，如图 20.98 所示。

（20）将修改后的标注样式置为当前，使用直线标注工具对尺寸进行标注，如图 20.99 所示。

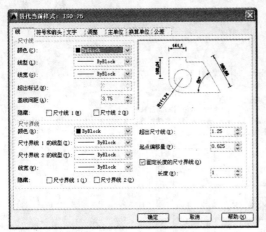

图 20.97 设置"线"选项　　　图 20.98 设置"符号和箭头"

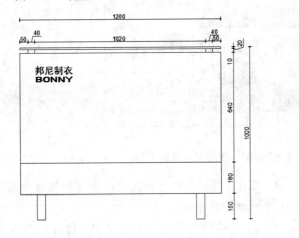
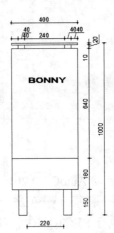

图 20.99 尺寸标注

（21）使用"引线标注"命令标注材料，最终结果如图 20.100 所示。

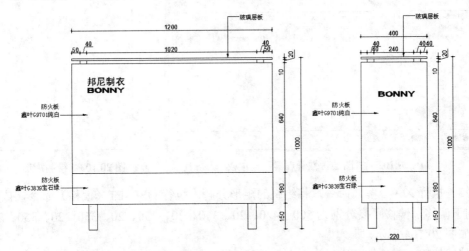

图 20.100 引线标注

20.4.2 绘制展示柜施工图

本例绘制的展示柜施工图如图 20.101 所示。步骤如下。

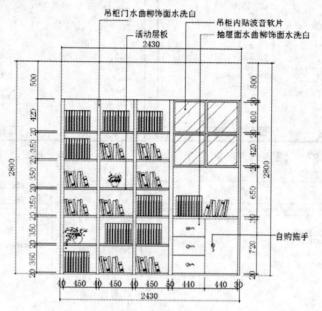

图 20.101 玻璃展示柜施工图

（1）启动 AutoCAD 2014，执行 LA（图层）命令，弹出"图层特性管理器"选项板，新建"灰色"图层（颜色 253），如图 20.102 所示。

（2）执行 RECTANG（矩形）命令，在绘图区绘制一个宽度和高度分别为 2430 和 2800 的矩形，如图 20.103 所示。

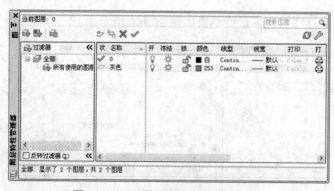

图 20.102 "图层特性管理器"选项板

图 20.103 绘制矩形（1）

（3）执行 X（分解）命令，将绘制的矩形分解。执行 OFFSET（偏移）命令，依次将直线向下偏移，偏移距离分别为 500、420、20、350、20、350、20、350、20、350、20 和 360，如图 20.104 所示。

（4）使用 OFFSET（偏移）命令，偏移垂直直线，如图 20.105 所示。

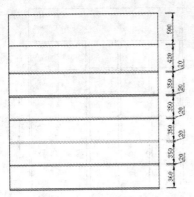

图 20.104 偏移直线（1）

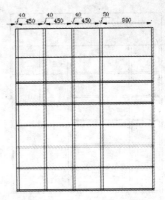

图 20.105 偏移垂直直线

（5）执行 TRIM（修剪）命令，修剪图形，如图 20.106 所示。

（6）执行 LINE（直线）命令，在命令行中输入 FROM，按 Enter 键后捕捉 A 点，如图 20.107 所示。

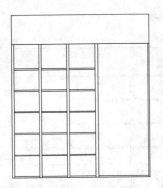

图 20.106 修剪图形

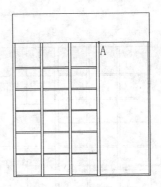

图 20.107 捕捉 A 点

（7）输入（@0,-440），向右引导光标，捕捉垂足，绘制直线，如图 20.108 所示。

（8）执行 OFFSET（偏移）命令，将绘制的直线向下偏移 440，如图 20.109 所示。

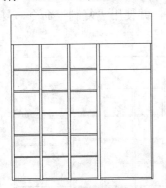

图 20.108 绘制直线（1）

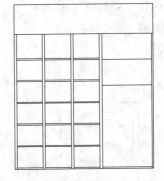

图 20.109 偏移直线（2）

（9）执行 LINE（直线）命令，捕捉直线中点和垂足，绘制垂直直线，如图 20.110 所示。

（10）执行 OFFSET（偏移）命令，继续偏移直线，如图 20.111 所示。

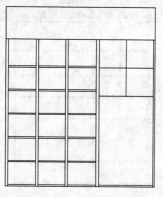

图 20.110 绘制直线（2）

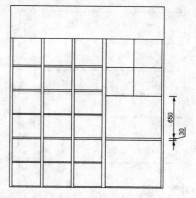

图 20.111 偏移直线（3）

（11）执行 LINE（直线）命令，捕捉中点和垂足，绘制垂直直线，如图 20.112 所示。

（12）执行 DIV（等分）命令，将绘制的直线三等分，然后使用 LINE（直线）命令，捕捉节点和垂足，绘制直线，如图 20.113 所示。

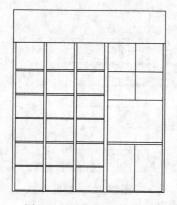

图 20.112 绘制垂直直线

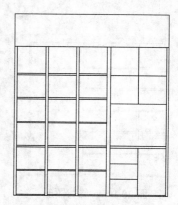

图 20.113 绘制直线（3）

（13）执行 REC（矩形）命令，绘制矩形，如图 20.114 所示。

（14）执行 INSERT（插入）命令，插入图块，并使用"复制"命令，复制图块，如图 20.115 所示。

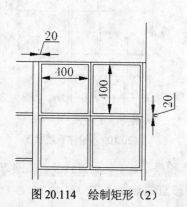

图 20.114 绘制矩形（2）

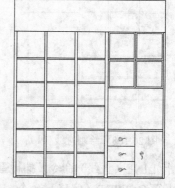

图 20.115 插入图块

（15）将"灰色"图层置为当前图层。使用"图案填充"命令设置图案填充，如图 20.116 所示。

（16）对相应区域进行图案填充，如图 20.117 所示。

图 20.116　"图案填充和渐变色"对话框

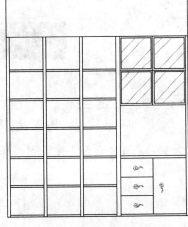

图 20.117　图案填充

（17）打开随书光盘中的"素材文件/第 20 章/书籍.dwg"文件，如图 20.118 所示。

（18）将素材复制到当前文档，并调整至合适位置，如图 20.119 所示。

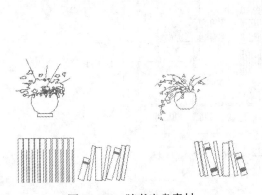

图 20.118　随书光盘素材

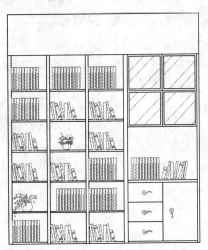

图 20.119　插入素材图形

（19）按 Ctrl+2 快捷键，打开"设计中心"选项板，插入随书光盘中的"素材文件/第 20 章/立面图标注.dwg"文件，如图 20.120 所示。

（20）关闭"设计中心"选项板，执行"直线标注"命令对图书展示柜进行详细的标注，如图 20.121 所示。

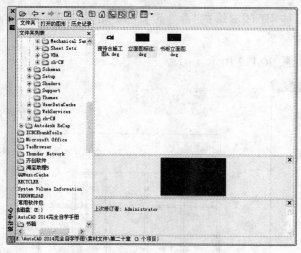

图 20.120 "设计中心"选项板

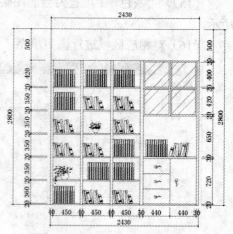

图 20.121 标注尺寸

（21）执行 LE 命令，使用引线标注对柜子的材料进行详细标注，如图 20.122 所示。

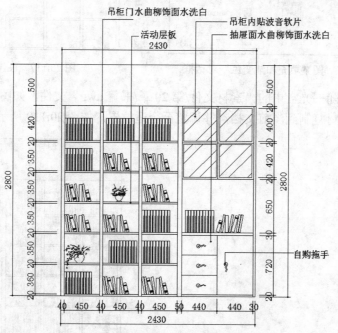

图 20.122 标注材料